이해하기 쉬운
식품화학

Understanding Food Chemistry

송태희 · 서희재 · 최희숙

Understanding
Food Chemistry

Preface

생물이 생명을 유지하고 건강을 증진시키기 위해 영양성분을 외부에서 섭취하는 것을 식품이라 하고, 식품이 갖는 영양과 그의 가공성, 안전성, 기호성, 저장성 등을 그 구성성분으로 구분하여 각각의 원리를 화학적인 관점에서 연구하는 학문을 식품화학이라 합니다.

식품화학은 식품을 전공하는 학생들에게 꼭 필요한 학문이지만 학생들이 가장 어렵게 느끼는 과목 중의 하나입니다. 식품화학을 여러 해 동안 강의하면서 학생들이 좀 더 쉽게 이해할 수 있는 방법을 찾고자 노력하였으며, 그 결과 많은 내용을 줄이고 꼭 알아야 할 필수적인 항목만을 모아 정리하였습니다.

이 책이 식품을 공부하는 학생들에게 식품화학을 쉽고 바르게 이해하는 데 도움이 되었으면 하는 바람으로 원고를 정리하고 다듬었지만 아직도 부족한 면이 많습니다. 여러 번 교정을 보고 세상에 내놓아도 오류가 발견되기에 조심스럽지만, 추후 이 분야의 전문가들과 독자들의 자문을 받아 꾸준히 보완작업을 함으로써 더욱 충실한 책으로 거듭나고자 합니다.

끝으로 이 책이 출판되도록 여러 번의 교정도 마다하지 않고 좋은 책의 출판을 위해 힘써 주신 도서출판 효일 김홍용 사장님과 직원분들께 진심으로 감사드립니다.

2020년 8월

저자일동

CONTENTS

CHAPTER 1 물, 수분

CHAPTER 2 탄수화물

CHAPTER 3 단백질

CHAPTER 4 지질

CHAPTER 5 비타민

CHAPTER 6 무기질

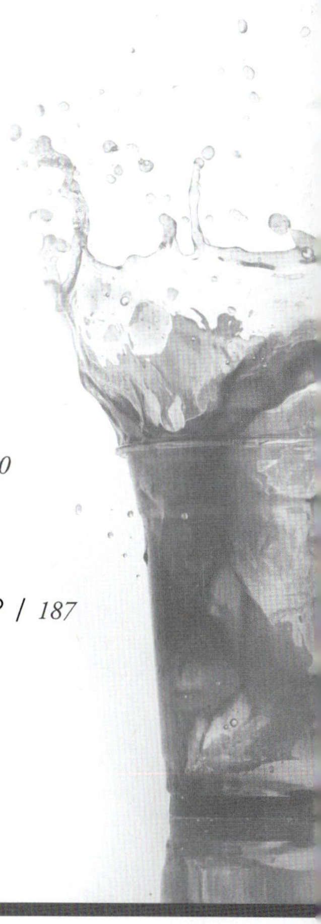

Understanding

Food Chemistry

CHAPTER 7 효소

CHAPTER 8 식품의 색

CHAPTER 9 식품의 갈변 반응

CHAPTER 10 식품의 냄새

CHAPTER 11 식품의 맛

CHAPTER 12 식품 중의 독성 물질

CHAPTER 13 식품의 물리성

CHAPTER

01

물, 수분(Water, H_2O)

01 물은 화학적으로 어떤 특성을 가졌을까요?

02 식품 중 물은 어떤 형태로 존재할까요?

03 식품의 수분활성도란 무엇일까요?

04 수분활성도와 식품의 안정성과의 연관성은 어떤 것일까요?

05 식품의 등온 흡습 및 탈습 곡선이란 무엇일까요?

물은 우리 몸의 60% 이상을 차지하는 중요한 성분이며, 쌀, 보리 등 곡류에 13~15%, 식빵에 35%, 밥에 60% 정도, 채소와 과일에 85% 이상, 육류와 생선류에 75% 이상 함유되어 있다[표 1-1].

물은 영양학적으로 동·식물의 생명활동과 유지에 필요한 필수성분이고 식품학으로는 식품의 저장, 맛, 조리, 가공, 저장에 중요한 성분이다.

표 1-1 식품 중의 수분 함량(%)

분류	식품명	수분함량	분류	식품명	수분함량
곡류 및 곡류 음식	멥쌀(백미, 생것)	13.4	채소류 및 채소음식	시금치(생것)	89.1
	보리(압맥)	13.4		배추(생것)	95.6
	밀가루(중력분)	11.6		무(조선무, 생것)	95.3
	밥(멥쌀밥, 백미)	60.0		배추김치	92.8
	식빵	34.8		깍두기	88.9
과일류	사과(부사)	85.2	육류 및 어패류	쇠고기(한우1$^+$ 등급, 사태)	71.5
	배(신고)	87.0		돼지고기(삼겹살)	50.3
	귤(온주밀감)	89.7		닭고기(다리)	75.1
	수박(적육질)	91.1		고등어(생것)	68.1

자료 : 농촌진흥청 국립농업과학원, 국가표준식품성분 DB 9.2(2020)

01 물은 화학적으로 어떤 특성을 가졌을까요?

물은 산소 원자 한 개와 수소 원자 두개가 공유결합을 하고 있다. 물의 일반식은 H_2O이며, 분자량은 18이다. 이때 2개 수소 원자의 결합각은 104.5°, 원자 간 거리는 1.54Å이다[그림 1-1]. 산소 쪽은 음(δ^-)으로 하전되고 수소는 양(δ^+)으로 하전되어[그림 1-1] 있는 구부러진 사면체 구조로 되어 있다. 물분자와 물분자 간에는 2개의 산소 원자(δ^-)가 수소 원자(δ^+)를 매체로 약하게 잡아당기는 인력에 의해 수소결합(hydrogen bond)을 하고 있다[그림 1-2].

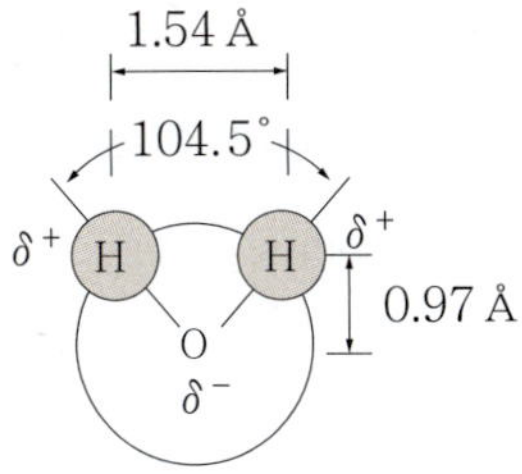

[그림 1-1] 물의 분자 구조

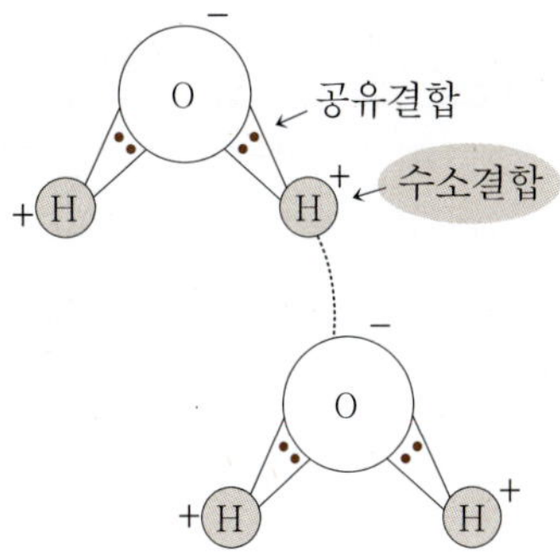

[그림 1-2] 물분자간의 수소

물의 일반적인 성질은 모든 물질 중 비열이 가장 크고, 4℃에서 밀도가 가장 커서 1이 되며 산, 알칼리, 염류와 많은 성분들의 용매로 작용한다. 물은 증발열, 비점, 융점이 크고 열전도율과 점성이 크다. 이런 현상들은 물분자 사이에 수소결합이 존재하기 때문이다[그림 1-3].

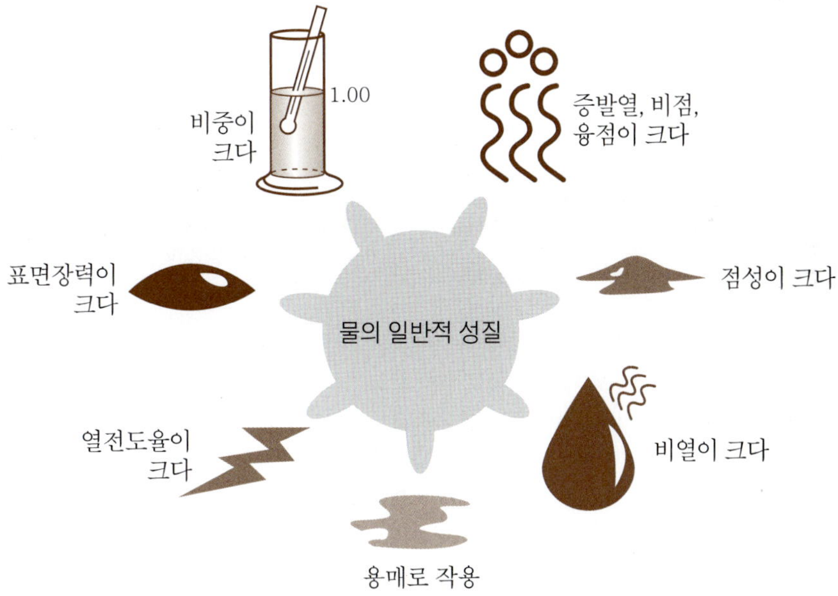

[그림 1-3] 물의 일반적 성질

02 식품 중 물은 어떤 형태로 존재할까요?

식품에는 물이 두 가지 형태로 있다. 하나는 자유수(free water, 유리수)로서 자유로이 운동할 수 있는 물이고 다른 하나는 식품 성분에 결합한 물인 결합수(bound water, 수화수)이다. 자유수는 건조에 의해 쉽게 제거되고 0℃ 이하에서 어는 물로서 식품 중에서 염류, 당류, 수용성 단백질 등을 녹여 용매로서 작용하는 물이다. 결합수는 식품 중의 구성성분인 탄수화물이나 단백질 분자들에 강하게 흡착되어 있거나 수소 결합에 의해 밀접하게 결합하고 있는 형태의 물이다. 수증기압이 보통의 물보다 낮아 쉽게 기체로 되지 않아 건조가 어렵고, 보통의 방법으로는 쉽게 분리시킬 수 없는 물을 말한다[표 1-2]. 결합수와 자유수 사이에 다중층에 흡착된 물은 준결합수(semi-free water)라 하며 약하게 결합되어 있다[그림 1-4].

식품 속에 자유수와 결합수는 서로 독립적으로 있는 것이 아니고, 서로 그 이동이 가역적이며 일정한 온도에서 항상 평형 상태를 유지하려고 한다. 즉, 0℃ 이하로 온도가 급속하게 내려갈수록 자유수는 계속 얼음이 되므로 일부 결합수는 자유수로 되어 평형을 유지하고자 한다.

표 1-2 자유수와 결합수의 특징

	자유수	결합수
정의	식품 중에서 자유로이 운동할 수 있는 물	식품 성분에 결합한 물로 −40℃(또는 −18℃) 이하에서도 얼지 않는 물
특징	① 물의 극성은 다른 어떠한 용매보다 크기 때문에 많은 전해질을 잘 녹이므로 용매로서 작용한다. ② 물분자는 분자량에 비해서 비점(100℃)과 융점(0℃)이 높고 증발열(539㎈/g·100℃)이 크다. ③ 물의 비열은 1.0cal/g℃로서 다른 어떠한 용매에 비해 커서 데우거나 식히기가 어렵다. ④ 4℃에서 밀도가 1로 가장 크고 동결에 의해 부피가 팽창하게 된다. ⑤ 물의 표면장력은 73dyne/㎠(20℃)로서 액체 중에서 가장 크다. ⑥ 물은 물분자 상호간의 인력으로 인해 다른 용매에 비해 점성이 크다. ⑦ 미생물의 번식에 이용된다.	① 용질에 대하여 용매로서 작용하지 않는다. ② 100℃ 이상 가열하여도 제거되지 않는다. ③ 0℃ 이하의 저온에서도 잘 얼지 않으며 보통 −40℃ 이하에서도 얼지 않는다. ④ 보통의 물보다 밀도가 크다. ⑤ 보통의 물보다 수증기압이 낮다. ⑥ 식품 조직을 압착하여도 제거되지 않는다. ⑦ 미생물의 번식에 이용되지 못한다.

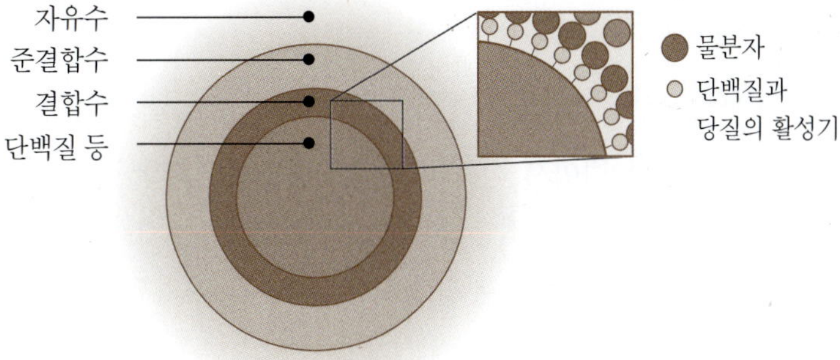

[그림 1-4] **식품의 자유수와 결합수**

03 식품의 수분활성도란 무엇일까요?

식품 중의 수분 함량은 고정된 것이 아니라 건조한 날이나 대기 중의 습도가 높은 장마철 등 환경조건의 영향을 받아 쉽게 변한다. 건조식품의 경우 장마철에는 식품이 대기 중의 수분을 흡수하여 눅눅해지고, 건조한 날에는 식품의 수분이 증발하여 건조하게 된다. 이러한 수분의 이동은 대기 중의 습도와 식품 중의 수분이 평형을 이룰 때까지 계속된다. 그러므로 식품 중의 수분함량을 일반적으로 사용하는 퍼센트(%)로 표시하기보다는 대기 중의 상대 습도까지 고려한 수분함량 즉 수분활성도를 이용하는 것이 식품의 저장에 중요하다.

수분활성도(Water activity, Aw)란 어떤 임의의 온도에 있어서 그 식품이 나타내는 수증기압(P)에 대한 같은 온도에 있어서의 순수한 물의 최대 수증기압(P_o)의 비로 정의되며, 이는 상대 습도를 100으로 나눈 값과 같다.

$$\text{즉, } Aw = \frac{P}{P_o} = \frac{RH}{100} \text{ 이다.}$$

(임의 온도에서 P : 식품이 나타내는 수증기압, P_o : 순수한 물의 최대 수증기압, RH : 상대습도)

또 식품의 수증기압은 그 식품 속의 수분에 녹아 있는 용질의 종류와 양에 의하여 영향을 받는다. Raoult의 법칙에 의하여 설탕이나 소금과 같은 용질의 용해에 의한 순수한 물의 수증기압의 상대적인 감소는 용질의 몰분율(molar fraction)에 직접적으로 비례한다. 즉, 물의 몰수를 Mw, 용질의 몰수를 Ms라 하면 다음과 같이 표시할 수 있다.

$$A_w = \frac{M_w}{M_w + M_S}$$

일반적으로 물의 수분활성도는 1이며 식품의 수분활성도는 그 속에 함유된 용질의 종류와 양에 따라 다르나, P는 P_o보다 적어서 식품의 수분활성도는 1보다 작은 값을 나타낸다. 즉 쌀이나 콩, 밀가루 같이 수분 함량이 적은 식품의 수분활성도는 0.60~0.64이고, 과일이나 생선과 같이 수분 함량이 많은 식품의 수분활성도는 0.91~0.99의 값을 나타낸다[표 1-3].

표 1-3 수분활성도와 그 범위에 해당되는 식품의 예

수분활성도 (Aw)	용액의 예		식품의 예 (수분 함량(%))
	소금(%)	설탕(%)	
1.0	1	10	채소, 과일, 어패류(85~90)
	3	25	식육, 달걀(70~75)
	7	40	치즈(40)
	10	50	잼(37)
	13	54	빵(35)
0.9	16		햄, 소시지(56~65)
	19		소금절인 생선(60)
	22	66	양갱(28)
0.8			살라미 소시지(25)
			약간 말린 정어리(55)
0.7			
			젤리(18)
			캐러멜(8)
0.6			밀가루(14), 쌀(14), 대두(10)
			쪄서 말린 멸치(16)
0.5			크래커(5)
			국수(12)
0.4			달걀가루(5)
0.3			비스킷(4)
			초콜릿(1)
			녹차(4), 탈지분유(4)
0.2			

참고

15% 수분과 10% 소금을 함유한 식품의 수분활성도는?
(수분의 분자량 : 18, 소금의 분자량 : 58.5)

$$A_w = \frac{15/18}{15/18 + 10/58.5} = \frac{0.83}{0.83 + 0.17} = 0.83$$

04 수분활성도와 식품의 안정성과의 연관성은 어떤 것일까요?

식품의 수분활성도는 여러 가지 요인에 의하여 미생물, 효소, 유지의 산화, 비효소적 갈변 등 식품의 품질에 영향을 줄 수 있다.

1. 미생물

미생물의 번식과 성장에는 일정량 이상의 수분이 필요하므로 수분활성은 미생물의 활동에 큰 영향을 미친다. 일반적으로 보통 세균이 증식할 수 있는 최저한의 수분활성도는 0.90 정도이며 효모는 0.88, 곰팡이는 0.80 정도이다. 그러나 내건성 곰팡이(xerophilic molds)는 0.65, 내삼투압성 효모(osmophilic yeasts)는 0.60 정도의 낮은 수분활성도에서도 생육할 수 있다고 한다[그림 1-5].

수분활성도 : 세균 〉 효모 〉 곰팡이 〉 내건성 곰팡이 〉 내삼투압성 효모

[그림 1-5] 미생물과 수분활성도

2. 효소 작용

수분활성도는 여러 종류의 효소 작용에 영향을 주고 효소 작용은 수분활성도가 높을 때 활성을 가지며, 가수분해 효소의 경우 최종 가수분해도도 수분활성도에 의해 결정된다. 아밀레이스(amylase), 페놀 산화효소(phenol oxidase) 및 과산화효소(peroxidase) 등의 대부분의 효소들은 수분활성도가 0.85 이하일 때 불활성화되나, 라이페이스(lipase)는 0.1~0.3에서도 활성을 유지한다고 한다. 수분활성이 낮을 때 효소반응이 억제 또는 정지되는 것은 주로 기질의 이동이 불가능하거나 반응물로서 물의 이용이 가능하지 않기 때문이다.

3. 유지의 산화

수분활성도가 유지의 산화에 미치는 영향은 다소 복잡하지만 유지의 산화에 대하여는 수분 함량이 BET-단분자층 형성의 수분 함량 영역일 때 가장 안정하다. BET-단분자층 형성 수분 함량보다 수분활성이 적거나 많으면 유지의 산화 속도는 증가한다[그림 1-6]. 즉, 수분이 전혀 존재하지 않거나 극히 적을 때보다 단분자층 형성의 수분이 존재할 때 산화 속도가 감소한다. 이는 물분자가 유리 라디컬(radical) 반응에 의해 형성된 히드로퍼옥시드(hydroperoxides)와 수소결합에 의해 복합체를 형성하여 히드로퍼옥시드의 분해를 억제하고, 또 산화촉진제로 작용하는 미량의 금속을 수화시켜 금속 수산화물의 형태로 만들어 금속의 촉매 작용을 억제하기 때문이라고 본다. 한편, 수분활성도가 클 때 산화 속도가 증가하는 것은 금속 촉매의 확산이 증가되고 다공성인 건조 식품의 팽윤으로 인하여 산소 흡수가 쉬워지기 때문이라고 생각된다.

4. 비효소적 갈변 반응

비효소적 갈변 반응이나 이에 따른 라이신(lysine)의 손실은 단분자층 형성 수분 함량보다 적은 수분활성도에서는 일어나기 어려우며, 수분활성도가 0.6~0.7인 중간수분식품의 범위에서 반응 속도가 최대에 이르고 이 범위를 벗어나 수분활성도가 0.8~1.0에서는 반응 속도가 다시 떨어진다[그림 1-6].

이처럼 수분활성도가 낮을 때 반응 속도가 저하되는 것은 용매로서의 물이 존재하지 않으므로 반응 물질의 이동이 불가능하기 때문이며, 수분활성도가 높을 때 반응 속도가 떨어지는 것은 희석 효과(dilution effect) 때문인 것으로 생각된다.

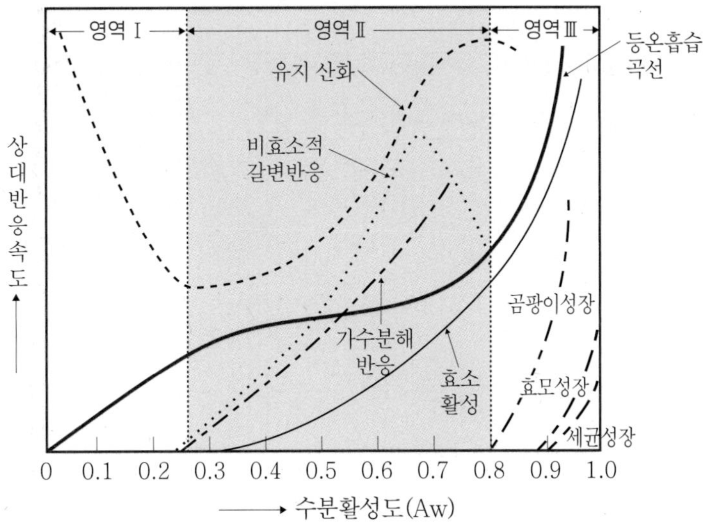

[그림 1-6] 수분활성도와 식품의 안정성

05 식품의 등온 흡습 및 탈습 곡선이란 무엇일까요?

1. 등온 흡습 및 탈습 곡선

식품의 수분 함량이 공기 중의 수분 함량(상대 습도)과 평형을 이룰 때의 수분 함량을 평형 수분 함량(equilibrium moisture content)이라 한다. 등온 흡(탈)습 곡선(moisture (de)sorption isotherm)은 일정한 온도에서 상대습도와 평형 수분 함량 사이의 관계를 나타낸 곡선으로 역 S자형 곡선(sigmoid)을 나타낸다[그림 1-7].

식품이 대기 중에 수분을 방출함으로써 평형 수분 함량에 이르는 경우에 얻어지는 곡선을 등온 탈습 곡선(moisture desorption isotherm)이라 한다. 식품이 대기 중의 수분을 흡수함으로써 평형수분 함량에 이르는 경우의 곡선을 등온 흡습 곡선(moisture adsorption isotherm)이라 한다. 즉, 등온 탈습 곡선은 식품을 건조하면서 얻어지고 등온 흡습 곡선은 식품을 수화하면서 얻어진다. 등온 탈습 과정에 있어서의 어떤 일정한 평형 상대 습도에 해당되는 수분 함량이 등온 흡습 과정에 있어서의 평형 상대 습도에 해당하는 수분 함량보다 일반적으로 크므로 등온 흡습 곡선과 등온 탈습 곡선은 엄밀하게 가역적이라고 할 수 없다. 이렇게 등온 흡습 곡선과 등온 탈습 곡선이 일치하지 않는 현상을 이력현상(hysteresis)이라고 하며, 이 현상은 등온 곡선의 굴곡점에서 가장 크다[그림 1-7].

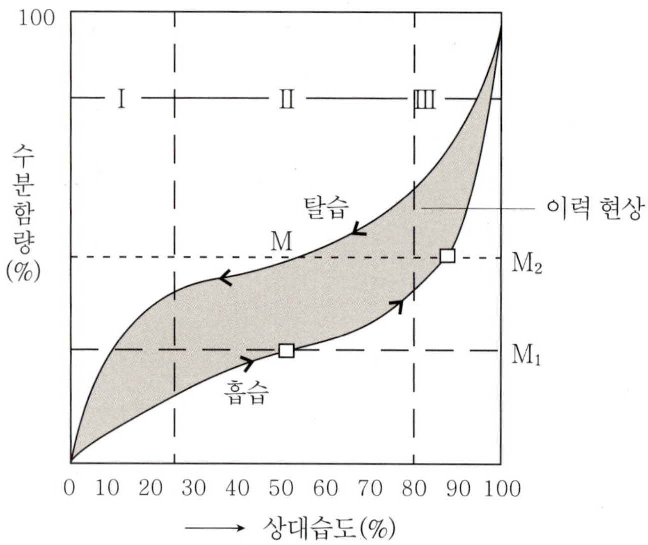

[그림 1-7] 이력 현상을 나타내는 등온 흡습(탈습) 곡선

2. 등온 흡(탈)습 곡선의 구분 및 각 영역의 성질

등온 흡(탈)습 곡선은 Ⅰ영역, Ⅱ영역, Ⅲ영역의 세부분으로 나눌 수 있다[그림 1-8].

1) Ⅰ영역

제1형 등온 흡습 곡선(type Ⅰ isotherm)의 영역으로서 식품의 수분 함량이 5~10%로 적고 상대습도가 25% 이하에 해당되는 것으로 식품 중의 수분이 다른 성분과 단단히 결합하여 단분자층(monomolecular layer region)을 형성하는 영역이다.

이 영역에서는 물분자가 식품 성분 중의 카복실기(carboxyl기 : -COOH)나 아미노기(amino기 : $-NH_2$)와 같은 이온 그룹과 강한 이온결합을 형성하여 결합수 형태로 존재한다. 식품 중의 평형 수분 함량이 소위 BET(Brunauer-Emmett-Teller)의 단분자층 형성 수분 함량에 해당하는 수분 함량보다 적은 수분 함량을 가진 영역이다. 이때는 식품 중의 수분 함량이 단분자층을 형성하는 수분 함량보다 적어 식품의 변질(유지의 산화)이 촉진된다(결합수, 단분자층, 이온결합).

2) Ⅱ영역

제2형 등온 흡습 곡선(type Ⅱ isotherm)의 영역으로서 상대습도가 25~80%에 해당된다.

I 영역보다 수분이 많아 상대 습도의 증가에 따라 수분 함량이 급격히 증가하여 식품 중의 수분이 다분자층(multimolecular layer region)을 형성하여 점차 액화되어 있는 영역이다. 이 영역에서는 물분자가 이온화되지 않고 있는 여러 기능기들과 수소결합 즉 비극성 결합을 이루어 결합수 형태로 존재한다. 특히 이 영역에서는 I 영역과의 경계부분인 식품의 평형 수분 함량이 BET의 단분자층 형성 수분 함량 이상의 영역이다. 다분자층을 형성하고 있는 물분자들로 인해 식품 중의 성분이 공기 중에 있는 산소에 직접 노출되어 산화가 방지되기 때문에 건조 식품에 있어서 안정성이나 저장성이 가장 좋은 최적 수분 함량을 나타내는 영역이다 (결합수, BET의 단분자층 이상, 다분자층, 수소결합).

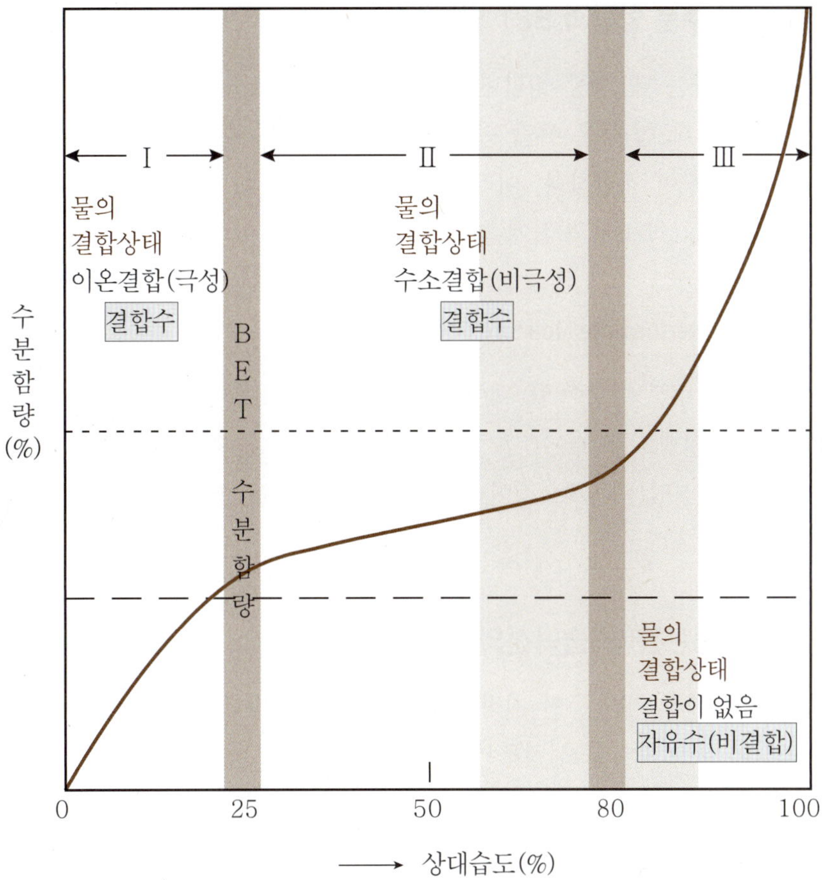

I : 단분자층 형성 영역, II : 다분자층 형성 영역, III : 모세관 영역

[그림 1-8] 등온 흡습 또는 탈습 곡선의 각 영역의 성질

3) Ⅲ영역

제3형 등온 흡습 곡선(type Ⅲ isotherm)의 영역으로서 상대습도가 80% 이상으로 수분 함량이 많다. 곡선의 기울기가 큰 부분으로 식품의 다공질 구조 특히 모세관에 수분이 자유롭게 응결되는 모세관 응고 영역(capillary condensation region)이다. 이 영역에서는 물분자가 특별히 결합되어 있지 않고 자유로이 이동하는 자유수 형태로 존재한다. 식품 중의 수분이 여러 식품성분에 대하여 용매로서 작용하는 영역으로 식품의 품질 저하를 가져오는 여러 가지 화학반응 및 효소에 의한 반응들이 촉진되고 미생물의 증식도 일어나게 된다(자유수, 모세관 응축 영역).

3. 단분자층 형성 수분 함량과 BET 방정식

건조식품을 저장하는 데 가장 적합한 최적 수분 함량은 물분자가 BET-단분자층 이상의 수분활성 영역인 제2형 등온 흡습 곡선 영역으로 건조 곡류는 12~13%, 건조 채소는 약 5% 정도의 수분 함량이 적합하다. 이러한 단분자층 수분 함량은 Brunauer 등이 유도한 BET(Brunauer-Emmett-Teller)의 식에 의하여 구할 수 있다.

4. 중간수분식품(Intermediate Moisture Food, IMF food)

중간수분식품이란 수분 함량이 10~40%인 식품에 글리세롤, 솔비톨, 당 같은 고삼투압성 용매를 가하여 수분활성도를 0.6~0.7 정도로 낮춘 식품이다. 미생물의 발육을 억제하는 동시에 충분한 가소성이 있는 훈제오징어, 잼, 젤리, 건조 과일, 건조 소시지, 양갱 등이 그 예이다.

5. 건조식품에서 등온흡(탈)습곡선의 역할

건조식품은 오랜 저장 기간 동안 최적 조건을 유지하는 데 식품의 포장이 매우 중요하며, 등온 흡습 곡선이 포장 재료를 선정하는 데 중요한 역할을 한다. 흡습성이 강한 제품은 항상 급경사된 등온 흡습 곡선을 가지며 외부 기후 조건에 도달하기 전에 수분 함량의 임계 영역(critical area)에 도달하므로 이러한 식품은 수분 차단성이 좋은 플라스틱 재료나 유리병을 사용하여야 한다. 예를 들면 임계 영역이 약 50% RH(Relative humidity)인 인스턴트 커피는 흡습성이 있어 외부의 수분을 흡수하여 덩어리가 되고 유동성(flowability)이 없어진다. 그러나 흡습성이 없는 식품은 일반저장 조건하에서 변패 반응이 일어나지 않으므로 폴리에틸렌

(polyethylene) 용기 등에 포장할 수 있다.

한편, 평형 상대 습도가 외부 기후 조건의 습도보다 높은 식품(치즈나 빵 등)에 있어서는 수분의 손실을 방지하기 위해서 방습 포장 재료를 사용하여야 한다.

건조 수프와 같이 여러 가지 다른 원료들이 함께 들어있는 경우는 서로 다른 문제가 야기된다. 즉, [그림 1-9]에서 식품 A는 급경사를 보인 등온 흡습 곡선으로 흡습성이 매우 강한 식품에 해당하며 이것을 차단성이 있는 포장재료에 같은 양으로 식품 B와 혼합하여 포장한 경우 초기 A의 상대습도는 R_A%, 초기 B의 상대습도는 R_B%이며 식품 A와 B가 평형을 이루었을 경우에 수분은 상대습도가 높은 B에서 A로 이동하여 상대습도 R에서 평형을 이루므로 평균상대습도에 도달한다. 그러나 수분 함량의 경우 A는 초기 MA_1에서 MA_2가 되었을 때 평형에 도달하고, B의 경우 초기 MB_1에서 MB_2가 되었을 때 평형이 되므로 수분 함량은 평균치가 되지 않는다. 그 예로서 건조 수프믹스(soup mix)의 경우, 수분 함량 2%로 흡습성을 갖는 건조채소와 수분 함량 13%인 전분이나 밀가루를 혼합하면 건조채소의 수분 함량이 9%로 증가하게 된다. 이러한 수분 함량에서는 비효소적 갈변이 촉진되므로 전분을 미리 건조시켜 혼합하는 것이 좋다.

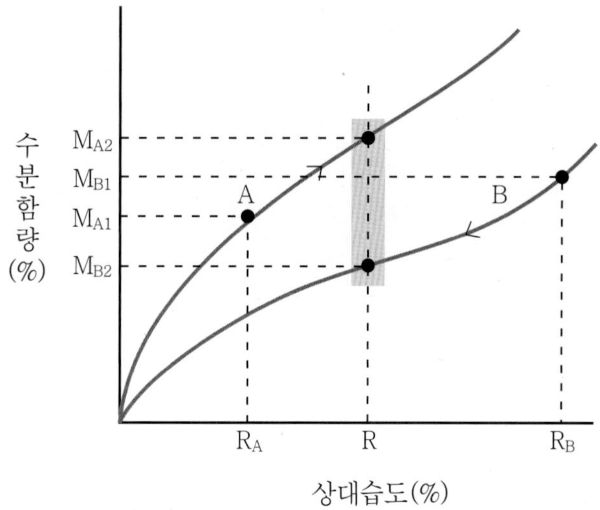

[그림 1-9] 식품 A와 B를 혼합하여 포장한 경우 평형에 도달할 때까지의 변화를 나타내는 등온 흡(탈)습 곡선

CHAPTER

02

탄수화물(Carbohydrates)

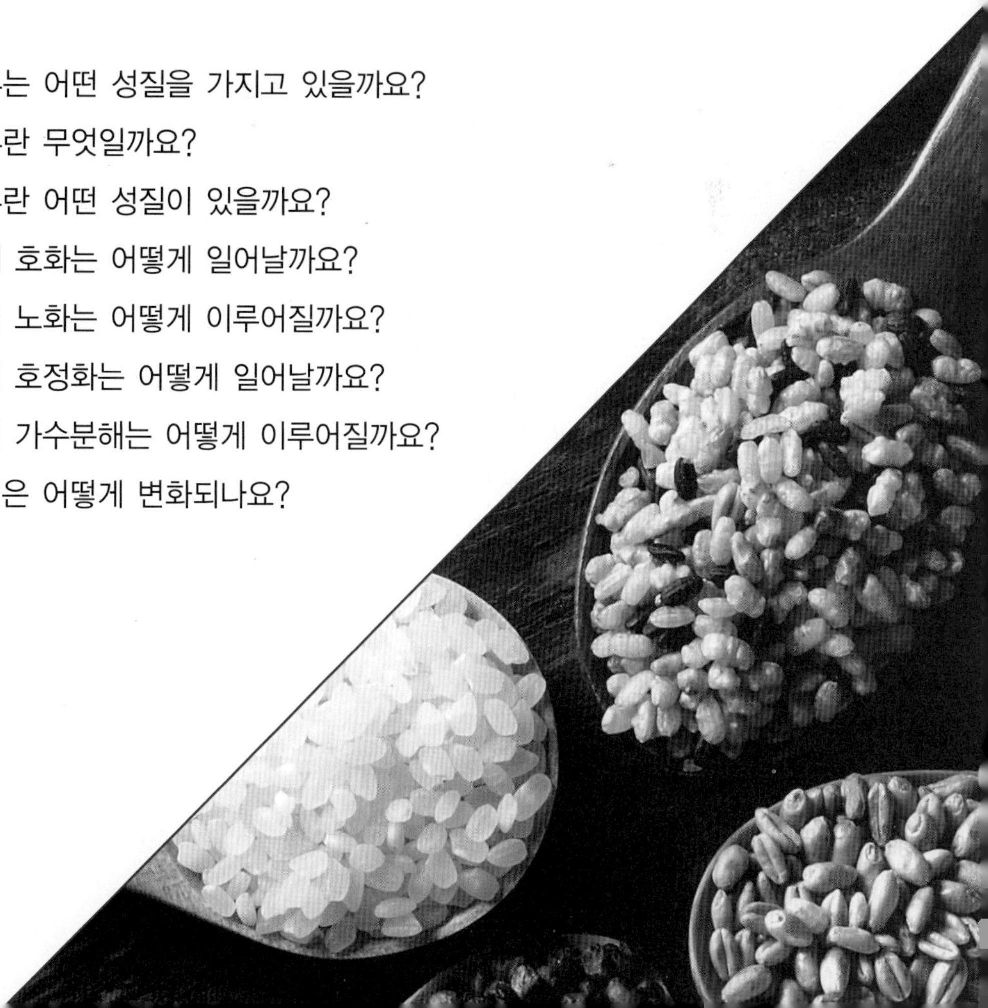

탄수화물은 이산화탄소와 물이 녹색식물에 의해 햇빛을 받아 광합성 작용을 함으로써 생성된다. 탄수화물은 에너지원으로 동·식물 대사에서 중요한 역할을 한다[그림 2-1].

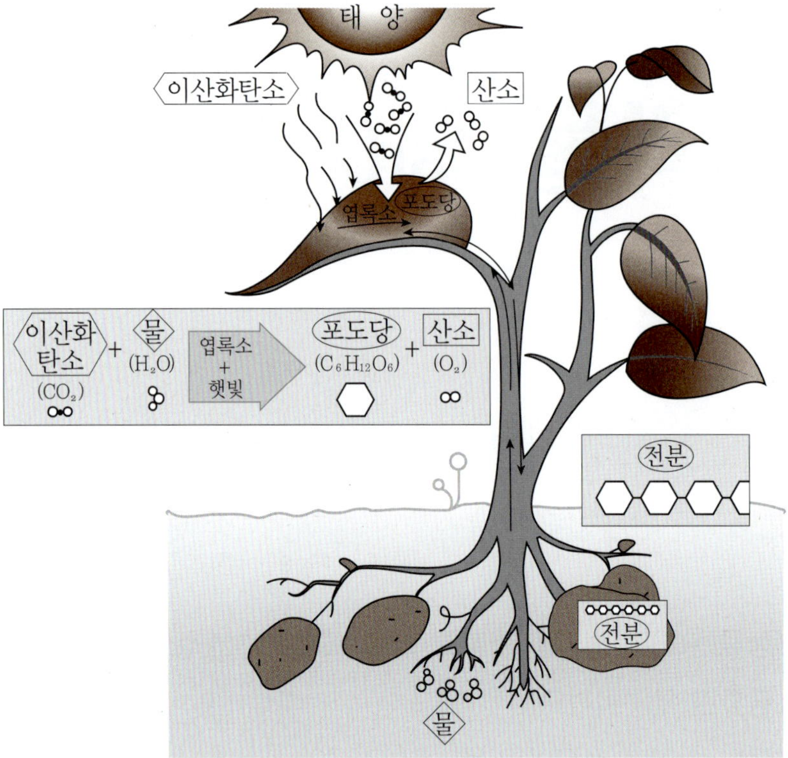

[그림 2-1] 광합성에 의한 탄수화물의 생성

탄수화물은 탄소(C), 수소(H), 산소(O)로 이루어진 화합물로, 그 비율이 $Cm(H_2O)n$의 일반식으로 표시된다. 탄수화물은 단맛이 있어 당질이라고 부르기도 하며, 화학적으로는 분자 내에 두 개 이상의 수산기(-OH)와 한 개의 알데히드기(aldehyde기 : -CHO) 또는 케톤기(ketone기 : >CO)를 가지는 폴리히드록시(polyhydroxy) 화합물과 이들의 축합물 또는 유도체들이라고 정의할 수 있다.

탄수화물은 일반적으로 가수분해로 생성되는 당 분자의 수에 따라 단당류(monosaccharides), 소당류(oligosaccharides), 다당류(polysaccharides) 등으로 분류한다[그림 2-2]. 또한 사람이나 동물의 소화 효소에 의해 분해되는 전분(starch) 등 소화성 다당류와 소화되지 않는 섬유소(cellulose) 등 난소화성 다당류로 구분하기도 한다.

- 탄수화물 (carbohydrates)
  - 단당류 (monosaccharides)
    - 3탄당 (triose) — 글리세르알데히드(glyceraldehyde), 디히드록시아세톤(dihydroxyaceton)
    - 4탄당 (tetrose) — 에리트로스(erythrose), 트레오스(treose)
    - 5탄당 (pentose) — 리보스(ribose), 아라비노스(arabinose), 자일로스(xylose), 리불로스(ribulose), 리조스(lyxose)
    - 6탄당 (hexose) — 포도당(glucose), 과당(fructose), 마노스(mannose), 갈락토스(galactose)
    - 7탄당 (heptose) — 마노헵토스(mannoheptose), 세도헵툴로스(sedoheptulose)
  - 소당류 (oligosaccharides)
    - 2당류 (disaccharides) — 엿당(maltose) : 포도당^1 + ^{4}포도당; 젖당(lactose) : 갈락토스^1 + ^{4}포도당; 슈크로스(sucrose) : 포도당^1 + ^{2}과당; 트레할로스(trehalose) : 포도당^1 + ^{1}포도당
    - 3당류 (trisaccharides) — 라피노스(raffinose) : 갈락토스^1 + ^{6}포도당^1 + ^{2}과당; 젠티아노스(gentianose) : 포도당^1 + ^{6}포도당^1 + ^{2}과당
    - 4당류 (tetrasaccharides) — 스타키오스(stachyose) : 갈락토스^1 + ^{6}갈락토스^1 + ^{6}포도당^1 + ^{2}과당
    - 5~8당류
  - 다당류 (polysaccharides)
    - 단순다당류 (homo polysaccharides) — 전분(starch), 섬유소(cellulose), 이눌린(inulin), 글리코겐(glycogen), 키틴(chitin)
    - 복합다당류 (hetero polysaccharides) — 펙틴(pectin), 헤미셀룰로스(hemicellulose), 콘드로이틴황산(chondroitinsulfate)

[그림 2-2] 탄수화물의 분류

01 단당류는 어떤 성질을 가지고 있을까요?

단당류는 탄수화물의 구성단위로서 더 이상 가수분해되지 않는 당류이며, 분자 내의 탄소 수에 따라 다시 3탄당, 4탄당, 5탄당, 6탄당, 7탄당 등으로 구별된다.

단당류(monosaccharides)는 분자 중에 2개 이상의 수산기(-OH)와 1개의 알데히드기(-CHO)나 케톤기(>CO)를 가지고 있다. 알데히드기를 갖는 당을 알도스(aldose), 케톤기를 갖는 당을 케토스(ketose)로 분류한다[그림 2-3].

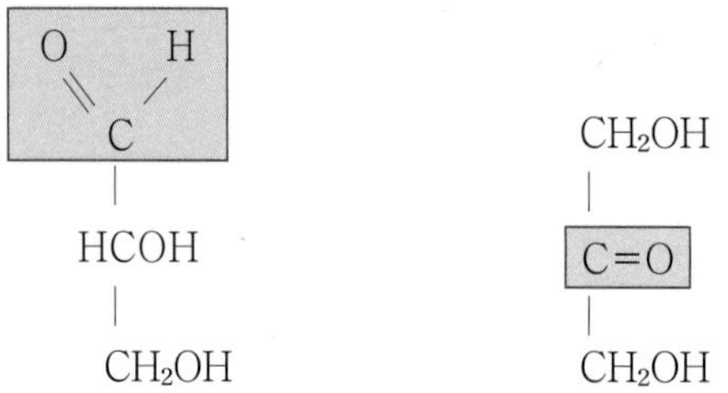

글리세르알데히드 (알도스) $C_3H_6O_3$ 디히드록시아세톤 (케토스) $C_3H_6O_3$

[그림 2-3] **알도스와 케토스**

1. 단당류의 광학 이성체

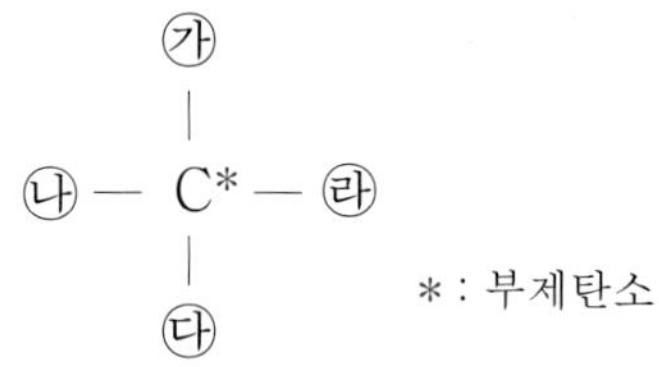

[그림 2-4] **부제탄소 모델**

자연계에 존재하는 여러 단당류는 그 구조가 유사한 광학 이성체(optical isomer)의 관계에 있으며 천연으로 존재하는 단당류들은 하나 이상의 부제 탄소를 가지고 있다. 부제탄소(asymmetric carbon atom)란 정사면체의 정점을 향하여 네 개의 공유결합 원자가를 갖는 탄소 원자에 서로 다른 원자 또는 원자단이 결합되는 것을 말한다[그림 2-4]. 부제탄소가 존재하면 결합되어 있는 원자와 원자단들의 입체적인 배치만이 다를 뿐 구성 원자와 결합의 종류가 동일한 입체 이성체가 생기며, 이들은 광학적으로 활성을 갖는다.

> **참고**
> 사슬 구조의 글루코스는 4개의 부제탄소 원자가 있어 2^4=16개
> 사슬 구조의 과당은 3개의 부제탄소 원자가 있어 2^3=8개의 입체 이성체가 존재한다.

Van't Hoff 법칙에 의하면 부제 탄소가 n개 존재하면 2^n개의 입체 이성체가 가능하다.

예를 들어, 3탄당의 하나인 글리세르알데히드(glyceraldehyde, $\underset{1}{CHO}-\underset{2}{\overset{*}{C}HOH}-\underset{3}{CH_2OH}$, *:부제 탄소)는 2번 탄소 한 개만 부제 탄소이므로 2^1개인 두 가지 입체 이성체가 생성된다. 이때 부제 탄소에 결합하여 있는 -OH기의 배치가 오른쪽인 것은 D-글리세르알데히드(D-glyceraldehyde), 왼쪽인 것을 L-글리세르알데히드(L-glyceraldehyde)라고 하며 단당류의 입체 이성체를 구분하는 기준이 된다[그림 2-5]. 이 두 화합물은 광학적으로 활성을 나타내며

마치 좌우의 손바닥 또는 실물과 거울상처럼 대칭의 관계에 있으므로 서로 겹칠 수 없다. 따라서 이와 같은 이성체를 광학 대장체(optical antipode) 또는 거울상 이성질체(enantiomer)라고 한다[그림 2-6].

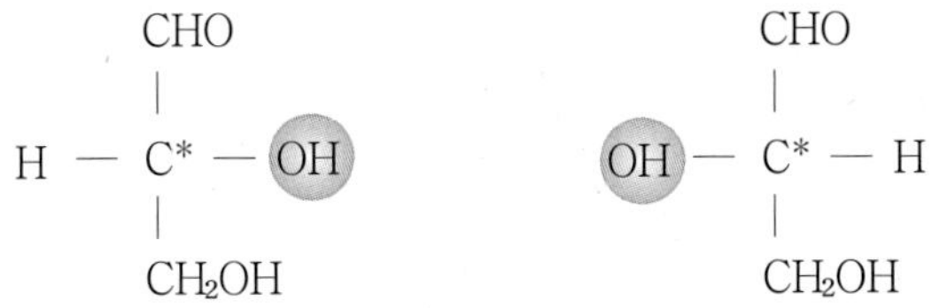

＊ : 부제탄소

D−글리세르알데히드　　L−글리세르알데히드

[그림 2-5] **D, L형의 글리세르알데히드**

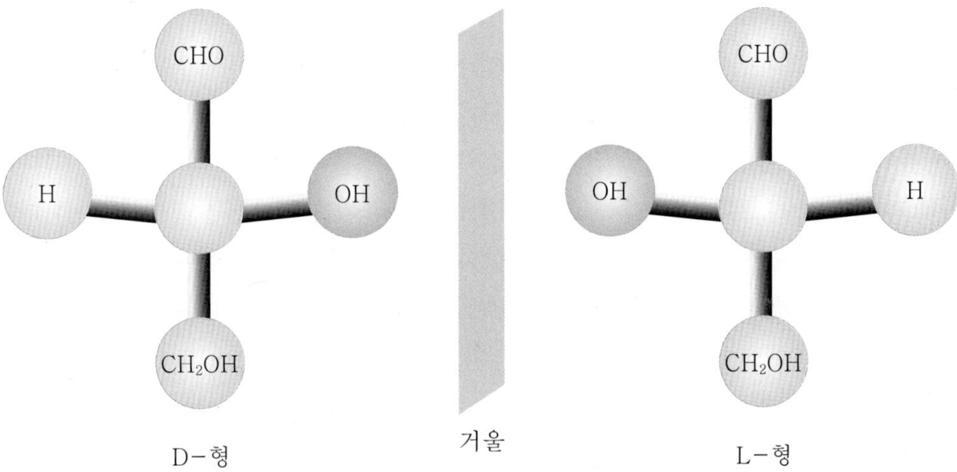

[그림 2-6] **글리세르알데히드의 두 광학 이성체의 모형**

한 쌍의 광학 대장체는 물리적 및 화학적 성질은 같지만 편광면을 회전시키는 방향만이 다르다. 두 이성체 중 편광면을 오른쪽으로 회전시키는 것을 우선성(dextrorotatory)이라 하여 '(+)' 기호로 표시하고, 왼쪽으로 회전시키는 것을 좌선성(levorotatory)이라 하며 '(−)' 기호로 표시한다.

이처럼 편광면을 회전시키는 성질이 있는 물질을 모두 광학 활성체라고 하며, 우선성의 물질과 좌선성의 물질이 같은 비율로 섞여 있는 혼합물을 라세믹체(racemic) 또는 광학적 불활성체라고 한다.

2. 단당류의 화학 구조

단당류의 구조에는 사슬 구조(쇄상 구조, chain structure)와 고리 구조(환상 구조, ring structure)가 있다.

1) 단당류의 사슬 구조(Fisher식)

알도헥소스는 분자 중에서 C_2, C_3, C_4, C_5 4개의 탄소 원자가 부제탄소이므로 16개(2^4)개의 입체 이성체가 가능하다. 자연계에 널리 존재하는 대표적인 알도헥소스(aldohexose)인 D-포도당(D-glucose), D-마노스(D-mannose) 및 D-갈락토스(D-galactose)는 알도헥소스의 입체이성질체들이다[그림 2-7].

케토헥소스는 C_3, C_4, C_5 3개의 탄소 원자가 부제탄소로 8(2^3)개의 입체이성질체가 가능한데, D-과당(D-fructose)이 그중의 하나다[그림 2-8].

당의 D형 또는 L형의 지정은 표준 화합물인 D-글리세르알데히드, L-글리세르알데히드의 구조를 기준으로 한다. 즉, 단당류의 사슬 구조에 있어서 알데히드기나 케톤기에서 가장 먼 곳에 있는 부제 탄소 원자의 OH기가 오른쪽에 있으면 D형이고, 왼쪽에 있으면 L형이다.

단당류의 D, L의 결정은 실제의 선광 방향과는 관계가 없으며 다만 입체 배열을 나타내는 부호에 지나지 않으므로 선광성을 표시하자면 D 또는 L기호 다음에 (+) 또는 (-)를 더하여 D-(+)-포도당, D-(-)-과당 등과 같이 표시한다.

탄소 한 개에 결합된 관능기의 결합 위치만이 다른 이성질체를 에피머(epimer)라고 한다. 6탄당 중 포도당과 마노스는 2번 탄소의 결합 위치만 다른 에피머이고, 포도당과 갈락토스는 4번 탄소의 결합 위치만 다른 에피머이다. 그러나 마노스와 갈락토스는 2번과 4번 탄소의 두 개에 결합된 관능기의 위치가 달라 에피머라 하지 않는다[그림 2-9].

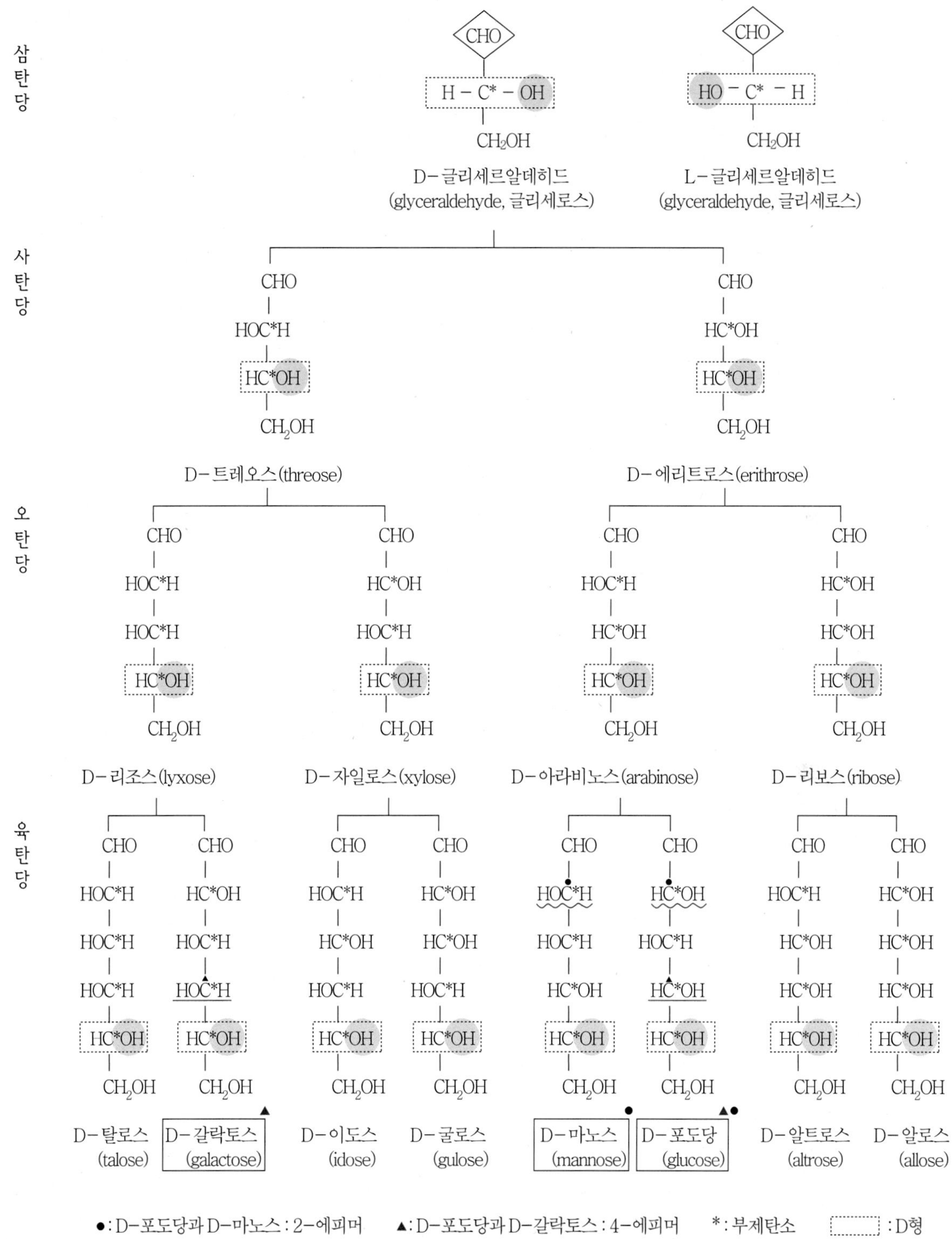

[그림 2-7] **D형의 알도스(aldose) 계열(C_{3-6})**

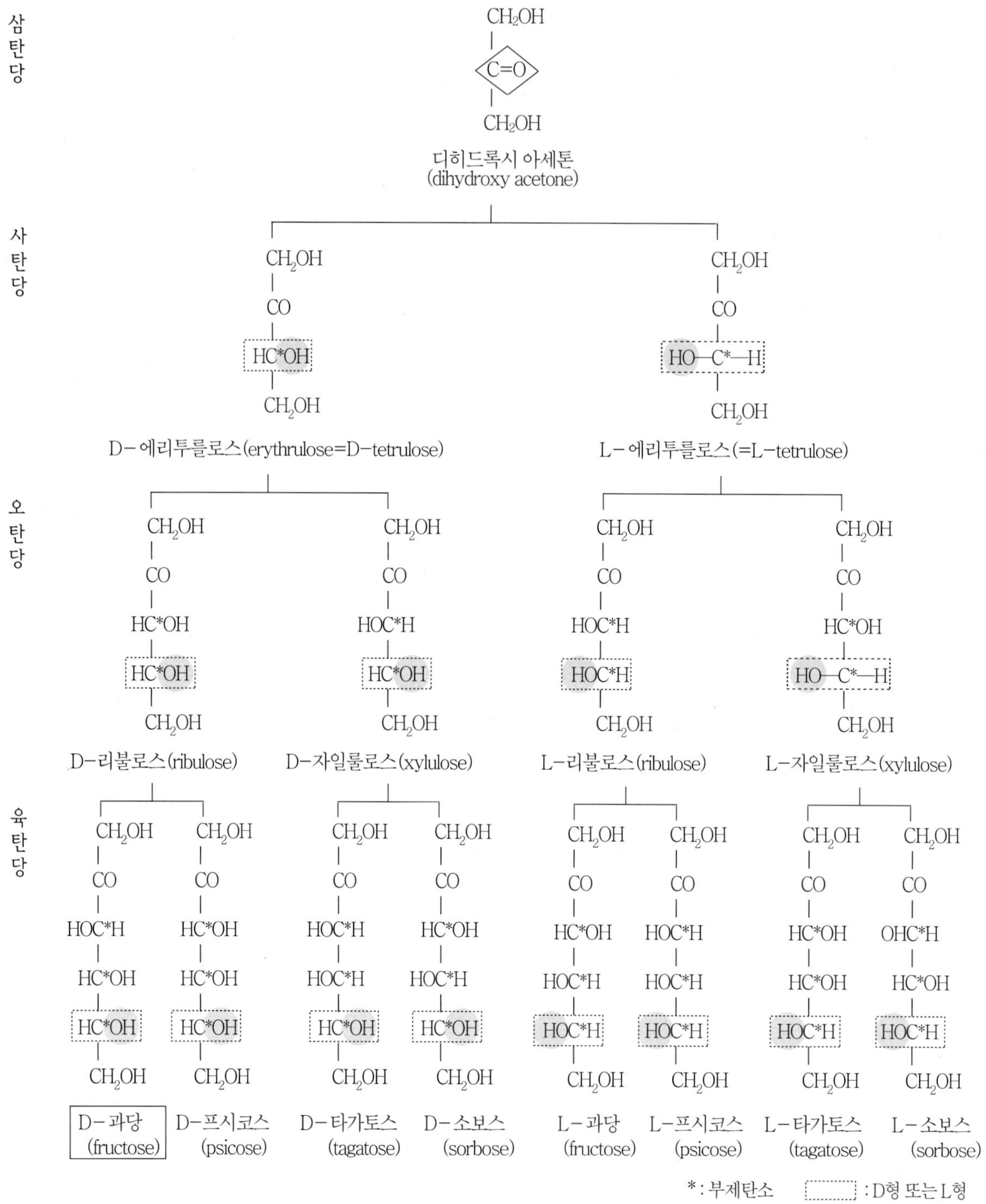

[그림 2-8] **D형과 L형의 케토스(ketose) 계열(C_{3-6})**

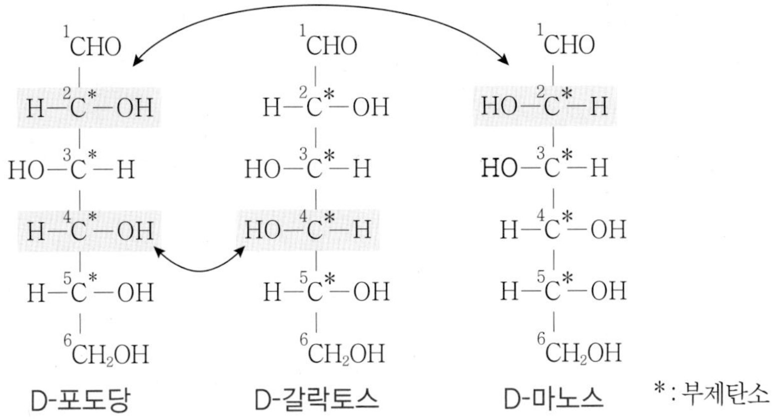

[그림 2-9] **포도당의 에피머**

2) 단당류의 고리 구조(Haworth 투영식)

단당류는 분자 내에 카보닐(carbonyl)기(-CHO 또는 >C=O)와 수산기(hydroxy, -OH)를 모두 가지고 있으므로 분자 내에서 쉽게 고리모양의 헤미아세탈(hemiacetal) 구조를 이룬다[그림 2-10].

단당류가 이러한 고리 구조를 가지면 알데히드기나 케톤기는 새로운 수산기(-OH)를 형성하며 이러한 수산기를 헤미아세탈(hemiacetal) 또는 헤미케탈(hemiketal)성 OH기 또는 글리코사이드(glycoside)성 OH기라고 하며 다른 탄소원자에 결합된 수산기보다 반응성이 크다.

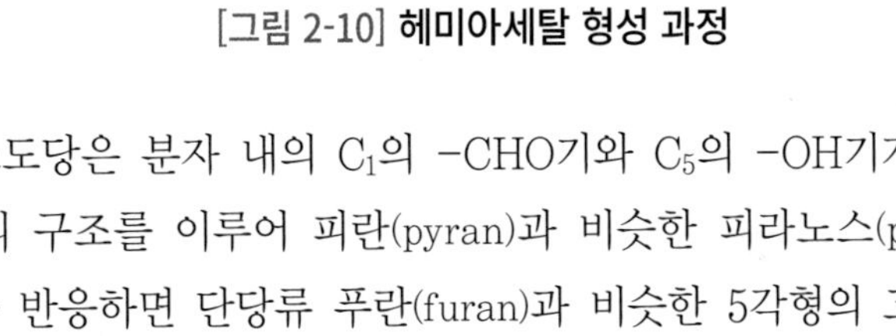

[그림 2-10] **헤미아세탈 형성 과정**

알도헥소스인 포도당은 분자 내의 C_1의 -CHO기와 C_5의 -OH기가 헤미아세탈을 형성하여 6각형의 고리 구조를 이루어 피란(pyran)과 비슷한 피라노스(pyranose)를 형성하거나 C_4의 -OH기와 반응하면 단당류 푸란(furan)과 비슷한 5각형의 고리 구조인 푸라노스(furanose)를 형성한다[그림 2-11].

이처럼 알도스가 헤미아세탈의 고리 구조를 형성하면 C_1도 부제 탄소가 되므로 이 탄소원자의 입체 배치의 차이에 따라 두 개의 이성체가 추가로 생기게 된다. 이 때 C_1에 결합된

-OH기가 당의 D 및 L형을 결정해주는 -OH기와 같은 쪽에 있는 것을 α형, 반대쪽에 있는 것을 β형이라고 하며, 이와 같은 이성질체를 아노머(anomer)라고 한다. 즉, α-D-포도당과 β-D-포도당을 아노머라 한다[그림 2-12].

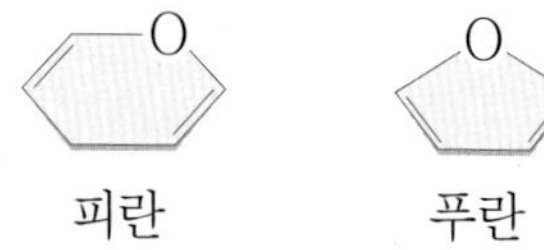

[그림 2-11] 피란과 푸란의 구조

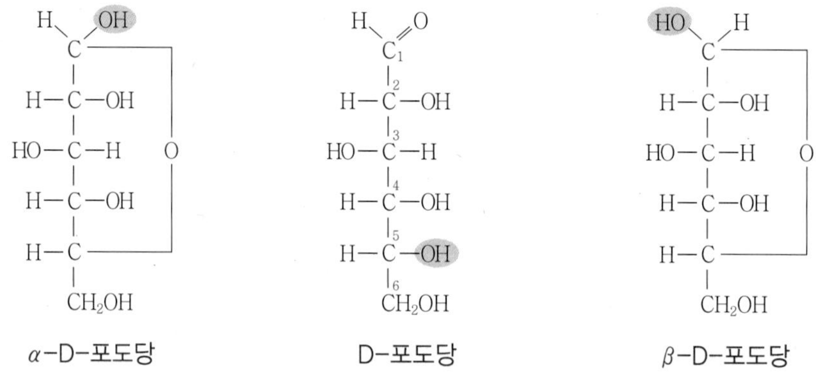

[그림 2-12] 포도당의 고리구조의 α, β 아노머

하워스 투영식(Haworth projection)으로 표현하면 알도스의 경우 마지막 탄소의 CH_2OH의 위치가 위일 경우 D형, 아래일 경우 L형이라 하고, 피라노스 고리를 포함하는 1번 탄소의 OH기의 위치가 마지막 탄소의 위치와 반대쪽(*trans*)이면 α형이며, 같은쪽(*cis*)이면 β형이라 한다[그림 2-13].

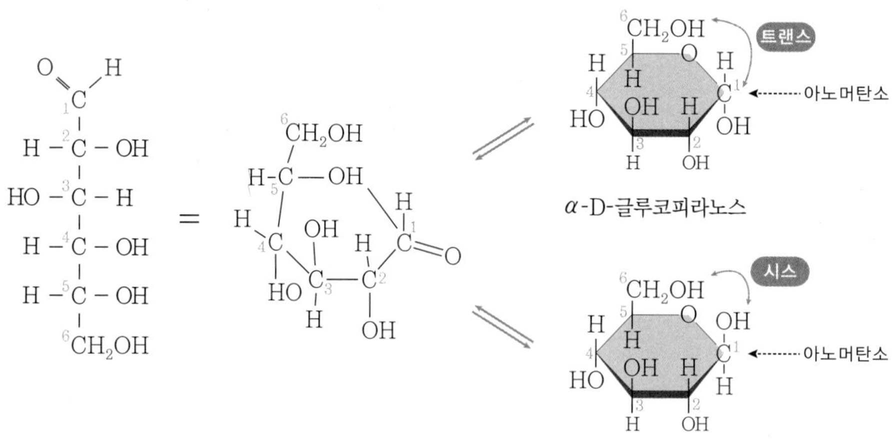

[그림 2-13] 포도당의 사슬(쇄상) 구조에서 고리(환상) 구조화 및 α, β 명명법

케토스의 경우는 마지막 탄소의 CH_2OH의 위치가 위면 D형, 아래면 L형이며 2번 탄소의 OH기가 마지막 탄소의 OH와 같은 방향이면 β형이고, 다른 방향이면 α형이다[그림 2-14].

한편, 케토헥소스인 과당은 자연계에 결합 상태로 존재할 때는 C_2의 $>C=O$기와 C_5의 $-OH$기가 헤미아세탈을 형성하여 5각형의 프락토푸라노스(fructofuranose)가 된다. 그러나 이것은 매우 불안정하여 가수분해에 의하여 유리되면 즉시 6각형의 프락토피라노스(fructopyranose)로 변한다.

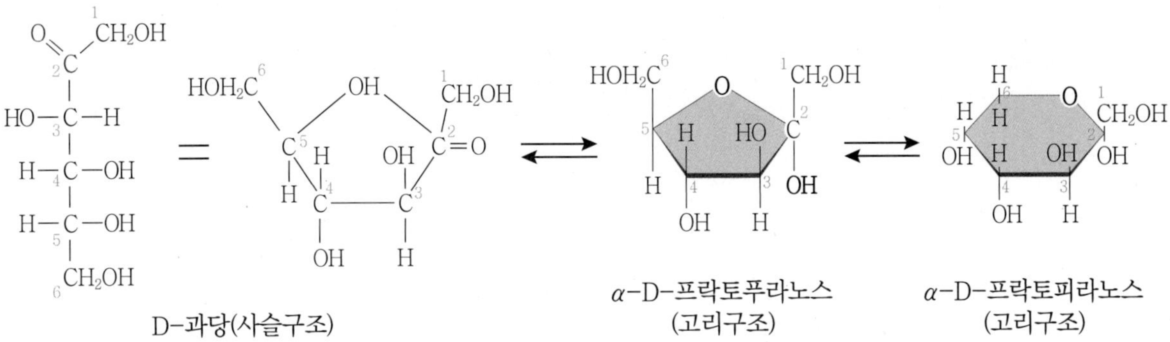

[그림 2-14] **과당의 사슬(쇄상)구조에서 고리(환상)구조화**

한편, 하워스 투영식은 단당류의 성질을 이해하기 위해 편리하게 많이 사용되고 있으나 실제 단당류의 입체 모양은 이것과는 다르다. 5각형의 푸라노스(furanose)는 피라노스(pyranose)보다 덜 안정해 쉽게 봉투(envelope)형과 트위스트(twist)형의 혼합물로 평형을 이루고, 6각형 고리 구조의 피라노스는 장력을 받지 않는 의자(chair)형과 보트(boat)형 등 두 가지의 다른 형태로 존재하며 이들 두 가지 형태 중에서도 의자형이 보트형보다 더 안정하다[그림 2-15].

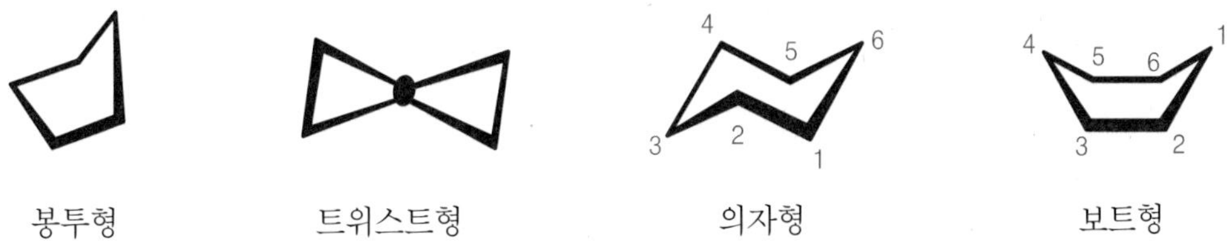

[그림 2-15] **5각형과 6각형의 고리 구조**

3. 단당류의 성질 및 화학 반응

1) 감미도(Sweetness)

단당류 및 이당류는 단맛을 가진 것이 많다. 10% 설탕 수용액을 단맛의 기준 100으로 할 때 과당 150, 전화당 120, 포도당 70, 엿당 50, 갈락토스 30이며, 그리고 젖당의 감미도는 27 정도로 작다.

2) 용해도(Solubility)

단당류의 용해도는 감미도와 비례하며 당의 종류 및 온도에 따라 다르게 나타난다.

단당류는 분자 내에 -OH기를 많이 가지고 있어 물에 잘 녹으나 알코올, 아세톤 등에는 녹기 어려우며, 에테르, 클로로포름, 벤젠 등과 같은 유기용매에는 녹지 않는다.

3) 변선광(Mutarotation)

당은 용액의 선광도가 시간이 지남에 따라 변화하여 어느 평형에 이르면 일정한 값의 선광도를 나타내는 변선광(mutarotation) 현상을 나타낸다.

당류 용액에서 고리 구조의 당이 수용액 중에서 사슬 구조를 거쳐서 다른 고리 구조의 이성체로 전환되기 때문에 변선광은 산이나 알칼리 존재하에서 크게 촉진된다. 단당류 이외에도 유리 상태의 헤미아세탈 OH기를 갖는 2당류 및 소당류들에 있어서도 변선광 현상이 나타난다[그림 2-16].

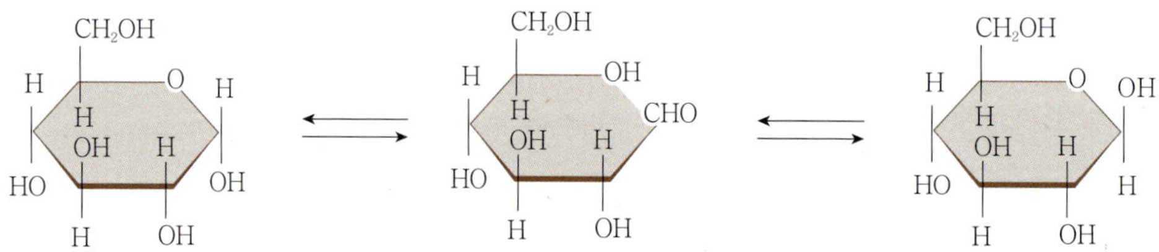

[그림 2-16] **D-포도당의 변선광 현상**

4) 배당체

당류가 고리 구조를 이룰 때 헤미아세탈 결합의 형성으로 생긴 새로운 OH기를 글리코사이드성 OH(glycosidic OH) 또는 헤미아세탈성 OH(hemiacetal OH)라고 한다. 이 글리코사이드성 OH기는 다른 OH기를 가진 화합물과 반응하여 물분자를 잃고 에테르결합을 형성하기 쉬워 반응성이 크다. 그러므로 글리코사이드성 OH기를 가진 당류와 다른 당류의 글리코사이드성 OH기 이외의 OH기와 에테르결합에 의해 형성된 화합물을 배당체(glycoside)라고 한다.

배당체의 비당질 부분을 아글리콘(aglycone) 또는 제닌(genin)이라고 하며 아글리콘의 종류에 따라 여러 가지 배당체가 생긴다. 당류가 포도당일 때는 글루코사이드(glucoside), 갈락토스일 때는 갈락토사이드(galactoside), 리보스일 때는 리보사이드(riboside)라고 한다.

배당체(glycoside) = 당류 + 아글리콘(제닌)

배당체는 유리 상태의 헤미아세탈 OH기가 결합을 형성하여 없어졌기 때문에 환원성이 없으며 변선광 현상도 나타내지 못한다.

5) 환원성

유리 상태의 헤미아세탈성 OH기를 갖는 모든 당류는 알칼리 용액 중에서 은(Ag^{+}), 수은(Hg^{2+}), 구리(Cu^{2+}) 이온들을 환원시킨다. 설탕은 글루코사이드성 OH기가 결합에 모두 사용되어 비환원당이며, 포도당, 과당, 갈락토스 등 단당류와 엿당, 젖당은 글루코사이드성 OH기가 있어 환원당이다.

페일링(Feiling) 실험, 베네딕트(Benedict) 실험 등은 환원성을 이용한 당류의 정성 또는 정량 시험으로 환원당은 이들 실험에서 적색 침전을 한다.

$$\text{환원당} + Cu^{2+} + 5OH^{-} \longrightarrow Cu_2O + 3H_2O + \text{당, 산의 혼합물}$$

6) 화학 반응

(1) 강산의 작용

단당류는 묽은 산과 가열하면 변화가 없으나 강한 산으로 가열하면 3분자의 물을 잃고 오탄당은 푸푸랄(furfural)로, 육탄당은 히드록시메틸푸푸랄(hydroxymethyl furfural)로 변한다. 히드록시메틸푸푸랄은 다시 레불린산(levulinic acid)과 포름산(formic acid)이 된다.

(2) 알칼리의 작용

단당류는 묽은 알칼리 용액과 반응하는데 포도당, 마노스, 과당으로부터는 1,2-엔디올(1,2-enediol)이 생긴다. 혼합 포도당 용액 같은 단당류에 묽은 알칼리인 아세트산나트륨(Na-acetate)을 가하여 방치하면 이성화(epimerization)하여 용액 중의 당은 포도당:과당:마노스가 각각 64:31:2인 혼합물이 된다.

(3) 수산기(-OH기)의 반응

단당류 분자는 수산기(-OH기)를 가지고 있어 메틸에테르형으로 바뀐 메틸화 당을 만들거나 에스터화(esterification)되기 쉽다.

(4) 탄화

단당류에 진한 황산을 가하면 강력한 탈수작용에 의해 단당류 분자에서 물이 한 분자씩 떨어져 나가 탄소만 남게 되어 숯이 된다.

4. 천연에 존재하는 주요 단당류

1) 3탄당(Triose), 4탄당(tetrose)

3탄당은 생리적 의의가 있는 가장 간단한 당으로서 글리세르알데히드(glyceraldehyde)와 디히드록시아세톤(dihydroxyacetone)이 있다. 이들은 근육 또는 효모 중에서 당이 분해될 때 대사 중간물질인 인산 에스터로서 존재한다.

4탄당은 유리 상태로는 천연에 존재하지 않는다.

2) 5탄당(Pentose)

5탄당은 D-자일로스(xylose), L-아라비노스(arabinose), D-리보스(ribose), 2-데옥시-D-리보스(2-deoxy-D-ribose) 등이 주로 자연계에 있다[그림 2-17]. 자연계에서 주로 다당류 혹은 핵산의 구성성분으로 널리 분포되어 있으며 유리 상태로는 극히 적다. 인체 내에서는 이용되지 못하므로 영양 성분으로서의 가치는 적다.

(1) D-자일로스(Xylose)

D-자일로스는 밀짚이나 볏짚, 옥수수 속대, 나무 껍질, 종자의 껍질, 헤미셀룰로스(hemicellu-lose) 등에 다당류인 자일란(xylan)의 구성당으로 존재한다. 설탕의 약 60% 정도의 단맛을 나타내며 에너지로 전환되지 않아 무칼로리 감미료로 사용되고 있다.

(2) L-아라비노스(Arabinose)

L-아라비노스는 아라비아 검(arabic gum)의 주요 다당류인 아라반(araban)의 구성당으로 펙틴(pectin)이나 헤미셀룰로스의 구성성분으로 얻을 수 있으며, 효모에 의해 발효되지 않는다.

(3) D-리보스(Ribose)와 2-데옥시-D-리보스(2-deoxy-D-ribose)

D-리보스는 RNA, ATP, 리보플라빈 및 NAD, NADP, CoA 등 조효소(코엔자임)의 구성성분이다. 리보스의 2번 탄소에서 산소가 제거된 2-데옥시-D-리보스는 데옥시리보핵산(deoxy-ribonucleic acid, DNA)의 구성성분으로 존재한다.

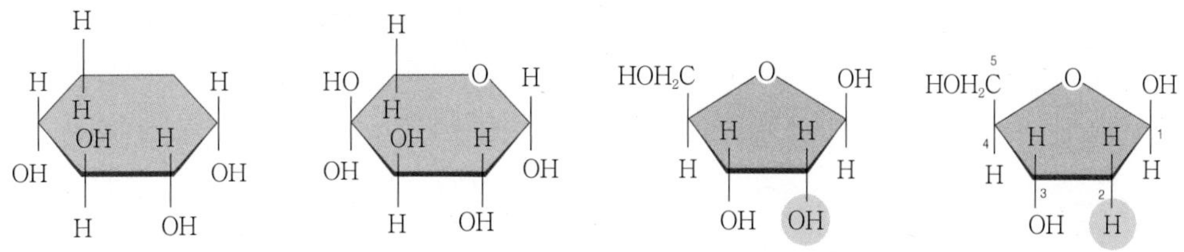

[그림 2-17] 천연에 존재하는 주요 5탄당

3) 6탄당(Hexose)

6탄당은 동·식물계에 유리 형태 또는 결합한 형태로서 광범위하게 분포되어 있다. 식품 중에 함유된 대표적인 6탄당은 알도스인 D-포도당, D-갈락토스, D-마노스와 케토스인 과당이 있다. 이들은 모두 효모에 의하여 발효되므로 지모 헥소스(zymohexose)라고 불리며 대체로 단맛을 가지고 있다.

(1) D-포도당(Glucose)

D-포도당은 포도에서 처음 발견되어 포도당이라고 한다. 우선성의 당이란 의미에서 관습적으로 덱스트로스(dextrose)라고도 한다[그림 2-18]. 포도당은 환원당이며 α-형과 β-형 두 개의 이성체가 존재한다. 이 α-형이나 β-형의 포도당 수용액을 방치해두면 α형과 β형이 약 2:3의 비율로 이루어진 평형 혼합액을 만든다.

포도당은 유리 상태로서는 과일에 많이 함유되어 있으며 그 외에 식물의 잎과 줄기에도 분포되어 있다. 또 포유동물의 혈액 중에도 0.07~0.1% 함유되어 있다. 결합 상태로는 전분, 섬유소 등의 다당류, 슈크로스(sucrose), 엿당(maltose), 젖당(lactose) 등의 소당류 및 각종 배당체의 성분으로서 식물계에 널리 분포되어 있으며, 동물체 내에서는 글리코겐(glycogen)의 형태로 저장되어 있다.

현재 가공식품에 감미료 등으로 널리 사용되고 있는 포도당은 공업적으로는 전분을 산 또는 효소에 의하여 가수분해하여 얻는다.

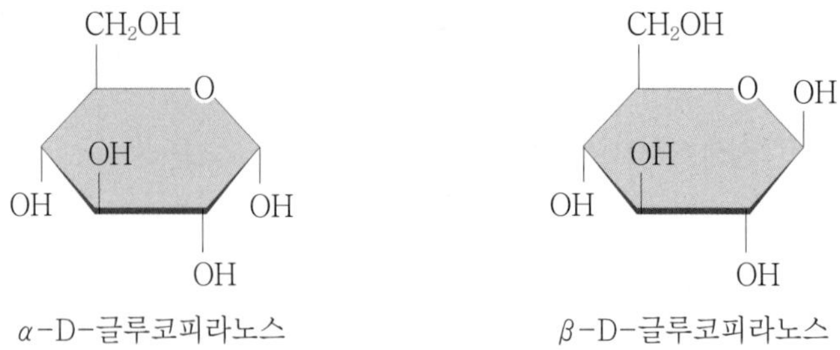

[그림 2-18] **D-글루코피라노스의 구조**

(2) D-과당(Fructose)

D-과당은 과일에 많아 과당이라고 한다. 좌선성의 당이란 의미에서 레불로스(levulose)라고도 부른다[그림 2-19]. 과당은 유리 상태로 존재할 때는 주로 안정한 피라노스 형태를 취하고 있으나 슈크로스, 이눌린 등에서와 같이 결합 상태로 존재할 때는 불안정한 푸라노스형으로 존재한다. 과당은 케토스로 환원당이며, α-형과 β-형의 두 개의 이성체가 존재한다.

과당은 포도당과 함께 유리 상태로 과일, 벌꿀 등에 함유되어 있다. 결합 상태로는 슈크로스, 라피노스(raffinose) 등의 소당류와 특히 돼지감자에 많이 들어있는 다당류인 이눌린(inulin)의 구성당으로 존재한다.

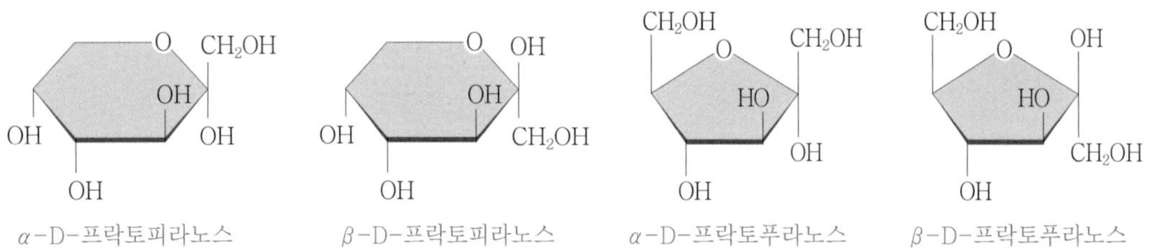

[그림 2-19] **D-프락토피라노스와 프락토푸라노스의 구조**

과당은 천연 당류 중에서 가장 단맛이 강하고 상쾌하여 감미료로서 중요시된다. 과당은 물에 대한 용해도가 커서 과포화되기 쉬우며, 점도가 작고 매우 강한 흡습 조해성이 있어 아직 널리 이용되지 않고 있다.

최근에 포도당 이성화 효소(glucose isomerate)를 이용하여 공업적으로 포도당 용액 중의 일부 포도당을 과당으로 이성화시켜 얻어진 포도당과 과당의 평형 혼합물이 감미료로 이용되고 있다. 이 경우 이성화된 포도당 용액 중의 포도당과 과당의 비율은 50:50에 달하므로 단맛이 증가하여 설탕의 가수분해물인 전화당의 단맛과 같아진다.

(3) D-갈락토스(Galactose)

D-갈락토스는 자연계에 유리 상태로는 존재하지 않는다. 이당류인 젖당, 삼당류인 라피노스, 다당류로서 한천의 주성분인 갈락탄(galactan)과 아라비아 검의 구성당으로 존재한다. 또한 결합상태 및 뇌와 신경 조직에 함유되어 있는 당지질인 세레브로사이드(cerebroside)의 구성성분으로 존재한다. 갈락토스도 환원당으로서 단맛은 있으나 포도당보다도 약하다.

(4) D-마노스(Mannose)

D-마노스는 오렌지의 과피나 발아 종자 등에서 발견되고 있으나 극히 드물게 존재하며 거의 모두가 결합 상태인 마난(mannan)으로 곤약의 주성분을 이룬다.

마노스도 환원당이며 α형과 β형의 두 이성체로도 존재한다. 단맛이 약해 갈락토스와 단맛이 비슷하다.

5. 단당류의 유도체

1) 데옥시당(Deoxy sugars)

보통의 단당류에서 산소가 하나 제거된 것으로서 당의 -C-OH기가 -C-H로 치환된 환원형의 화합물이다[그림 2-20].

(1) D-데옥시리보스(Deoxyribose)

D-데옥시리보스는 D-리보스의 C_2에서 산소가 제거된 것으로 세포핵 중의 DNA(deoxy ribonucleic acid)의 구성성분으로서 동 · 식물계에 널리 분포하는 5탄당이다.

(2) L-람노스(Rhamnose)

L-람노스는 L-마노스의 C_6에서 산소가 제거되어 메틸펜토스화된 것이다. 플라보노이드와 결합하여 배당체를 이루어 자연계에 식물 색소 성분으로 존재한다.

(3) L-푸코스(Fucose)

L-푸코스는 L-갈락토스의 C_6에서 산소가 제거되어 메틸펜토스화된 것이다. 해조류 다당류인 푸칸(fucan)의 구성당이다.

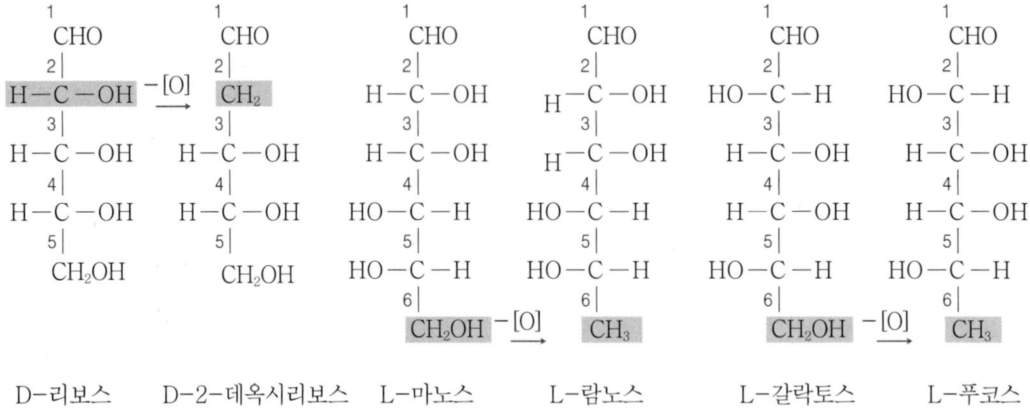

[그림 2-20] 데옥시당의 구조

2) 알돈산, 알다르산 및 우론산

(1) 알돈산(Aldonic acid)

단당류 C_1의 알데히드기(-CHO)가 산화되어 카복실기(-COOH)로 된 것으로 환원성이 없다. D-포도당의 알데히드기가 산화된 D-글루콘산(gluconic acid)은 곰팡이, 세균에 존재한다[그림 2-21].

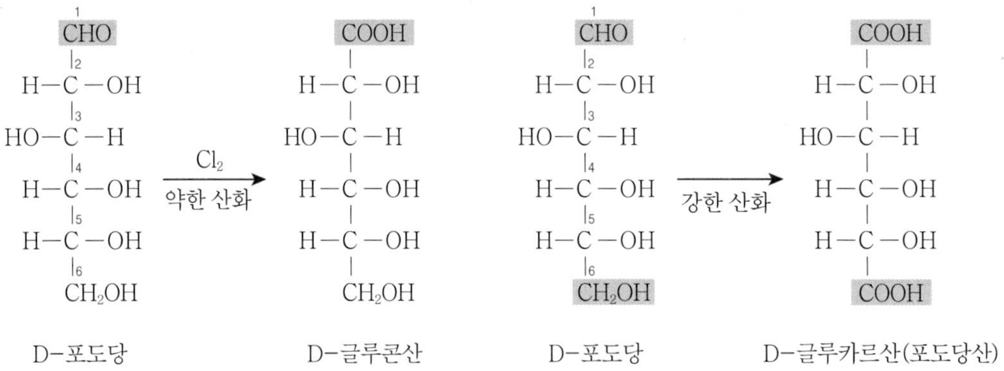

[그림 2-21] 글루콘산과 글루카르산의 형성

(2) 알다르산(당산, Saccharic acid)

단당류 C_1의 알데히드기(-CHO)와 C_6의 제1급 알코올기(-OH) 양쪽이 다 같이 산화되어 카복실기(-COOH)로 된 것으로 알다르산 또는 당산이라고도 하며 환원성이 없다.

D-포도당의 C_1과 C_6이 -COOH기로 된 것을 D-글루카르산(포도당산, D-glucaric acid)이라 한다. D-갈락타르산(갈락토스산, D-galactaric acid)은 D-갈락토스에서 유도된 것이다[그림 2-21].

(3) 우론산(Uronic acid)

우론산은 단당류 C_6의 제1급 알코올기(-OH)만이 산화되어 카복실기(-COOH)로 된 것으로 알데히드기(-CHO)와 카복실기(-COOH)를 동시에 가지고 있으며 환원성이 있다.

자연계에는 포도당이 산화된 글루쿠론산, 갈락토스가 산화된 갈락투론산, 마노스가 산화된 만뉴론산 등과 같이 알도헥소스에서 유도된 우론산이 주로 분포되어 있다[그림 2-22].

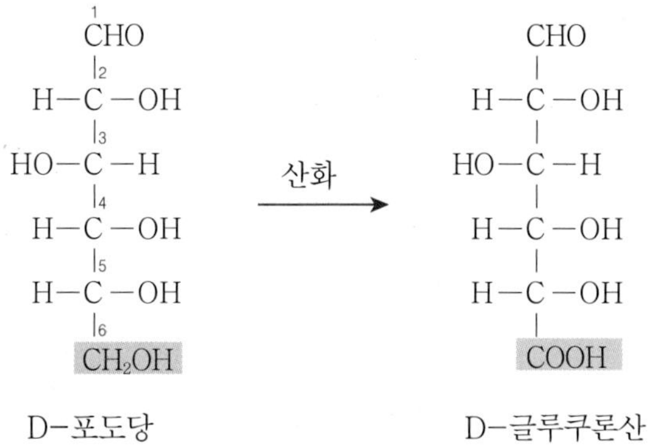

[그림 2-22] **D-글루쿠론산의 형성**

① D-글루쿠론산(glucuronic acid): D-글루쿠론산은 식물계에서는 식물 검질의 구성성분으로 존재한다. 동물체에서는 헤파린, 콘드로이틴황산, 히알루론산의 구성성분이며 동물 체내에서 해독 작용에 관여한다.

② D-갈락투론산(galacturonic acid): 과일 중의 다당류인 펙틴의 구성성분으로 존재한다.

③ D-만뉴론산(mannuronic acid): 갈조류의 다당류인 알긴산(alginic acid)의 구성성분으로 존재한다.

3) 당알코올(Sugar alcohol)

당알코올은 단당류의 카보닐기(-CHO, >C=O)가 환원되어 알코올기(-OH)로 된 것이다. 일반적으로 단맛이 있고 체내에서 이용되지 않으므로 저칼로리 감미료로 이용된다[그림 2-23].

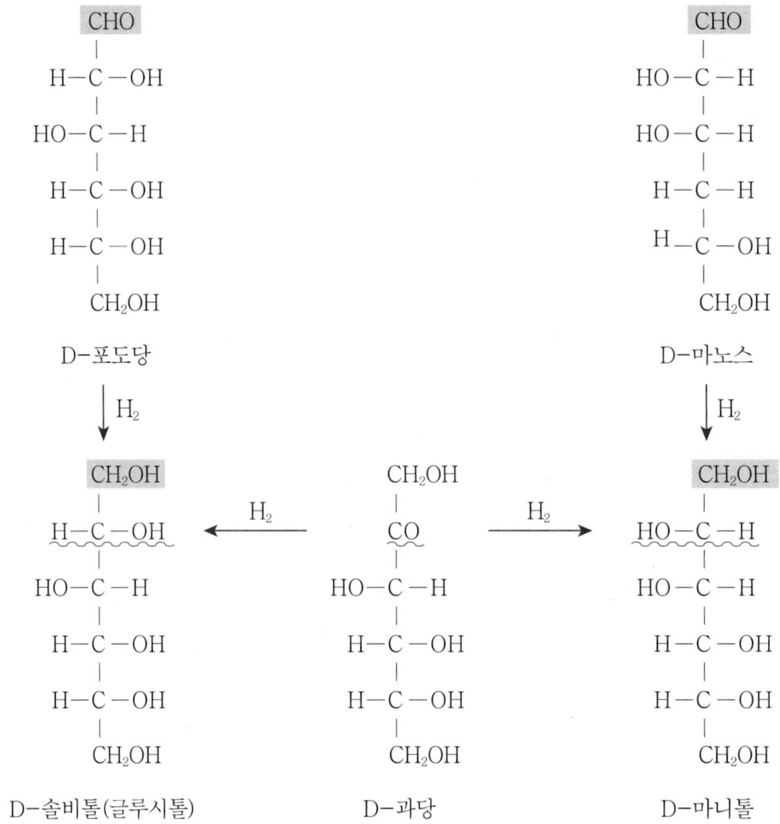

[그림 2-23] **당알코올의 구조**

(1) D-솔비톨(Sorbitol)

포도당이나 과당이 환원된 것으로 사과, 배 등 과일 중에 존재한다. 주로 비타민 C, L-소보스(sorbose)의 합성 원료로써 이용되며 최근에는 흡습성을 이용하여 건조를 방지하기 위해 식품에 첨가되고 있다.

(2) D-마니톨(Mannitol)

마노스나 과당을 환원시켜 얻는다. 다시마, 미역, 양파, 버섯 등에 많이 함유되어 있고 당뇨병 환자의 감미료로 사용된다.

(3) 말티톨(Maltitol)

엿당을 환원하여 얻는다. 단맛은 설탕의 80%, 에너지는 2kcal/g으로 저열량 감미료로 사용된다.

(4) 이노시톨(Inositol)

고리 구조(환상 구조)의 당알코올로서 9개의 입체 이성체가 존재한다. 곡류의 껍질, 포도 또는 감귤류와 같은 과일, 콩, 밀 배아 등에 많이 함유되어 있다. 동물체 중에는 근육과 내장에 유리 상태로 존재하기 때문에 근육당(muscle sugar)이라고도 한다.

(5) 에리트리톨(Erythritol)

에리트로스가 환원된 것으로서 해조류, 이끼류에 존재한다.

(6) 리비톨(Ribitol)

리보스가 환원된 것으로서 리보플라빈의 구성성분으로 중요하다.

(7) 자일리톨(Xylitol)

D-자일로스가 환원된 것으로, 감미료로 이용된다.

(8) D-둘시톨(Dulcitol)

D-갈락토스가 환원된 것으로서 여러 식물에서 얻어지며 약간의 단맛을 가진다.

4) 아미노당(Amino sugars)

단당류의 C_2의 수산기(-OH)가 아미노기($-NH_2$)로 치환된 것이다. 자연계에는 글루코사민(glucosamine)과 갈락토사민(galactosamine) 등이 주로 발견되는데, 대부분 N-아세틸 유도체로 존재한다.

(1) D-글루코사민(Glucosamine, chitosamine)

곤충, 새우 및 게와 같은 갑각류의 각질을 구성하는 다당류로 키틴의 구성성분이다. 난백, 혈청, 위점막 중의 당단백질인 황산 뮤코이틴의 구성성분으로 존재한다[그림 2-24].

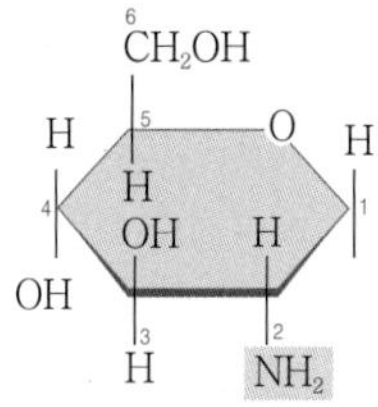

[그림 2-24] 글루코사민의 구조

(2) D-갈락토사민(Galactosamine, chondrosamine)

연골이나 건의 당단백질 중 콘드로이틴황산(chondroitin sulfate)의 구성성분이다.

5) 유황당(Thio sugar)

유황당은 단당류의 알데히드기(-CHO)의 산소원자가 유황으로 치환된 것으로 티오당이라고도 한다. 무, 마늘, 고추냉이의 매운 맛 성분인 시니그린(sinigrin)의 구성당으로서 배당체로 존재한다 [그림 2-25]. 포도당의 C_1의 수산기(-OH)가 티올(-SH)기로 치환된 것을 티오글루코스라고 한다.

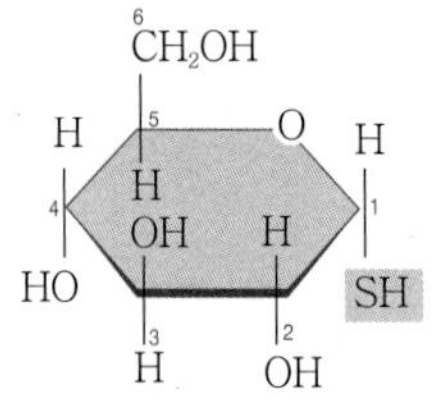

[그림 2-25] 유황당의 구조

6) 배당체(Glycoside)

배당체는 단당류의 카보닐기의 수산기(glycosidic OH기)가 비당질 아글리콘(aglycone)의 수산기와 에테르결합을 한 것으로서 식물계에 광범위하게 분포되어 있으며 약리 작용을 나타내는 것이 많다.

표 2-1 단당류의 유도체

작용	종류	독성	대표적인 예
산화	알돈산(aldonic acid)	1번 CHO → COOH	포도당 → 글루콘산
	우론산(uronic acid)	6번 CH_2OH → COOH	포도당 → 글루쿠론산 갈락토스 → 갈락투론산 마노스 → 만뉴론산
	알다르산, 당산 (saccharic acid)	1번 CHO → COOH와 6번 CH_2OH → COOH	포도당 → 글루카르산(포도당산) 갈락토스 → 갈락타르산
환원	데옥시당(deoxy sugar)	-C-OH → CH	리보스 → 데옥시리보스 마노스 → 람노스 갈락토스 → 푸코스
	당알코올(suger alcohol)	-CHO → CH_2OH 또는 >CO → CH_2OH	포도당 또는 과당 → 솔비톨 자일로스 → 자일리톨 마노스 → 마니톨 엿당 → 말티톨 이노시톨(고리 구조, 근육당)
아미노화	아미노당(amino sugar)	2번 탄소의 OH → NH_2	글루코사민
티오화	유황당(thio sugar)	-CHO → CSH	티오글루코스

02 소당류란 무엇일까요?

소당류(Oligosaccharides)는 2~10개의 단당류가 글리코사이드 결합을 한 당이다. 소당류는 이것을 구성하는 단당류의 수에 의하여 2당류, 3당류, 4당류, 5당류 등으로 구분되며 구성 단당류는 대부분이 6탄당이다.

이당류는 환원당(reducing sugar)과 비환원당(non reducing sugar)으로 구분된다. 환원당은 하나의 단당류의 글리코사이드성 OH기와 다른 단당류의 글리코사이드성 OH기 이외의 OH기가 결합함으로써 후자의 단당류의 글리코사이드성 OH기가 남아있기 때문에 환원성이 있다. 엿당, 젖당, 셀로바이오스, 젠티오바이오스 등이 환원당이다. 슈크로스나 트레할로스와 같은 당은 2개의 단당류의 글리코사이드성 OH(헤미아세탈 OH)기가 모두 결합하여 글리코사이드성 OH기가 없어 환원성을 나타내지 않으므로 비환원당이라 한다.

페엘링(Fehling) 실험, 베네틱트(Benedict) 실험 등으로 환원당을 확인할 수 있다.

1. 2당류(Disaccharides)

2당류는 단당류 2분자가 글리코사이드 결합을 한 것으로 결합 방식에 따라 환원당(reducing sugar)과 비환원당(non reducing sugar)으로 구분된다.

1) 환원성 2당류

(1) 엿당(Maltose)

엿당은 α-포도당의 C_1의 글리코사이드성 OH기와 α- 또는 β-포도당의 C_4의 OH기가 α-1,4-글리코사이드 결합으로 축합된 화합물로서 환원당이다[그림 2-26]. 맥아나 발아한 곡류 중에 다량 함유되어 있다. 또한, 물엿의 주성분으로 전분이나 글리코겐을 아밀레이스(amylase)나 산에 의하여 가수분해할 때 생성된다. 공업적으로는 전분을 가수분해하여 얻으며 감미도는 50 정도이다.

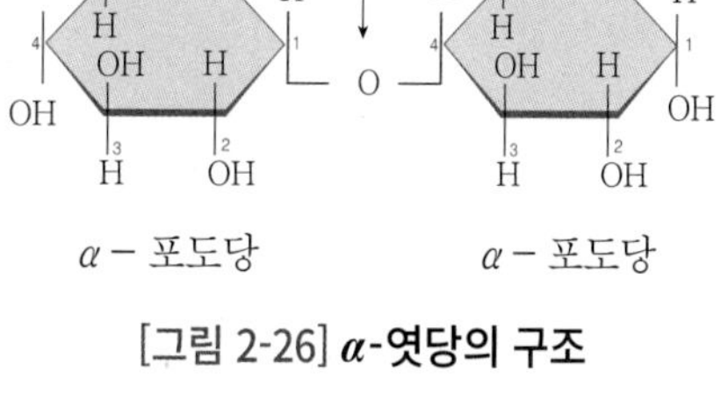

[그림 2-26] α-엿당의 구조

(2) 젖당(Lactose)

젖당은 β-갈락토스의 C_1의 글리코사이드성 OH기와 α- 또는 β-포도당의 C_4의 OH기가

β-1,4-갈락토사이드(galactoside) 결합으로 축합된 화합물[그림 2-27]이다. β-갈락토스에 α-포도당이 결합하면 α-젖당, β-포도당이 결합하면 β-젖당이라고 한다.

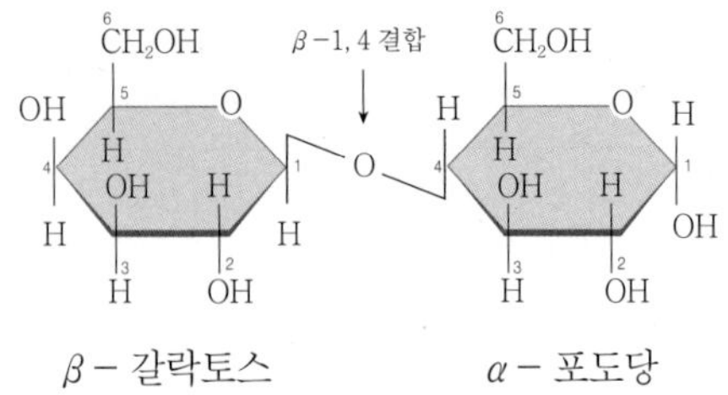

[그림 2-27] **α-젖당의 구조**

포유 동물의 유즙 중에 존재하며 식물계에서는 발견되지 않는다. 동물의 종류에 따라서 유즙 중의 함량은 다르나 일반적으로 1.5~8%이며 우유 중에 약 5%, 모유에는 6~7% 함유되어 있다. 젖당은 환원당이며 보통 효모에 의하여 발효되지 않는다.

(3) 셀로바이오스(Cellobiose)

셀로바이오스는 β-D-포도당 2분자가 β-1,4 결합으로 축합된 화합물이다[그림 2-28]. 단맛이 없으며 섬유소(celloulose)의 구성단위이다.

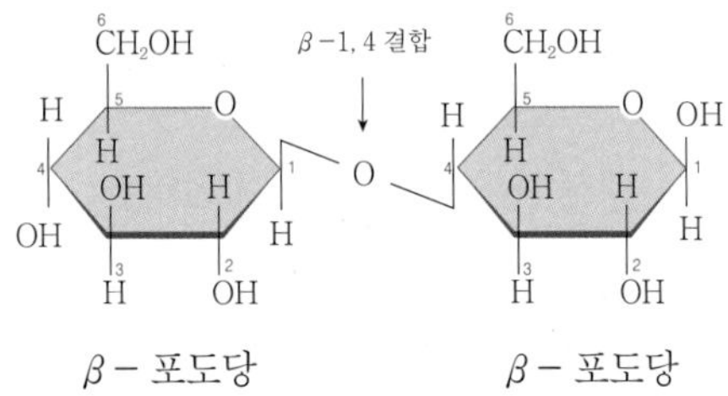

[그림 2-28] **β-셀로바이오스의 구조**

(4) 멜리바이오스(Melibiose)

멜리바이오스는 α-갈락토스의 C_1과 β-포도당의 C_6가 축합한 것으로서[그림 2~29] 삼당류인 라피노스의 구성성분으로 자연계에 존재한다.

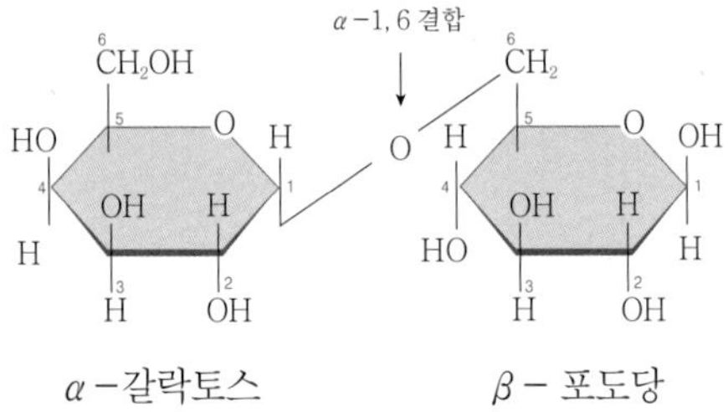

[그림 2-29] **β-멜리바이오스의 구조**

(5) 젠티오바이오스(Gentiobiose)

젠티오바이오스는 β-포도당의 C_1과 포도당의 C_6이 축합한 이당류로 용담의 뿌리에 존재한다[그림 2-30].

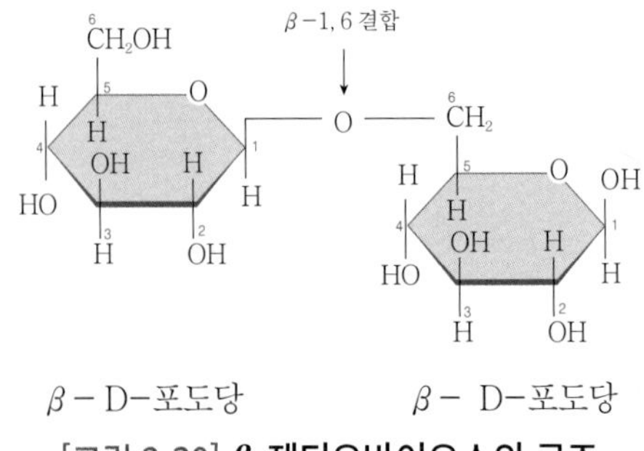

[그림 2-30] **β-젠티오바이오스의 구조**

(6) 루티노스(Rutinose)

루티노스는 람노스(rhamnose)와 포도당이 α-1,6 결합에 의해 형성된 α-L-람노실(1→6)-β-D-글루코피라노스이다. 루틴(rutin)을 람노디아스타제(rhamno diastase)로 가수분해하여 얻으며 식품의 쓴맛에 관여한다.

2) 비환원성 2당류

(1) 슈크로스(Sucrose, 사탕, 설탕, 서당, 자당)

슈크로스는 α-D-포도당의 C_1 글리코사이드성 OH기와 β-D-과당의 C_2의 글리코사이드성 OH기가 축합한 화합물로서 비환원당이며, α, β형의 이성체가 존재하지 않는다[그림 2-31].

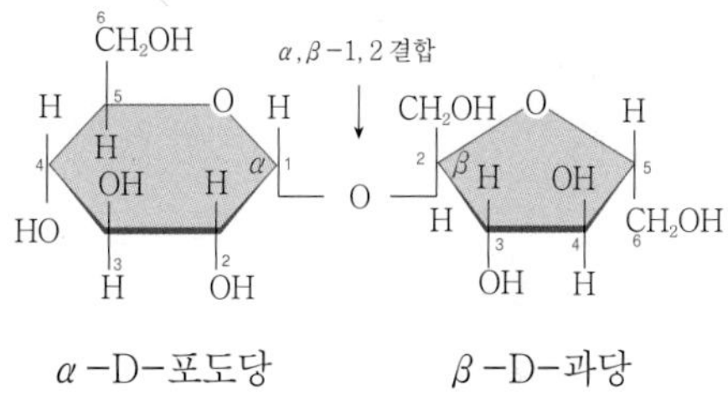

[그림 2-31] 슈크로스의 구조

슈크로스의 비선광도는 ($[a]_D^{20}$=+66.5°)로 우선성이다. 묽은 산이나 효소(invertase)에 의하여 가수분해되면 D-포도당($[a]_D^{20}$=+52.5°)과 D-과당($[a]_D^{20}$=-92.4°)의 등량 혼합물인 전화당(invert sugar)이 되며, 이러한 반응을 전화(inversion)라 한다. 전화당은 D-과당의 좌선성이 D-포도당의 우선성보다 강하므로 ($[a]_D^{20}$=-20°)의 좌선성으로 된다.

10% 슈크로스(설탕)용액은 α, β 이성체가 없어 감미도 100으로 감미의 기준이 되며, 감미도의 순서는 과당, 전화당, 슈크로스, 포도당, 엿당, 갈락토스, 젖당의 순으로 감소한다. 용해도도 감미도와 같은 순서를 나타낸다.

(2) 트레할로스(Trehalose)

트레할로스는 α-포도당의 C_1의 글리코사이드성 OH기끼리 α-1,1 결합한 것으로[그림 2-32] 환원성이 없는 비환원당이다.

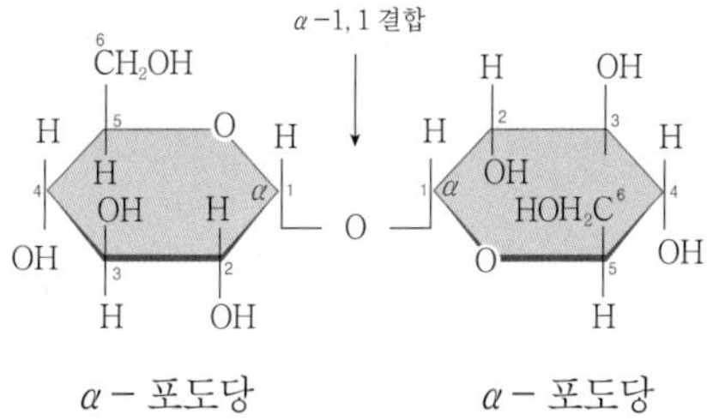

[그림 2-32] α-트레할로스의 구조

2. 3당류 및 4당류

1) 라피노스(Raffinose)

라피노스는 갈락토스, 포도당, 과당으로 이루어진 3당류(trissaccharides)로서 비환원당이다[그림 2-33]. 식물의 종자, 뿌리와 지하경 등에 광범위하게 분포되어 있으며 특히, 두과 식물의 종자 중에 많고 사탕무, 면실 등에도 소량 함유되어 있다.

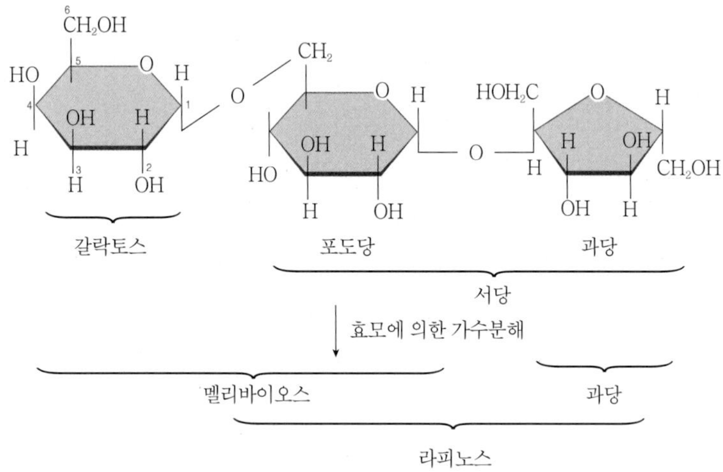

[그림 2-33] **라피노스의 구조**

2) 젠티아노스(Gentianose)

젠티아노스는 포도당과 포도당이 1,6 결합한 후 뒤 포도당의 C_1에 β-D-과당이 α, β-1,2 결합으로 축합된 구조를 가지고 있는 3당류이다.

3) 스타키오스(Stachyose)

스타키오스는 라피노스의 갈락토스 6번 탄소에 또 하나의 갈락토스가 α-1,6 결합을 통해서 결합된 4당류(tetrasaccharides)이다[그림 2-34]. 스타키오스는 비환원당으로 효모에 의하여 부분적으로 가수분해되며, 면실과 대두에 많다.

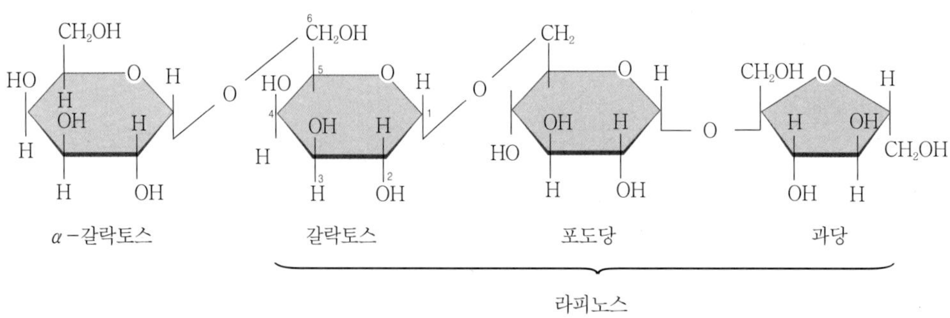

[그림 2-34] **스타키오스의 구조**

▷ 2당류 : 슈크로스 : 포도당 + 과당
▷ 3당류 : 라피노스 : 포도당 + 과당 + 갈락토스
▷ 4당류 : 스타키오스 : 포도당 + 과당 + 2갈락토스

3. 고차 올리고당(Higher oligosaccharides)

고차 올리고당은 4개 이상의 당이 축합한 것이다. 전분시럽을 구성하는 말토펜토스(malto pentose), 전분을 α-아밀레이스(amylase)로 분해하여 생성된 말토덱스트린(maltodextrin), 말토덱스트린을 다시 사이클로덱스트린 글루코트랜스퍼레이스(cyclodextrin glucotransferase)로 분해하여 7개의 포도당 단위가 모인 β-사이클로덱스트린(cyclodextrin) 등이 있다.

이 외에도 현재 가장 많이 사용되고 있는 올리고당은 우엉, 양파, 아스파라거스, 바나나 등에 미량 함유된 프락토올리고당(fructo oligosaccharide), 갈락토올리고당(galacto oligosaccha-ride), 대두올리고당 등이 인공적으로 제조된다. 이러한 올리고당은 감미가 있고 소화, 흡수가 어려워 대장까지 도달하여 비피더스균의 먹이가 되어 비피더스균을 증식시키는 작용을 하므로 청량음료, 빵, 잼, 요구르트 등 여러 가지 식품에 첨가되고 있다.

03 다당류란 어떤 성질이 있을까요?

다당류(Polysaccharides)는 여러 개의 단당류 또는 그 유도체들이 글리코사이드 결합에 의해 연결된 분자량이 큰 탄수화물로 자연계에 존재하는 탄수화물의 대부분을 차지하고 있다.

다당류는 구성당의 종류에 따라 단순 다당류(homo polysaccharides)와 복합 다당류(hetero polysaccahrides)로 분류한다. 또한 출처에 따라 식물성 다당류와 동물성 다당류로, 기능에 따라 구성 다당류와 저장 다당류 등으로 분류되기도 한다.

한편, 다당류는 영양학적으로 소화 효소에 의하여 분해·흡수되는 소화성 다당류(digestible carbohydrates)와 소화되지 않는 난소화성의 다당류(non digestible polysaccharides), 즉 식물섬유(dietary fiber)로 분류된다.

1. 단순 다당류

1) 전분(Starch)

(1) 전분 입자의 형태

전분은 식물의 저장 탄수화물로서 종자, 뿌리, 줄기 등에 널리 분포되어 있다. 특히, 곡류, 감자류와 덜 익은 사과, 바나나에도 다량으로 함유되어 있으나 익어감에 따라 포도당으로 변화된다.

전분은 무색, 무미, 무취의 가루이며 물에 잘 녹지 않고 비중이 1.55~1.65로서 물에 침전되므로 전분(澱粉)이라고 한다.

일반적으로 종자의 전분 입자는 소형이고(지름 2~10μm) 그 크기의 차이가 적은 데 비해 뿌리 및 줄기의 전분 입자는 대형이고(지름 5~150μm) 그 크기의 차이가 심하다.

전분 입자의 모양은 대부분이 원형 내지 타원형이나 바나나의 경우처럼 막대형의 것도 있고 쌀의 전분 입자는 각진 육각형과 비슷하다[그림 2-35].

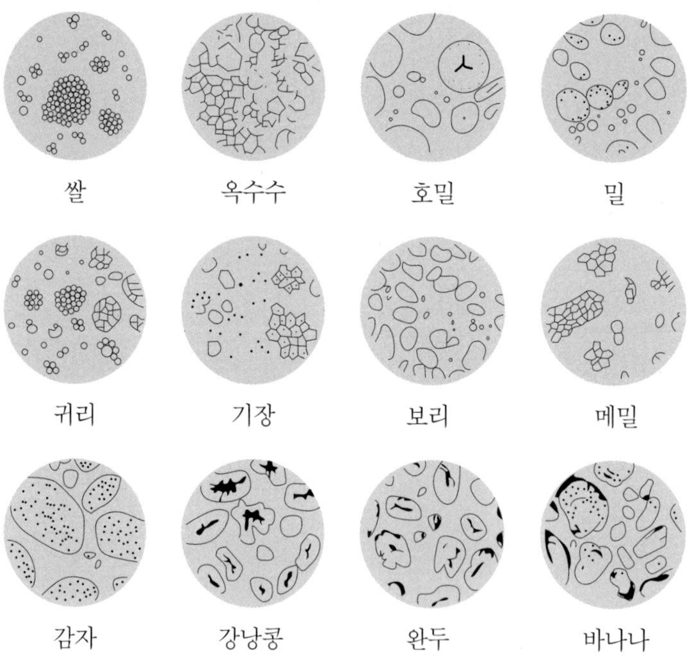

[그림 2-35] **각종 전분 입자의 형태**

(2) 전분의 분자 구조

전분은 다수의 포도당 분자가 중합된 것으로서 분자식은 $(C_6H_{10}O_5)_n$으로 표시된다. 전분은 아밀로스(amylose)와 아밀로펙틴(amylopectin)의 혼합물이다.

전분 중의 아밀로스와 아밀로펙틴의 함량은 전분의 종류에 따라 다르다. 전분 중의 아밀로스와 아밀로펙틴의 비율은 일반적으로 20:80 정도이며 찹쌀, 찰옥수수 등의 찰전분은 아밀로스는 함유되어 있지 않고 거의 아밀로펙틴만으로 되어 있다.

아밀로스는 포도당이 α-1,4 결합으로 중합된 고분자 화합물로서 그 평균 중합도(DP ; degree of polymerization)는 전분의 종류에 따라 다르나 일반적으로 200~3,000 정도이다[표2-2]. 뿌리나 구경 중에 있는 아밀로스의 중합도가 곡식알 중에 있는 것보다 크다.

아밀로스 분자는 부분적으로는 α-D-포도당끼리 C_1과 C_4 위치에서 결합되어 직선상의 사슬로 연결되어 있으나 전체적으로는 포도당 6분자가 모여 하나의 나선을 형성하면서 회전하여 길게 연결된 나선상의 구조(α-helical structure)를 이루고 있다[그림 2-36].

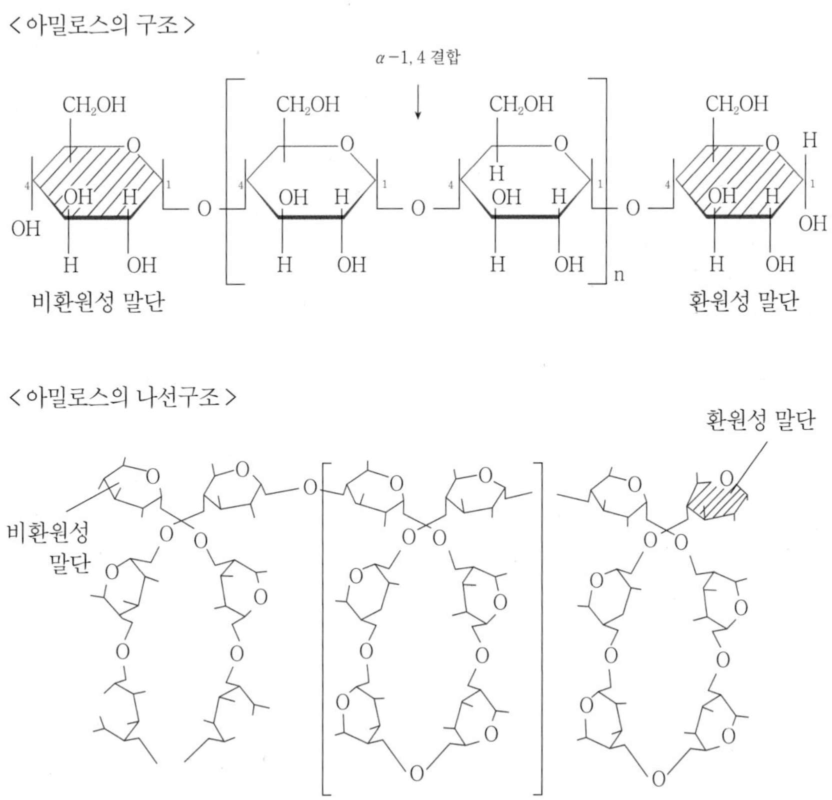

[그림 2-36] **아밀로스의 구조 및 나선구조**

아밀로펙틴은 포도당이 α-1,4 결합으로 연결된 아밀로스 사슬의 군데군데에 다른 아밀로스 사슬이 α-1,6 결합 때문에 가지를 친 형태의 분자 구조를 형성하고 있으며 전체적으로는 그물 모양의 구조를 이루고 있다[그림 2-37].

아밀로펙틴 분자 중의 포도당 중합도는 전분의 종류에 따라 차이가 있으나 일반적으로 6,000~37,000 정도로 아밀로스보다는 훨씬 크다. 그리고 아밀로펙틴에 있어서 갈라져 나뉜 가지의 포도당 잔기수는 말단 가지에서는 20개 내외, 중간 가지에서는 5~9개 정도로 추정되고 있다.

표 2-2 아밀로스와 아밀로펙틴의 성질 비교

구분		아밀로스	아밀로펙틴
모양		직선형의 분자 구조로 포도당이 6개 단위로 된 나선형을 이룸	군데군데 가지를 친 분자 구조로 전체적으로 그물모양을 이룸
결합상태		200~3,000개의 포도당이 α-1,4 결합(엿당 결합양식)	6,000~37,000개의 포도당이 α-1,4 및 α-1,6 결합(아이소엿당 결합양식)
요오드반응		청색	적갈색
청색값(blue value)		0.8~1.2	0.15~0.22
분자량		40,000~340,000	4,000,000~6,000,000
용해도		녹기 쉽다	녹기 어렵다
분자말단 환원기수		1개	1개
호화반응		쉽다(직선구조)	어렵다(가지모양)
X선 분석		고도의 결정성	무정형
노화반응		쉽다	어렵다
포접화합물		형성함	형성 안 함
함량	쌀	약 20%	약 80%
	찹쌀	0%	100%

<아밀로펙틴의 구조>

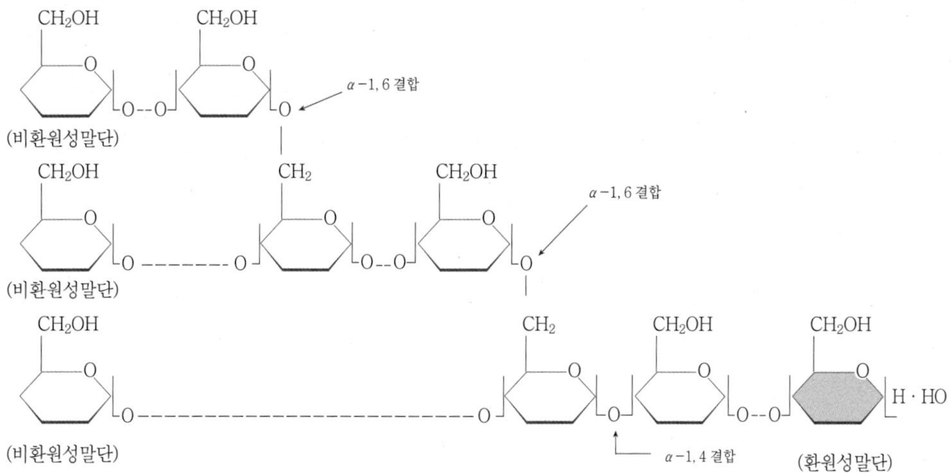

<아밀로펙틴의 구조모형>

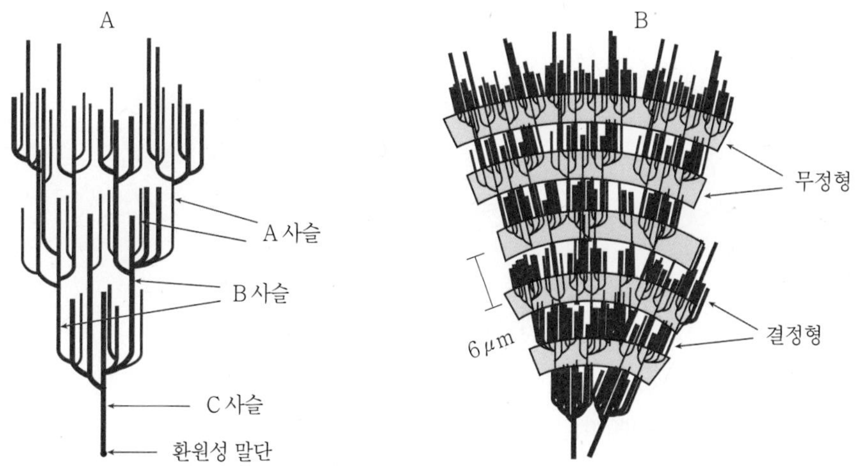

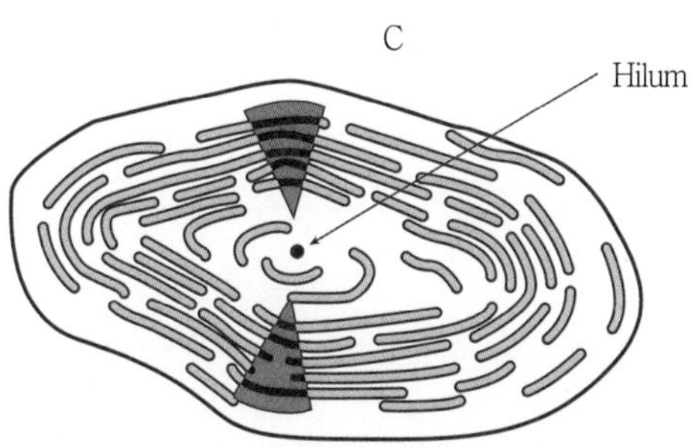

A. 아밀로펙틴의 구조

B. 무정형(amorphous)과 결정형(crystalline) 부분

C. 아밀로펙틴 절단면

[그림 2-37] **아밀로펙틴의 구조모형**

(3) 전분의 화학적 성질

전분은 아밀로스 분자가 나선형 구조를 하고 있으므로 요오드와 반응하면 그 내부 공간에 요오드 분자들이 포접화합물을 형성하여[그림 2-38] 청남색을 나타낸다.

요오드-전분 반응 때문에 생성된 포접 화합물의 색깔은 [표 2-3]에서와 같이 아밀로스 사슬의 길이, 즉 포도당의 분자 수와 나선의 수에 따라 다르다. 즉, 평균 중합도가 20 정도에서는 적색이고, 아밀로스의 사슬이 길이가 길어질수록 청색이 짙어지며 평균 중합도 45 이상이면 청색이 된다. 그러나 아밀로펙틴은 분지 구조를 이루고 있으므로 요오드와 포접화합물을 형성하지 않으며 그 정색 반응은 적자색을 나타낸다.

전분 중의 아밀로스의 함량은 청색값(blue value)을 측정함으로써 알 수 있다. 청색값이란 전분 입자의 구성성분과 요오드와의 친화성을 나타낸 값으로 전분 분자 중에 존재하는 직쇄상 분자인 아밀로스의 양을 상대적으로 비교한 값이다. 일반적으로 아밀로스의 청색값은 0.8~1.2이고 아밀로펙틴의 청색값은 0.15~0.22 정도이다.

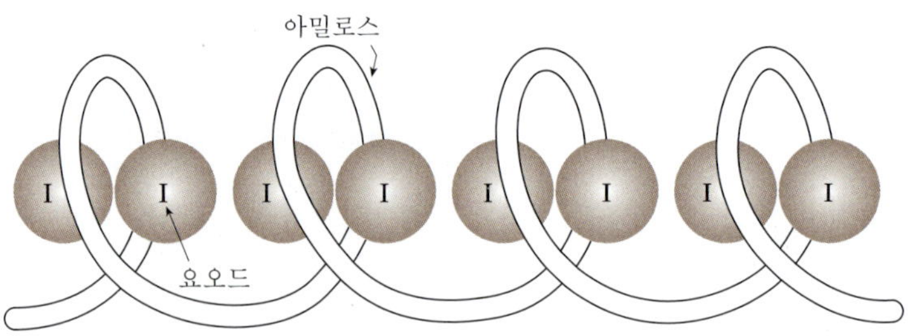

[그림 2-38] 아밀로스-요오드 포접화합물

표 2-3 아밀로스 사슬 길이에 따른 요오드 정색 반응

사슬 길이(포도당 분자 수)	나선 구조의 회전수	요오드 반응 색깔
12	2	무색
12~15	2	갈색
20~30	3~5	적색
35~40	6~7	자색
45 이상	9	청색

2) 덱스트린(Dextrin)

전분을 효소나 산으로 가수분해하면 엿당을 거쳐서 포도당이 되는데 그 중간에 분해를 정지시키면 가수분해 정도에 따라 여러 중합도를 가진 중간생성물이 얻어진다. 이때 엿당이나 포도당이 되기 이전의 모든 가수분해 중간생성물을 총칭하여 덱스트린이라고 한다. 덱스트린은 요오드 반응의 정색에 의하여 가수분해 정도를 추정할 수 있으며, 분자량이나 중합도가 가용성 전분, 아밀로덱스트린, 에리트로덱스트린, 아크로덱스트린, 말토덱스트린으로 감소한다.

(1) 가용성 전분(Soluble starch)

가용성 전분은 생전분을 묽은 염산 용액에 침지하여 실온에서 7일 정도 둔 후 산성을 띠지 않을 때까지 물로 씻어 건조시켜 얻는다.

생전분은 냉수나 뜨거운 물에 잘 분리되지 않지만 가용성 전분은 냉수에는 잘 분산되지 않으나 뜨거운 물에는 잘 분산되어 투명한 콜로이드 용액을 만든다. 또한 전분처럼 페엘링 용액을 환원하지 않으며 요오드 정색 반응은 청색을 나타낸다.

(2) 아밀로덱스트린(Amylodextrin)

가용성 전분보다 가수분해가 약간 더 진행된 것으로 가용성 전분과 거의 비슷한 성질을 나타낸다. 요오드 정색 반응은 청색을 나타낸다.

(3) 에리트로덱스트린(Erythrodextrin)

아밀로덱스트린보다 가수분해가 더 진행된 것으로 냉수에 녹는다. 1~3%의 엿당을 함유하고 있으므로 환원성을 가지고 있다. 요오드 정색 반응은 적색을 나타낸다.

(4) 아크로덱스트린(Achrodextrin)

에리트로덱스트린보다 가수분해가 더 진행된 것으로 환원성이 있으며 요오드 정색 반응을 일으키지 않는다.

(5) 말토덱스트린(Maltodextrin)

아크로덱스트린보다 가수분해가 더 진행된 것으로 엿당이나 포도당으로 가수분해되기 직전의 덱스트린이다. 따라서 덱스트린 중에서 중합도가 가장 적고 환원성이 가장 크며 요오드 정색 반응을 일으키지 않는다.

3) 섬유소(Cellulose)

섬유소(셀룰로스)는 자연계에 가장 널리 분포된 난소화성 다당류이다. 고등식물 세포벽의 주요 구성성분으로 리그닌 등과 함께 존재하며 그 양은 식물의 종류와 상태에 따라 다르다.

(1) 섬유소의 분자 구조

전분은 포도당이 α-1,4 결합의 나선 구조이다. 반면에 섬유소는 β-포도당끼리 C_1과 C_4의 위치에서 결합한 당이다. 즉 β-1,4 결합으로 연결된 긴 직쇄상의 분자 구조로서 미셀(micelle) 구조가 견고하다[그림 2-39].

섬유소의 중합도는 그 출처에 따라 다양하지만 대체로 β-포도당이 2,800~10,000개가 중합된 것으로서 분자량은 450,000~1,620,000 정도로 추정하고 있다.

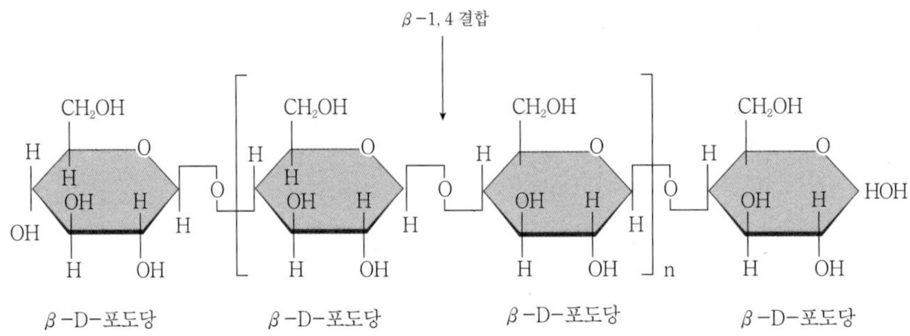

[그림 2-39] 섬유소의 구조

(2) 섬유소의 이용 가치

섬유소를 수분 존재하에서 가열하거나 산, 알칼리, 효소의 작용에 의해서 가수분해하면 섬유소의 β-1,4 결합이 끊어져 포도당이 만들어진다.

인체에는 섬유소를 분해하는 효소인 셀룰로스가수분해효소(cellulase)가 거의 없어 영양 가치는 적다. 그러나 달팽이, 흰개미 또는 소와 같은 반추동물의 제1위에 기생하는 세균이나 *Aspergillus*, *Rhizopus*, *Neurospora*, *Penicillium* 속에 속하는 곰팡이들은 셀룰로스가수분해효소를 분비한다. 식품 중에 함유된 적당량의 섬유소는 장의 운동을 자극하여 변통을 좋게 하는 효과가 크며, 소화가 되지 않는 점을 이용하여 저칼로리 식품 제조에 사용된다. 또한 혈청 콜레스테롤을 낮추므로 건강식품에, 또 염색성이 좋은 점을 이용하여 식품 첨가물용 착색 안료로 사용된다. 그리고 보향성이 좋아서 식품에 첨가하여 휘발성이 강한 향기 성분을 흡착 또는 유지하는 데도 이용된다.

(3) 섬유소의 유도체

섬유소의 구조를 화학적으로 일부 변경시켜 섬유소의 유도체로 하여 식품 첨가물로 사용되는 것이 있다.

알칼리 섬유소를 염화메탄(CH_3Cl)과 반응시켜 얻은 메틸셀룰로스(methyl cellulose, MC)는 친수성 콜로이드를 형성하므로 액체 식품의 안정제로 사용되거나 매우 흡습성이 강하여 가공식품 제조 시 수분 유지가 필요할 때 사용된다.

알칼리 섬유소에 모노클로로 아세트산($ClCH_2COOH$)을 작용시켜 얻은 카복시메틸 셀룰로스(CMC)는 물에 잘 녹고 점성을 크게 해 주므로 식품의 안정제, 호료 또는 CMC의 Na염으로 아이스크림, 청량음료, 과자류 등에 널리 사용된다.

알칼리 섬유소에 프로필렌 옥시드를 작용시켜 얻은 히드록시 프로필 셀룰로스(HPC)는 수분을 잘 흡수하지 않는 성질이 있으므로 분말상 건조식품의 건조 상태를 유지하는 데 사용된다.

4) 이눌린(Inulin)

이눌린은 β-D-프락토푸라노스가 β-1,2 결합으로 이루어진 중합체로 대표적인 푸락탄(fructan)이며, 달리아 뿌리, 우엉, 돼지감자 등의 저장 물질이다. 이눌린은 산에 의하여 가수분해되고 효소 이눌레이스(inulase)에 의해서도 가수분해되어 과당으로 된다. 이눌린은 전분과 달리 요오드 정색 반응에 의하여 청색을 나타내지 않는다.

5) 리체닌(Lichenin)

리체닌은 흰 가루로서 끓는 물과 염산에 용해된다. 산으로 가수분해하면 96~98%의 D-포도당이 생기며 효소 리체네이스(lichenase)에 의해서는 셀로바이오스로 가수분해된다.

6) 글리코겐(Glycogen)

글리코겐은 간, 근육, 조직 등에 저장되는 동물성 다당류이다. 동물은 포도당이 필요할 때 글리코겐을 분해하여 이용하며, 굴이나 효모에도 존재한다.

글리코겐은 α-포도당이 α-1,4 결합과 α-1,6 결합에 의하여 결합된 중합체이다[그림 2-40]. 전분의 아밀로펙틴과 매우 비슷하지만 아밀로펙틴보다 가지가 더 많고 사슬의 길이는 짧다. 즉, 가지와 가지 사이의 포도당은 3~4개 정도로서 극단적으로 가지가 갈라져 있으며 말단 가지의 포도당 중합도는 약 6~7개 정도이다. 글리코겐은 포도당이 필요할 때 글리코겐 외부 가지에 있는 비환원성말단 잔기를 제거하는 글리코겐 인산화효소(glycogen phosphorylase)와 α-1,6 결합을 가수분해하는 분지효소(debranching enzyme, amylo-α

(1,6)-glucosidase)에 의해 분해되어 이용된다.

글리코겐은 백색, 무정형의 분말로서 무미, 무취이고 냉수에 녹아서 콜로이드 용액을 이룬다. 전분과 같이 호화를 일으키지 않으므로 노화 현상도 없으며 요오드 반응은 적갈색을 나타낸다.

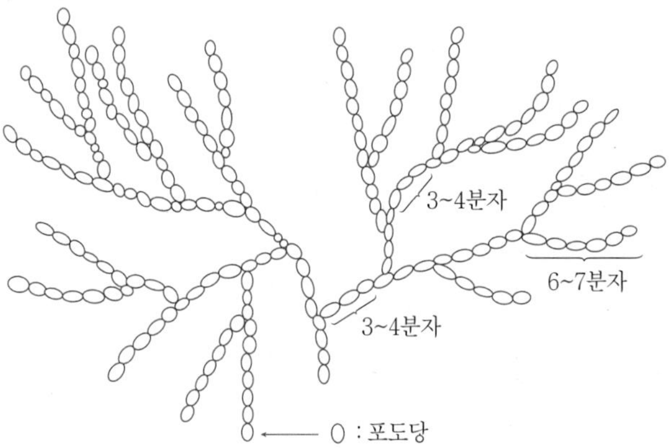

[그림 2-40] **글리코겐의 구조**

7) 키틴(Chitin)

키틴은 2-N-아세틸 글루코사민(acetyl glucosamine)이 β-1,4 결합으로 연결된 직쇄상의 단순 다당류로 새우, 게 등의 갑각류의 껍질에서 얻을 수 있다.

2. 복합 다당류

1) 헤미셀룰로스(Hemicellulose)

식물의 세포벽을 구성하고 있는 성분으로 섬유소와 비슷하지만 분자구조와 크기 등이 일정하지 않은 다당류 혼합물을 헤미셀룰로스라고 한다.

헤미셀룰로스는 육탄당, 오탄당, 우론산 등이 결합한 복합 다당류로서 그 구성성분은 식물의 종류에 따라 다르며 분자량은 섬유소의 반 정도인 10,000~40,000 정도로 추정되고 섬유소와 물리, 화학적 성질이 다르다.

2) 펙틴질(Pectic substances)

펙틴질은 식물 조직의 세포벽(cell wall)이나 세포와 세포 사이를 연결해 주는 세포간질(middle lamela)에 주로 존재하는 다당류로 세포들을 서로 결합시켜 주는 물질로 작용한다. 따라서 펙틴은 채소류, 과일류의 가공, 저장 중 조직 및 신선도의 유지 등을 위해서 매우 중요하다.

(1) 펙틴질의 종류

펙틴질은 갈락투론산(galacturonic acid)을 기본 단위로 하며 프로토펙틴, 펙틴산, 펙트산, 펙틴으로 구분된다. 이들 중 가장 중요한 것은 그 분자 내의 카복실기의 일부가 메틸 에스터 또는 염의 형태로 되어 있는 펙틴이다.

① 프로토펙틴(Protopectin)

프로토펙틴은 펙틴의 전구체로서 덜 익은 과일에 존재하며 익어감에 따라 그 일부가 프로토펙티네이스(protopectinase)의 작용에 의하여 가용성 펙틴으로 가수분해된다.

② 펙틴산(Pectinic acid)

펙틴산은 펙트산의 유리 카복실기의 10~20% 정도가 메틸 에스터 형태로 존재하는 수용성의 폴리갈락투론산이다[그림 2-41]. 완숙(잘익은) 과일에 있고, 산과 당이 있으면 쉽게 겔을 형성한다.

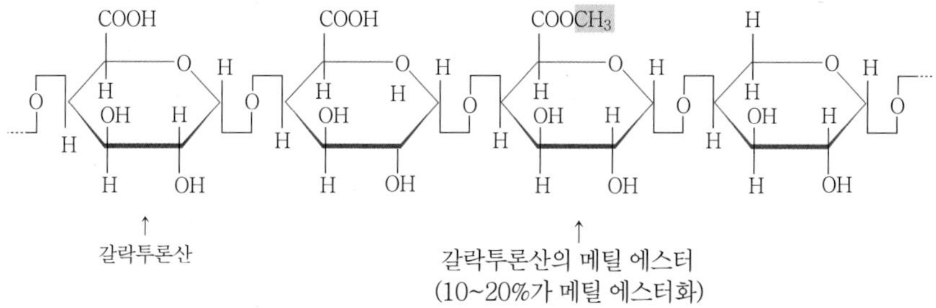

[그림 2-41] **펙틴산의 구조**

③ 펙트산(Pectic acid)

펙트산은 100~800개 정도의 α-D-갈락투론산이 α-1,4 결합한 중합체[그림 2-42]로서 그 분자 중의 카복실기에 메틸 에스터 형태가 전혀 존재하지 않는 폴리갈락투론산이다. 펙트산은 과숙(지나치게 익은) 과일에 있으며, 유리 카복실기를 가지고 있기 때문에 Ca이나 Mg과 결합하여 염을 형성하며 Ca과 결합한 경우에 불용성의 칼슘펙테이트가 되어 침전한다.

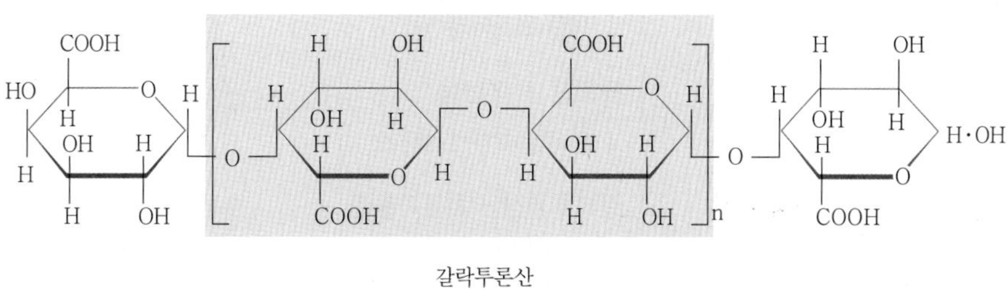

[그림 2-42] **펙트산의 구조**

④ 펙틴(Pectin)

펙틴은 단일 물질이 아니라 펙틴 분자의 구성단위인 갈락투론산의 카복실기가 메틸 에스터 형태(-$COOCH_3$), 유리 형태 또는 각종 염의 형태(-$COOCa^{2+}$) 등 여러 형태로 존재할 때의 이름이다.

펙틴의 분자량은 그 출처에 따라 약간 다르나 일반적으로 20,000~30,000 정도로 추정하고 있으며, 이것은 갈락투론산 분자로는 1,000~1,500개에 해당한다[그림 2-43].

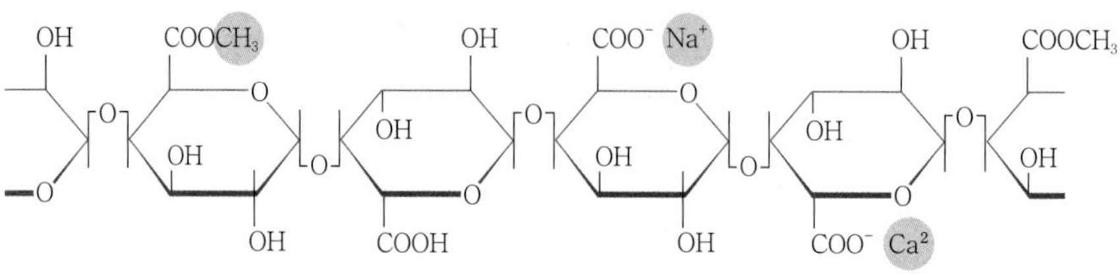

[그림 2-43] **펙틴의 구조**

(2) 펙틴의 구조

펙틴은 α-D-갈락투론산이 α-1,4 결합으로 연결된 폴리갈락투론산을 기본 구조로 하고 있으며, 아밀로스와 비슷한 α-나선형을 가진 직선상의 분자들로 생각되고 있다.

이 직선상의 펙틴 분자들은 분자들 상호 간에 수소 결합을 통해서 하나의 집합체를 형성하여 거대 분자로 존재하는 것으로 생각된다.

◈ 과일의 숙성 중의 펙틴 형태 ◈

미숙 과일	프로토펙틴 ↓ *프로토펙티네이스*	불용성
완숙 과일	펙틴산 ↓ *펙틴에스터레이스* 펙트산 + 메탄올 ↓ *폴리갈락투로네이스*	↓
과숙 과일	갈락투론산 + 저분자물질	수용성

펙틴을 가수분해하면 주성분인 갈락투론산이 가장 많이 생성되나 아라비노스, 갈락토스, 람노스, 자일로스 등의 당류와 초산(acetic acid) 등이 함께 생성된다.

(3) 펙틴의 메톡실(methoxyl)기 함량과 성질

펙틴 분자 중의 메틸 에스터기(−$COOCH_3$)의 함량 즉, 메톡실기(−OCH_3)의 함량은 펙틴 분자의 크기와 함께 펙틴의 성질에 큰 영향을 준다. 펙틴 분자 속의 갈락투론산의 카복실기가 모두 메틸 에스터화되었다고 가정할 때의 메톡실기의 함량은 전체 분자의 약 16.32%가 된다.

그러나 실제로 과일류나 채소류에서 얻어지는 펙틴의 메톡실 함량의 범위는 0~14%로서 그 함량이 7% 이상의 것을 고메톡실펙틴(high methoxyl pectin, HMP), 7% 이하의 것을 저메톡실펙틴(low methoxyl pectin, LMP)이라고 한다[그림 2-44].

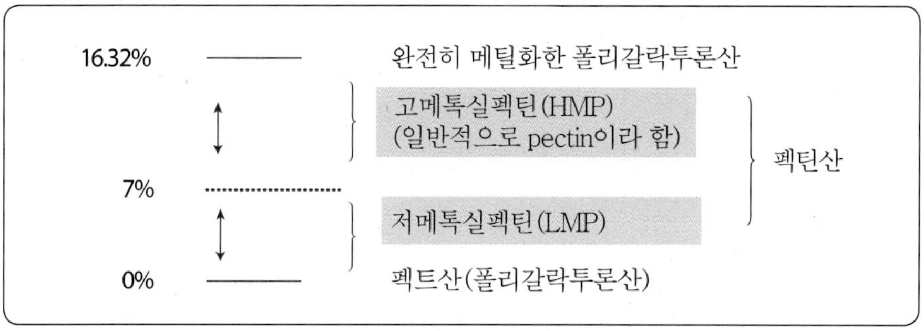

[그림 2-44] 펙틴 물질의 메톡실 함량과 그 명칭

3) 리그닌(Lignin)

리그닌은 탄수화물은 아니며 물에 녹지 않는 난용성 조섬유소의 한 성분으로서 식물 조직 내에 섬유소나 헤미셀룰로스 등과 함께 존재한다. 리그닌은 중합체로서 고등 식물 세포의 세포막에 존재하여 결착제로서 작용하고 있으며 식물 세포막의 목질화를 가져오는 주요 성분이다.

4) 뮤코다당류(Mucopolysaccharides)

뮤코다당류는 생체의 점성 물질, 연조직, 결합조직의 성분으로서 아미노당, 우론산으로 이루어진 다당류로 식품 성분으로서의 중요성은 적다.

(1) 콘드로이틴황산(Chondroitin sulfate)

콘드로이틴황산은 연골 및 결합조직의 주성분이며 특히 연골에는 20~40% 함유되어 있다.

(2) 히알루론산(Hyaluronic acid)

히알루론산은 동물 조직의 세포와 세포 사이에 존재하며 이들 세포를 결합하는 접합 물질로서 생각된다.

(3) 헤파린(Heparin)

헤파린은 고등동물의 각 조직에 널리 분포하고 글루코사민, 글루쿠론산, 황산으로 이루어진 다당류로 혈액 응고를 막는 작용을 한다.

3. 천연 검(Gum)질

검질은 적은 양의 용액으로 높은 점성을 나타내는 다당류 및 그 유도체로 안정제(stabilizer), 겔 형성제, 결착제, 유화제, 팽윤제 등으로 식품 공업에 널리 이용된다.

천연 검질은 출처에 따라 식물 조직에서 삼출되는 검질, 식물 종자에서 얻어지는 검질, 해조에서 추출되는 검질, 미생물이 생성하는 검질 등으로 분류되고 있다.

1) 식물 조직에서 삼출되는 검질

(1) 아라비아 검(Gum arabic)

아라비아 검은 β-D-갈락토스가 β-1,3 결합으로 연결된 주사슬에 L-람노스, L-아라비노스, D-글루쿠론산이 β-1,6 결합으로 연결된 가지가 많은 복잡한 구조를 하고 있다. 인도, 아프리카 등 열대 또는 아열대 지방에서 자라는 Acacia verek의 나무껍질에서 얻어지는 분비물이다. 분자량은 그 출처에 따라 다르나 대체로 25,000~1,000,000 정도로 추정되고 있다.

아라비아 검은 물에 잘 녹으나 다른 검질 용액보다 점성이 낮은 것이 특징이다. 아라비아 검은 점착체, 안정제 등으로 쓰이며 특히 제빵, 제과, 청량음료 등의 유화제로 사용된다.

(2) 트라가칸스 검(Gum tragacanth)

트라가칸스 검은 물속에서 팽윤 되어 겔을 형성하는 성질이 있으며 샐러드 드레싱, 마요네즈, 아이스크림, 치즈 등의 안정제로 사용되고 있으나 그 구조는 아직 확실하게 규명되지 않았다.

(3) 카라야 검(Gum Karaya)

카라야 검은 인도에서 자라는 나무 Sterculia urens에서 삼출되는 검질이다. 이것은 D-갈락투론산, 갈락토스, 람노스 등으로 구성된 복합 다당류로 치즈, 아이스크림 등의 안정제로 사용된다.

2) 식물종자에서 얻어지는 검질

(1) 로커스트 빈 검(Locust bean gum)

로커스트 빈의 종자에서 얻어지는 검질로 샐러드 드레싱, 아이스크림, 치즈, 육류 충전제 등에 사용되고 있다.

(2) 구아검(Gum guar)

인도나 파키스탄 등에서 재배되는 콩과 식물인 구아의 종자에서 얻어지는 검질로 갈락토스가 마노스 2개마다 α −1,6 결합을 하고 있다. 천연 검질 중에서 가장 점도가 크며, 냉수에서 팽윤하고 가열 조리에 의하여 점성을 잃지 않는다. 빵, 치즈, 샐러드 드레싱, 아이스크림 등에 사용된다.

3) 해조에서 추출되는 검질

(1) 한천(Agar)

한천은 홍조류인 우뭇가사리에서 추출되는 다당류이다. 아밀로스와 같은 직선상의 분자 구조를 가진 아가로스(agarose)와 아밀로펙틴과 같이 가지 구조로 된 아가로펙틴(agaropectin)의 두 성분으로 구성되어 있다. 한천은 겔 형성 능력이 강하여 0.2~0.3%에서도 겔을 형성한다. 또한 비교적 높은 온도에서도 겔 상태를 잘 유지하므로 빵류, 과자류, 우유, 유제품, 과즙, 청량음료 등의 안정제로 또는 양갱 제조 시 응고제로 사용된다. 양갱을 만들 때에는 40℃ 정도에서 응고시키는 것이 좋다.

(2) 알긴산(Alginic acid)과 알긴(algin)

알긴산과 그 염인 알긴은 미역, 다시마 등 갈조류의 세포벽 성분으로 존재하는 다당류이다. 알긴은 겔 형성제보다는 치즈, 아이스크림, 농축 오렌지 주스, 맥주 등에 안정제로서 사용된다.

(3) 카라기난(Carrageenan)

카라기난은 홍조류에 속하는 해조류의 열수추출물로서 겔을 형성할 수 있는 카파(kappa(κ)) 카라기난과 아이오타(iota(ι)) 카라기난 그리고 겔을 형성하지 않는 람다(lamda(λ)) 카라기난 등으로 구분되며 겔 형성제, 접착제, 안정제 등으로 사용된다.

(4) 푸셀라란(Furcellaran)

푸셀라란은 홍조류에 속하는 해조류 추출물로 한천의 대용품으로 개발된 검질이다. 유제품의 점착제 또는 잼, 젤리 등에서 펙틴 대용으로 사용된다.

4) 미생물이 생성하는 검질

(1) 덱스트란(Dextran)

덱스트란은 미생물이 생성하는 검질 중 대표적인 것으로서 *Leuconostoc mesenteroid*에 속하는 세균이 슈크로스 또는 과당을 소비하여 덱스트란을 생산한다.

덱스트란은 점성이 매우 크고 대용 혈청으로 이용되며 덱스트란의 철 복합체와 황산 에스터는 각각 철 보급제와 혈액 응고 방지제로 이용한다.

(2) 잔탄검(Xanthan gum)

잔탄검은 포도당에 대하여 *Xanthomonas campestris*의 발효과정에서 형성되는 극히 점도가 큰 검질이다. 의가소성이 가장 커서 강하게 교반할수록 외관상의 점성이 감소하므로 식품가공 시 바람직한 유동성을 주는 검이다.

표 2-4 탄수화물 정리

<table>
<tr><th colspan="2">분류</th><th colspan="2">종류 및 특성</th><th>특징</th></tr>
<tr><td rowspan="11">단당류
(mono-saccharides)</td><td rowspan="2">삼탄당
(triose)</td><td colspan="2">글리세르알데히드</td><td>알도스</td></tr>
<tr><td colspan="2">디히드록시 아세톤</td><td>케토스</td></tr>
<tr><td rowspan="3">사탄당
(tetrose)</td><td colspan="2">에리트로스</td><td></td></tr>
<tr><td colspan="2">트레오스</td><td></td></tr>
<tr><td colspan="2">에리트롤로스</td><td></td></tr>
<tr><td rowspan="3">오탄당
(pentose)</td><td colspan="2">리보스</td><td></td></tr>
<tr><td colspan="2">데옥시리보스</td><td></td></tr>
<tr><td colspan="2">아라비노스</td><td>L-형</td></tr>
<tr><td rowspan="3">육탄당
(hexose)</td><td colspan="2">포도당</td><td>알도스</td></tr>
<tr><td colspan="2">과당</td><td>케토스,
단맛, 용해도 최고</td></tr>
<tr><td colspan="2">갈락토스</td><td>알도스</td></tr>
<tr><td rowspan="6">소당류
(oligo-saccharides)</td><td rowspan="3">이당류
(disaccharides)</td><td>슈크로스</td><td>포도당+과당</td><td>단맛의 기준,
비환원당</td></tr>
<tr><td>엿당</td><td>포도당+포도당</td><td></td></tr>
<tr><td>젖당</td><td>포도당+갈락토스</td><td></td></tr>
<tr><td rowspan="2">삼당류(trisaccharides)</td><td>라피노스</td><td>포도당+과당+갈락토스</td><td></td></tr>
<tr><td>젠티아노스</td><td>포도당+포도당+과당</td><td></td></tr>
<tr><td>사당류(tetrasaccharides)</td><td>스타키오스</td><td>포도당+과당+2갈락토스</td><td></td></tr>
</table>

<table>
<tr><td rowspan="10">다당류
(poly-saccharides)</td><td rowspan="6">단순
다당류
(homo poly-saccharides)</td><td rowspan="4">식물성</td><td rowspan="2">전분</td><td>아밀로스</td><td>포도당의 α-1,4 결합</td><td></td></tr>
<tr><td>아밀로펙틴</td><td>포도당의 α-1,4 및 α-1,6 결합</td><td></td></tr>
<tr><td colspan="2">셀룰로스(섬유소)</td><td>포도당의 β-1,4 결합</td><td></td></tr>
<tr><td colspan="2">이눌린</td><td>과당</td><td></td></tr>
<tr><td rowspan="2">동물성</td><td colspan="2">글리코겐</td><td>포도당의 α-1,4 및 α-1,6 결합</td><td>아밀로펙틴보다 가지가 많고 사슬의 길이는 짧다</td></tr>
<tr><td colspan="2">키틴</td><td>아세틸글루코사민의 β-1,4 결합</td><td></td></tr>
<tr><td rowspan="3">복합
다당류
(hetero poly-saccharides)</td><td rowspan="2">식물성</td><td colspan="2">헤미셀룰로스</td><td>자일로스+마노스+갈락토스 주사슬에 아라비노스 가지</td><td></td></tr>
<tr><td colspan="2">펙틴</td><td>프로토펙틴, 펙틴, 펙트산</td><td></td></tr>
<tr><td>동물성</td><td colspan="2">콘드로이틴황산</td><td>N-아세틸갈락토사민+우론산+황산</td><td></td></tr>
</table>

04 전분의 호화는 어떻게 일어날까요?

1. 전분의 호화

전분 입자에 물을 가하고 다량의 물 존재하에서 가열하면 온도가 상승하여 60~70℃ 부근에서 물을 흡수하여 팽윤하고 전분 입자들의 분산액은 점도가 매우 큰 유백색의 콜로이드 용액을 형성하는 물리적 변화를 호화(gelatinization) 또는 α-화라고 한다[그림 2-45].

[그림 2-45] 전분의 호화 과정 모형

생전분(β−starch)은 일반적으로 전분 입자에 일부 물분자가 흡수되는 수화 후 물의 흡수량이 증가되어 급속하게 팽윤되므로 미셀(micelle)이 붕괴되고 방향부동성을 소실하면서 교질 용액을 형성한다.

일반적으로 전분은 수화, 팽윤, 미셀이 붕괴되어 교질 용액을 형성하는 과정을 거쳐 호화가 된다. 즉, 전분 입자에 물을 가하여 물분자들이 전분 입자 중에서 미셀을 형성하고 있는 아밀로스나 아밀로펙틴 분자 중에 흡수되어 수화 현상이 일어난다. 그 후 전분 현탁액의 온도가 상승함에 따라 전분 입자에 물의 흡수량이 증가하여 급속하게 팽윤된다. 계속 온도가 상승하여 전분의 호화온도에 도달하면 전분 입자가 붕괴되어 그 속의 아밀로스와 아밀로펙틴 분자가 퍼져나가는 미셀 붕괴 현상이 일어나며 이때 전분 현탁액이 콜로이드 용액으로 변하여 호화가 끝난다. 예를 들면 생전분인 쌀에 물을 붓고 가열하면 밥이 되는 것을 호화라고 한다. 이렇게 호화되어 불규칙한 분자배열을 가지는 무정형 상태의 전분을 호화전분(α−starch)이라고 하며 소화도 잘된다.

2. 호화 전분의 X-선 회절도

자연에서 얻어진 생전분 상태의 전분 입자에 대한 X−선 회절도(X−ray diffraction pattern)는 전분의 종류마다 다르다. 즉, 쌀, 옥수수 전분과 같은 곡류 생전분은 A도형, 감자, 밤 등의 생전분은 B도형, 그리고 고구마, 칡, 완두, 타피오카 등의 생전분은 C도형으로 알려진 X−선 회절도를 나타낸다[그림 2-46].

그러나 호화가 일어나면 전분의 미셀 구조가 붕괴되므로 전분 내에는 결정성을 가진 규칙적인 분자배열이 없어지게 되어 X−선에 대하여 뚜렷한 회절도를 나타내지 않는 V도형을 나타낸다.

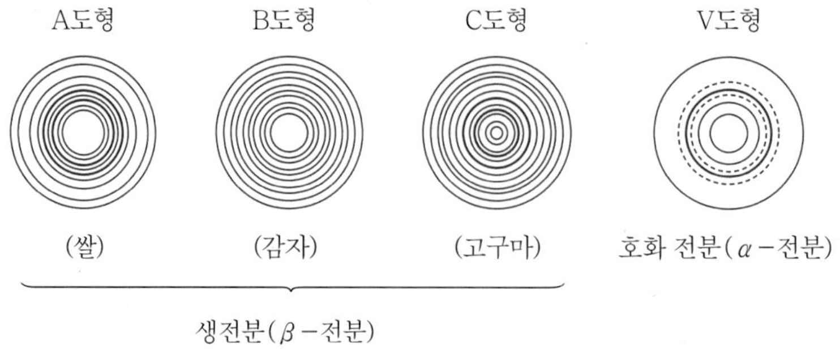

[그림 2-46] **전분의 X선 회절도 모형**

3. 전분의 호화에 영향을 미치는 요인

1) 전분의 종류

일반적으로 곡류 전분의 호화온도는 감자, 고구마와 같은 감자류 전분의 호화온도보다 높다.

2) 수분

수분 함량이 많을수록 호화가 잘 일어난다. 예를 들면, 밥을 지을 때 물을 충분히 넣으면 부드러운 밥이 되나 물이 적으면 호화가 잘 안 된다. 그러나 식빵 반죽은 수분 함량이 적어 구울 때 높은 온도가 필요하다.

3) 온도

전분의 호화 과정에서 온도를 높이면 수화가 쉽게 일어나 팽윤이 증가한다. 호화에 필요한 최저 온도는 전분의 종류나 수분의 함량에 따라 다르지만 보통 60℃ 정도이며, 쌀은 70℃에서 호화되는데 3~4시간, 100℃에서는 20분 정도 필요하다.

4) pH

전분 입자를 구성하고 있는 아밀로스나 아밀로펙틴 분자들 사이의 수소 결합은 pH에 의해서 크게 영향을 받으며 특히 알칼리성에서는 전분의 팽윤과 호화가 촉진된다.

5) 염류

염류는 일반적으로 수소 결합에 크게 영향을 주어 전분의 호화 온도를 내려 호화를 촉진해 주므로 팽윤제라고도 한다. 전분의 호화를 촉진해 주는 염류로서 음이온 중 $OH^- > CNS^- > I^- > Br^- > Cl^-$ 등이 있으나 황산염(sulfates)들은 예외적으로 호화를 억제한다.

6) 당류

일부 당류들이 전분의 겔 형성 능력과 점도를 증가시켜 주는 것으로 알려져 있다. 예를 들면, 보통 단당류가 소당류보다 점도 증가 효과를 크게 한다.

05 전분의 노화는 어떻게 이루어질까요?

1. 전분의 노화

호화된 전분, 즉 α-전분의 콜로이드 용액을 낮은 온도에서 장시간 두면 아밀로스 분자들이 서서히 부분적인 결정성을 다시 갖게 되어 β-전분으로 되돌아가는 현상을 노화(retrogradation) 또는 β-화라고 한다. 노화된 전분은 호화 전분보다 효소의 작용을 받기 어려워 소화가 잘 안 된다. 떡이나 밥, 빵이 굳어지는 것은 전분의 노화 현상 때문이다. α-화된 전분이 노화되어 β-전분으로 되면 전분 입자는 다시 미셀 모양으로 되돌아가게 되므로 X-선 회절도는 원료 전분의 종류에 관계없이 항상 B도형의 회절도를 나타낸다.

2. 전분의 노화에 영향을 미치는 요인

1) 전분의 종류

전분의 노화도 전분 입자들의 내부 구조와 전분 분자들의 크기, 형태 등과 밀접한 관계가 있다. 일반적으로 옥수수, 밀과 같은 곡류 전분은 노화되기 쉬우며 감자, 고구마, 칡, 타피오카 등의 전분은 노화되기 어렵다.

2) 아밀로스 및 아밀로펙틴의 함량

전분의 노화 속도는 아밀로스와 아밀로펙틴의 함량 비율에 따라 다르다. 아밀로스는 그 분자 형태가 직선상이고 분자량이 작아 호화 및 노화가 쉽게 일어난다. 그러나 아밀로펙틴은 분자량도 아밀로스보다 훨씬 크고 분자 형태도 가지가 많은 분지 구조로 이루어져 있어 입체 장해를 받기 때문에 노화되기가 어렵다. 따라서 아밀로스 함량이 많은 전분은 노화가 더 빨리 일어나며 거의 아밀로펙틴만으로 된 찹쌀, 찰옥수수 등은 일단 호화되면 노화되기가 어렵다.

3) 수분

전분은 30~60%의 수분 함량에서 노화가 가장 잘 일어난다. 따라서 수분 함량이 30% 이하이나 60% 이상이 되면 노화가 억제된다.

4) 온도

전분의 노화가 가장 잘 일어나는 온도는 0~5℃의 냉장 온도이다. 60℃ 이상의 높은 온도나 식품의 빙점(-2℃ 정도) 이하로 온도가 내려가 -20~-30℃에 이르러 냉동된 상태가 되면 전분의 노화는 잘 일어나지 않는 것으로 알려져 있다[그림 2-47]. 밥이나 빵을 냉장고에 저장하지 않는 것은 상온에 두거나 얼리는 것보다 냉장 온도에서 노화가 빨리 일어나기 때문이다.

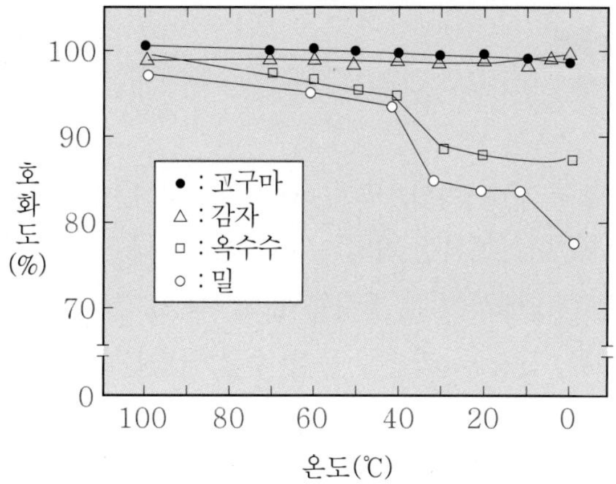

(5% 호화용액을 일정 온도에서 1시간 보존한 후 호화도 측정)

[그림 2-47] **각종 전분의 노화와 온도와의 관계**

5) 전분의 농도

일반적으로 전분의 노화 속도는 전분의 농도가 증가함에 따라 증가한다. 전분 함량이 0.1%인 경우 10시간 이내에 90% 이상이 노화되는 데 비하여 0.2%에서는 20시간 후 노화가 일어난다고 한다.

6) pH

전분의 노화는 주로 수소 결합에 의한 분자들의 회합에 의하여 이루어지므로 수소 이온 농도에 의하여 영향을 받는다. 황산(H_2SO_4), 염산(HCl), 인산(H_3PO_4) 등 강산의 경우에는 비록 그 농도가 낮은 경우에도 노화 속도를 현저하게 증가시킨다. 반면에, 알칼리는 전분의 팽윤, 용해, 호화 등을 촉진해 주므로 pH 7 이상의 알칼리성 용액에서는 노화가 잘 일어나지 않는다.

7) 염류 또는 이온

전분 분자들 사이의 수소 결합에 영향을 주는 염화칼슘($CaCl_2$), 염화아연($ZnCl_2$)과 같은 대부분의 염류와, Ba^{2+}, Sr^{2+}, Ca^{2+}, K^+, Na^+, Li^+ 등의 양이온과 CNS^-, PO^{3-}, CO^{2-}, I^-,

NO^{3-}, Br^-, Cl^-, COO^-, F^-, SO^{2-} 등의 음이온들은 호화를 촉진하는 반면에 노화를 억제하는 작용이 크다.

그러나 황산마그네슘($MgSO_4$)과 같은 황산염들은 노화를 촉진하는 것으로 알려져 있다.

3. 전분의 노화 억제 방법

1) 수분 함량의 조절

전분의 노화는 수분 함량 30% 이하, 또는 60% 이상에서는 그 속도가 급격히 감소하며, 특히 수분 함량이 10~15% 이하에서는 거의 일어나지 않는다.

그러므로 식품을 80℃ 이상에서 수분 함량을 15% 이하로 급속히 제거하면 노화를 억제할 수 있다. 그 예로 비스킷류, 건빵류, 라면류 등은 수분 함량을 10% 이하로 하여 식품의 전분을 호화상태로 유지하는 것이다.

2) 냉동 방법

수분 함량이 많은 호화 전분의 상태로 있는 식품을 냉동시키면 그 속의 전분의 노화는 일시적으로 방지된다. 식품의 빙점 이하에서 수분 함량을 15% 이하로 함과 동시에 탈수하는 것이 노화 방지에 효과적이다. 이와 같은 방법을 이용한 식품으로는 냉동 건조미, 냉동 빵류 등이 있다.

3) 설탕의 첨가

설탕은 탈수제로 작용하므로 호화 전분을 단시간에 건조한 것과 같은 효과를 가진다. 실제로 양갱의 전분은 30~60%의 수분을 함유하고 있어 노화가 잘 일어날 수 있는 조건에 있음에도 불구하고 장기간 저장하여도 맛이나 소화성이 저하되지 않는 것은 다량의 설탕이 첨가되어 있으므로 노화가 잘 일어나지 않는 것이다.

4) 유화제의 사용

모노글리세리드, 디글리세리드, 지방산락틸레이트, 슈크로스지방산에스터 등의 일부 유화제는 전분 콜로이드 용액의 안정도를 증가시켜 전분 분자들의 침전이나 부분적인 결정 형성을 방지하기 때문에 노화를 억제하여 준다.

이들 유화제의 사용으로 빵이나 과자류의 노화(staling)를 효과적으로 방지할 수 있다.

06 전분의 호정화는 어떻게 일어날까요?

전분에 물을 넣지 않고 150~190℃ 정도의 비교적 높은 온도로 가열하면 전분 분자의 부분적인 가수분해 또는 열분해가 일어나 가용성 전분을 거쳐 호정(dextrin)으로 변화하는 화학적인 변화를 호정화(dextrinization)라 한다.

서양 요리의 루(roux)처럼 전분질 식품을 볶는다든가, 빵을 구울 때 또는 팽화 식품(puffed food)을 만드는 과정이 전분의 호정화 과정이다. 호정은 호화 전분보다 물에 잘 녹고 효소 작용을 받기 쉬워 소화성이 향상된다.

07 전분의 가수분해는 어떻게 이루어질까요?

1. 효소에 의한 가수분해

1) α-아밀레이스(α-amylase)

α-아밀레이스는 세포 내 효소(endoenzyme)로서 전분 분자의 α-1,4 결합을 무작위로 가수분해하여 소당류, 저분자의 덱스트린, 엿당 및 포도당 등을 생성한다[그림 2-48]. 이 효소는 전분 분자의 α-1,6 결합을 분해하지 못하나 분자 내부의 α-1,4 결합을 임의의 위치에서 절단한다. 전분 현탁액은 점도가 감소하고 급속도로 맑은 용액으로 된다. 또한, 요오드에 의한 정색반응도 청색을 소실하게 되며 환원력은 점차 증가하므로 액화효소라고도 한다.

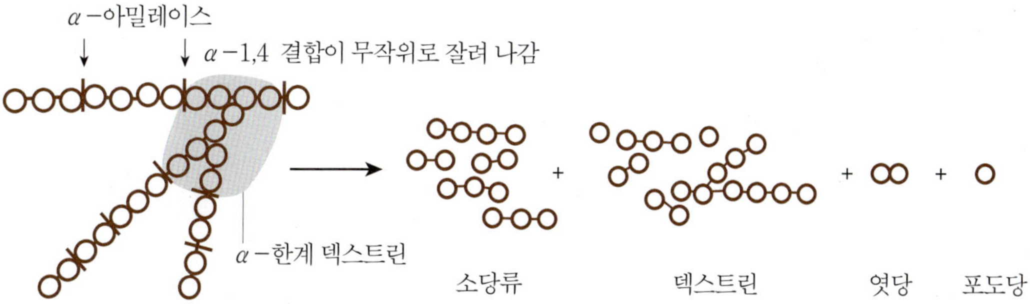

[그림 2-48] α-아밀레이스에 의한 전분의 가수분해

2) β-아밀레이스(β-amylase)

β-아밀레이스는 세포 외 효소(exoenzyme)로서 전분 분자의 비환원성 말단에서부터 차례로 α-1,4 결합을 엿당 단위로 분해해 나가며 α-1,6 결합의 분지점에서 가까운 2~3개의 포도당을 남기고 작용이 정지된다[그림 2-49]. 이 효소는 전분 분자를 엿당 단위로 가수분해하므로 환원력이 급증하여 당화효소라고도 한다. 그러나 분자 내부는 분해되지 않고 남기 때문에 전분 현탁액은 점도가 쉽게 저하하지 않고 요오드 반응도 적자색을 나타낸다. 보리 싹인 엿기름은 β-아밀레이스를 함유하므로 밥에 엿기름을 작용시킨 식혜를 만들 수 있다.

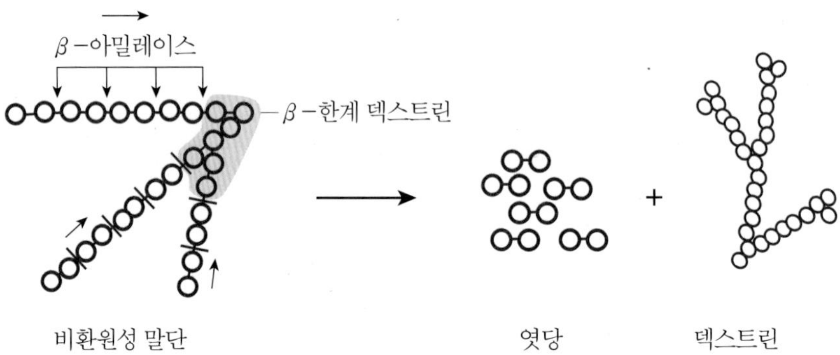

[그림 2-49] β-아밀레이스에 의한 전분의 가수분해

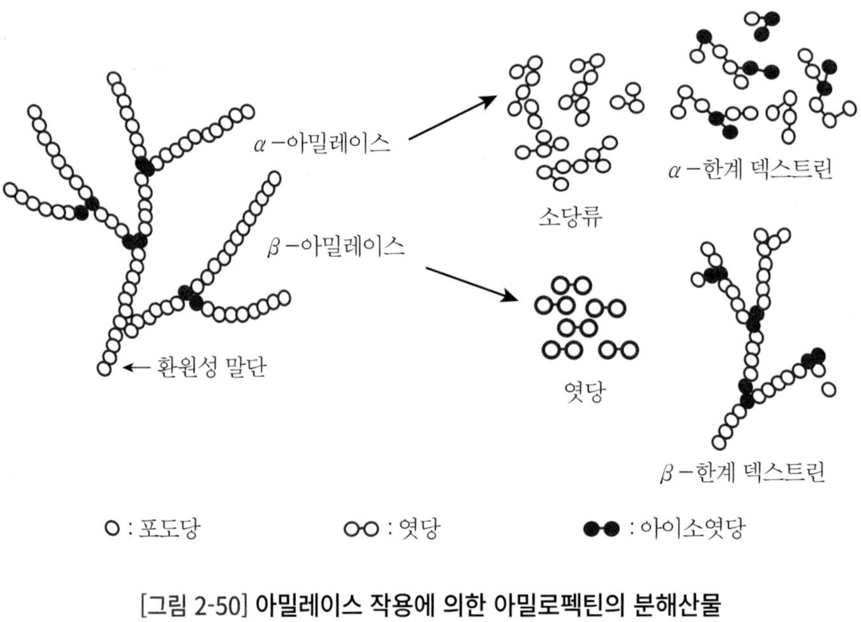

[그림 2-50] 아밀레이스 작용에 의한 아밀로펙틴의 분해산물

한편, 전분이 직쇄상의 아밀로스 분자로만 되어 있으면 α-, β-아밀레이스에 의하여 완전히 가수분해되지만, 일반적으로 가지 상의 아밀로펙틴 분자와 함께 존재하므로 아밀로펙틴의 α-1,6 결합은 가수분해되지 않고 덱스트린 형태로 남게 된다. 이와 같은 덱스트린을 한계 덱스트린(limit dextrin)이라고 한다[그림 2-50].

α-한계 덱스트린은 α-아밀레이스에 의하여 생긴 것으로 중합도는 5~8개이며 1분자 중에 1개의 α-1,6 결합을 가지며 요오드 반응은 무색이다.

β-한계 덱스트린은 β-아밀레이스에 의하여 생긴 것으로 중합도는 아밀로펙틴 분자의 반 정도로 요오드 반응은 적자색을 나타낸다.

3) γ-아밀레이스(γ-amylase)

γ-아밀레이스는 글루코아밀레이스(glucoamylase)라고도 하며, 세포외 효소이다. 전분 분자의 비환원성 말단에서부터 α-D-포도당 단위로 α-1,4 결합뿐만 아니라 α-1,6 결합과 α-1,3 결합도 분해하는 효소이다. 따라서 이 효소는 아밀로스는 물론 아밀로펙틴 분자도 80~90% 분해하므로 전분을 거의 포도당까지 분해한다.

표 2-5 전분 가수분해 효소

종류	특성
α-아밀레이스	전분의 α-1,4 결합을 무작위로 절단하는 세포내 효소, 액화효소
β-아밀레이스	전분의 α-1,4 결합을 비환원성 말단에서 엿당 단위로 절단하는 세포외 효소, 당화효소
γ-아밀레이스 (글루코아밀레이스)	전분의 비환원성 말단에서 α-1,4, α-1,6, α-1,3 결합을 포도당 단위로 절단, 전분을 거의 포도당으로 분해

2. 산에 의한 가수분해

전분 분자의 α-1,4 및 α-1,6 글리코사이드 결합은 염산, 황산, 수산 등의 묽은 산을 가하여 가열하면 쉽게 가수분해된다.

3. 당화와 전분당

전분을 가수분해하면 엿당, 포도당과 함께 여러 가지 덱스트린류가 형성되며, 포도당과 엿당이 많아 전분당으로 불린다. 이처럼 전분당을 얻을 목적으로 전분을 가수분해하는 과정을 당화라고 부른다.

일반적으로 전분을 가수분해할 때 그 가수분해 정도(degree of hydrolysis)를 나타내기 위하여 다음과 같이 포도당 당량(dextrose equivalent, D.E.)으로 표시한다.

$$\text{D.E.} = \frac{\text{포도당으로 표시된 전분 가수분해물 중의 환원당량}}{\text{전체 고형 성분량}} \times 100$$

각종 전분당의 D.E.와 그 성질을 보면 [표 2-6]과 같다. 즉, 가수분해도가 낮은 물엿의 D.E.는 35~50이며, 결정 포도당과 같이 순수한 것의 D.E.는 거의 100에 가깝다.

D.E.가 클수록 단맛은 크고 점도는 작다.

표 2-6 전분당의 종류와 그의 일부 성질

전분당	포도당 당량(D.E.)*	감미도	점도
결정포도당	100	크다	작다
분말포도당	92~94	↑	↓
고형포도당	80~85	↑	↓
액상포도당	55~65	↑	↓
물엿	35~50	↑	↓
분말상물엿	20~40	작다	크다

* D.E.(dextrose equivalent) : 포도당 당량

08 펙틴질은 어떻게 변화되나요?

1. 펙틴 분해 효소

1) 프로토펙티네이스(Protopectinase)

프로토펙티네이스는 식물 조직의 세포막 사이에 존재하는 불용성인 프로토펙틴을 가수분해하여 수용성인 펙틴으로 변화시키는 효소로 식물 조직의 연화를 가져온다.

2) 펙틴 에스터레이스(Pectin esterase)

펙틴 에스터레이스(PE)는 펙틴분자에서 메틸 에스터 부분을 가수분해하여 메탄올을 유리시키는 효소이다. 펙타제, 펙틴 메틸 에스터레이스 또는 펙틴 메톡실레이스라고도 한다[그림 2-51]. 이 효소에 의해 채소나 과일이 단단해질 수 있으며, 포도주 등의 발효과정에서 메탄올을 생성하기도 한다.

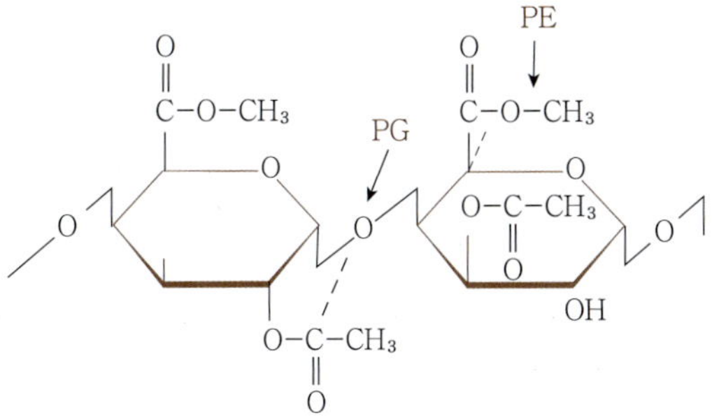

[그림 2-51] 펙틴 에스터레이스(PE)와 펙틴 폴리갈락투로네이스(PG)의 작용부위

3) 펙틴 폴리갈락투로네이스(Pectin polygalacturonase)

펙틴 폴리갈락투로네이스(PG)는 펙트산의 갈락토사이드 결합을 가수분해하여 D-갈락투론산을 생성하는 효소이다. 펙티네이스, 폴리갈락투로네이스라고도 부른다[그림 2-51]. 이 효소는 절임 식품 연부 현상의 원인이 되기도 하지만, 과즙에서 혼탁을 일으키는 펙틴을 가수분해하여 청징화에도 이용된다.

표 2-7 펙틴 분해 효소

종류	특성
프로토펙티네이스	· 불용성 프로토펙틴 → 수용성 펙틴 · 식물 조직의 연화
펙틴 에스터레이스 (펙타제, 펙틴 메틸 에스터레이스)	· 펙틴의 메틸에스터기 절단 · 채소와 과일을 단단하게 함 · 포도주 등의 발효과정에서 메탄올 생성
펙틴 폴리갈락투로네이스 (폴리갈락투로네이스)	· 펙틴의 갈락토사이드결합을 가수분해하여 갈락투론산 생성 · 절임식품의 연부현상의 원인 · 과즙 청징화

2. 펙틴 겔 형성

1) 펙틴의 겔 형성 조건

펙틴의 겔 형성에는 펙틴과 설탕 같은 탈수제와 적당량의 유기산이 존재하여야 한다.

2) 펙틴의 겔 및 젤리화 메커니즘

메톡실기가 7% 이상인 고메톡실펙틴 분자들은 물분자들에 의한 강한 수화 현상과 펙틴 분자들 상호간의 음전하에 의한 반발 현상에 의해서 안정화되어 있다. 보통 고메톡실펙틴의 젤리화에 있어서 가장 적당한 펙틴의 농도는 1%이며, 여기에 65% 정도의 당농도, pH 3.5일 때 젤리화가 잘 된다.

반면, 저메톡실펙틴의 경우에는 겔을 형성할 때 일정한 pH나 일정량의 당을 필요로 하지 않으며, 대신 칼슘이온(Ca^{2+})과 같은 2가 이상의 다가이온이 있으면 반고체의 겔을 형성한다. 저메톡실펙틴의 콜로이드 용액에 칼슘이온 등이 존재하면 저메톡실펙틴 분자들의 유기산기와 칼슘이온 사이에 이온 결합이 형성되어 펙틴분자들을 횡적으로 연결해 준다. 이와 같이 펙틴분자들 사이의 횡적인 결합의 결과로 3차원의 망상구조가 형성되게 되어 반고체의 겔을 형성한다[그림 2-52].

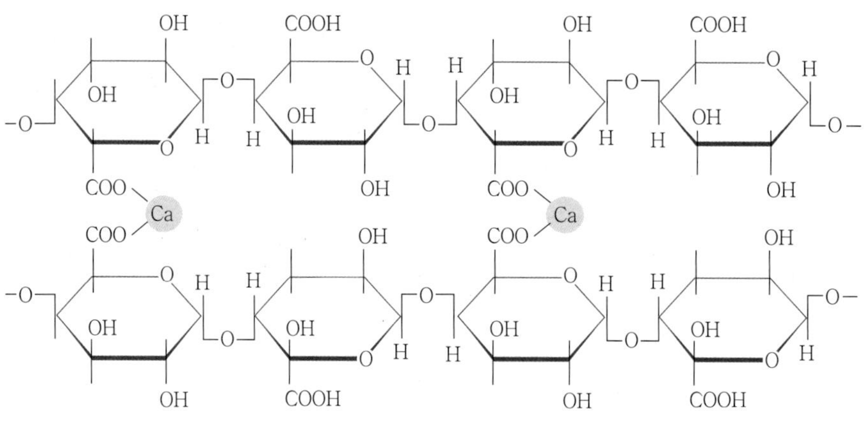

[그림 2-52] **저메톡실펙틴의 겔 형성에 관여하는 이온결합**(Ca에 의한 가교)

CHAPTER

03 단백질(Proteins)

01 아미노산의 화학적 구조, 종류, 성질은 어떨까요?

02 단백질은 화학적으로 어떤 구조일까요?

03 단백질은 어떻게 분류될까요?

04 단백질은 어떤 성질이 있을까요?

05 식품에는 어떤 단백질이 존재할까요?

06 핵산이란 무엇일까요?

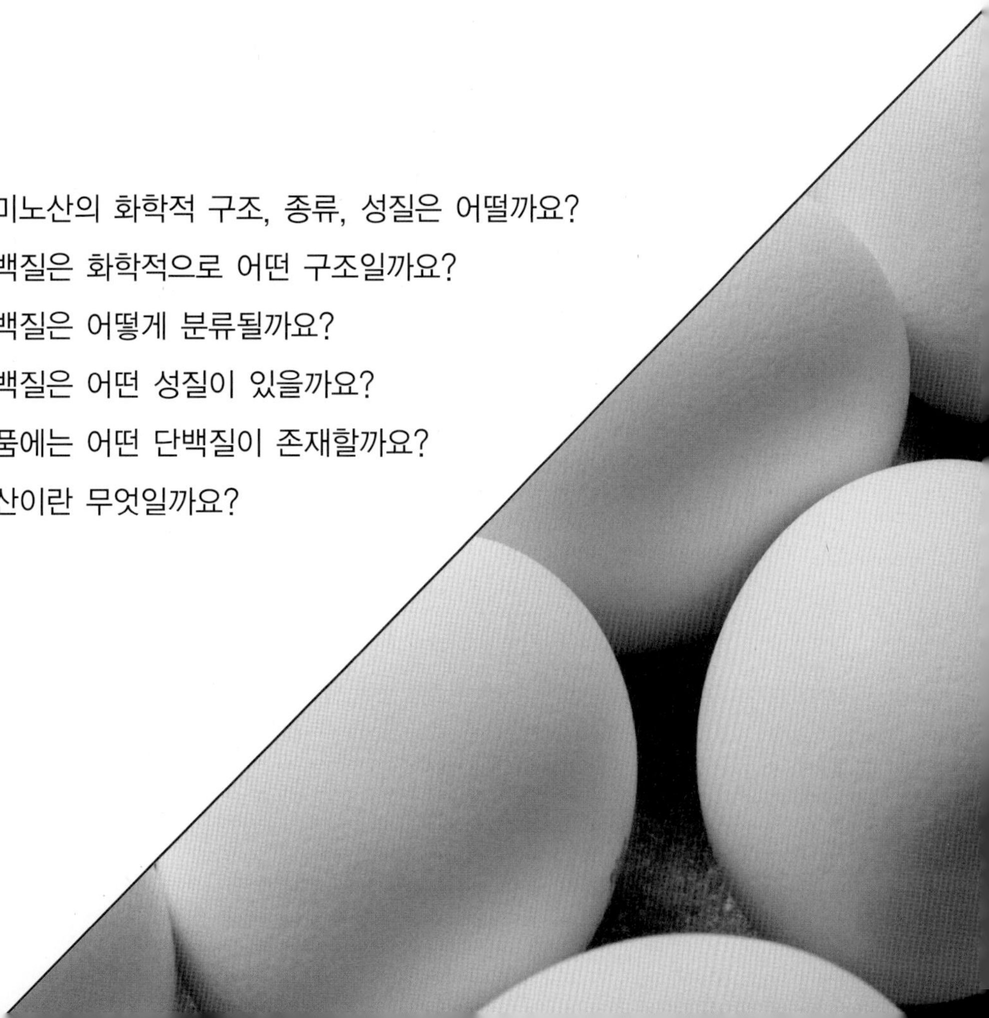

단백질(proteins)은 생물체를 구성하는 주요 구성성분으로서 그리스어의 proteios(생명 유지에 가장 중요하다는 뜻)의 어원에서 유래되었다. 단백질은 당질이나 지질에 함유되어 있는 탄소(C), 수소(H), 산소(O) 이외에 질소(N)를 평균 16% 정도 함유하고 있으며 약간의 황(S)을 함유한다. 우리가 섭취하는 식품 중에는 주로 단백질에 질소가 함유되어 있기 때문에 식품 중의 단백질 함량은 질소의 함량을 측정한 후 질소계수를 곱하여 산출한다. 즉, 질소함량 16%일 경우 질소계수는 6.25(100/16=6.25)가 되기 때문에 질소함량에 6.25를 곱하면 단백질 함량을 알 수 있다. [표 3-1]과 같이 일부 주요 식품에는 질소가 15.5~18.8% 정도 함유되어 있으므로, 그에 적합한 질소계수를 적용하여야 하고 이 외의 식품에는 모두 6.25를 적용한다. 주요 식품의 단백질 함량은 [표 3-2]와 같다.

$$\text{조단백질량} = \text{질소량} \times \text{질소계수}$$

표 3-1 식품별 질소 단백질 환산계수(질소계수)

	식품명	질소계수
곡류	보리, 호밀, 귀리	5.83
	소맥분(중등질 · 경질 · 연질 · 수득률(100~94%))	5.83
	소맥분(중등질 · 수득률(93~83%)또는 그 이하)	5.70
	메밀	6.31
	국수, 스파게티, 마카로니	5.70
	쌀	5.95
두류	콩 및 콩 제품	5.71
견과 · 종실류	땅콩(낙화생)	5.46
	밤, 깨, 호두 등	5.30
	해바라기씨, 호박씨, 수박씨 등	5.40
우유류	원유, 유가공품, 마가린	6.38
기타	식육, 식육가공품, 알가공품 및 위 이외의 모든 식품	6.25

자료 : 식품의약품안전처, 식품공전(2020.4)

표 3-2 주요 식품의 단백질 함량 (g/식품 100g)

식품	단백질함량	식품	단백질함량
소고기(한우, 등심, 생것)	15.61	팥(붉은 팥, 마른 것)	21.82
돼지고기(삼겹살, 생것)	13.27	쌀(찹쌀, 백미, 생것)	7.4
닭고기(다리, 생것)	19.41	쌀(멥쌀, 백미, 생것)	6.4
대구(생것)	19.5	쌀밥(멥쌀, 백미)	3.0
갈치(생것)	18.5	밀가루(중력밀가루)	10.34
달걀(전란, 생것)	12.44	식빵	9.01
우유	3.08	찰옥수수(생것)	4.79
대두(노란콩, 마른 것)	36.2	시금치(포항초, 생것)	3.56
녹색완두(생것)	6.9	콩나물(생것)	4.64
강낭콩(생것)	8.8	표고버섯(참나무 재배, 생것)	2.0

자료 : 농촌진흥청 국립농업과학원, 국가표준식품성분표 DB 9.2(2020)

01 아미노산의 화학적 구조, 종류, 성질은 어떨까요?

아미노산은 아미노기(–NH_2)와 카복실기(–COOH)를 기본구조로 갖고 있으며 천연에 존재하는 단백질은 약 20여 종의 아미노산으로 구성되어 있다. 아미노기가 결합되어 있는 탄소의 위치에 따라 α–와 β–아미노산으로 분류되며 프롤린(proline) 및 히드록시 프롤린(hydroxy proline)을 제외한 모든 아미노산은 α–아미노산(카복실기와 결합되어 있는 탄소에 아미노기가 결합)이다[그림 3-1].

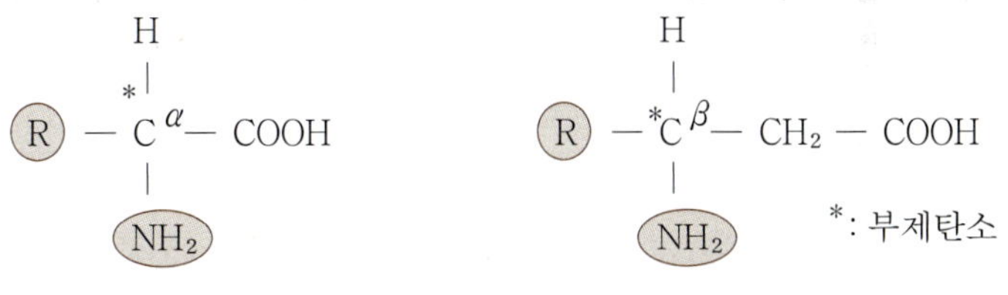

α–아미노산 β–아미노산

[그림 3-1] α-와 β-아미노산의 구조

아미노산 기본 구조에서 R이 수소인 경우는 글리신(glycine)이며, 이 경우를 제외한 모든 아미노산은 부제탄소원자(asymmetric carbon)를 갖기 때문에[그림 3-2] 광학 이성질체가 존재한다. 글리세르알데히드를 기준으로 하여 아미노기가 오른쪽에 위치하면 D형 아미노산, 왼

쪽에 위치하면 L형 아미노산으로 구분한다. 천연에 존재하는 대부분의 아미노산은 α-L-아미노산 이다.

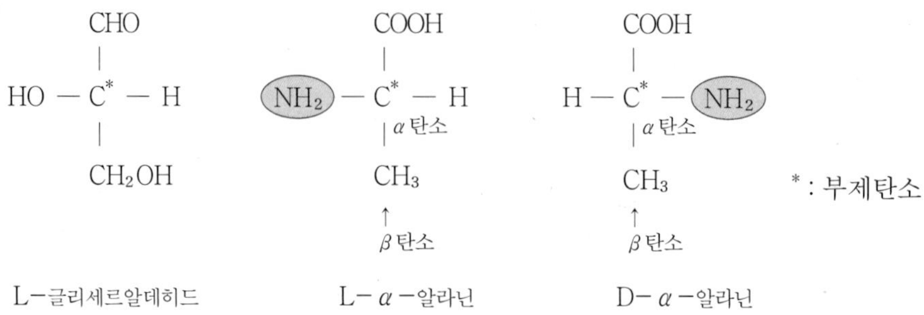

[그림 3-2] **아미노산의 D와 L구조**

1. 아미노산의 종류

1) 단백질을 구성하는 아미노산

단백질을 구성하고 있는 아미노산은 약 20여 종이며 구조가 매우 다양하다[표 3-3]. 아미노산을 구성하는 화합물 및 구조에 따라 아미노산은 다음과 같이 분류된다. 아미노산 기본구조의 R부분(곁사슬)에 탄화수소기를 가지면 지방족 아미노산, 벤젠고리를 가지면 방향족 아미노산, 헤테로(hetero)고리를 가지면 환상 아미노산이다. 또 아미노기와 카복실기의 개수에 따라 중성 아미노산(아미노기=카복실기), 염기성 아미노산(아미노기>카복실기), 산성 아미노산(아미노기<카복실기)으로 분류되기도 한다. 분자 중에 황(S)을 함유하면 함황 아미노산, 수산기(-OH)를 함유하면 히드록시 아미노산 등으로 불리기도 한다.

TIP **주요 아미노산 종류 요약**

분류	아미노산
필수 아미노산**	라이신, 루신, 아이소루신, 트레오닌, 트립토판, 메싸이오닌, 페닐알라닌, 발린, 히스티딘[1]
산성 아미노산	아스팔트산, 글루탐산, 아스파라긴, 글루타민
염기성 아미노산	라이신**, 아르지닌, 히스티딘[1]
함황 아미노산	메싸이오닌**, 시스테인, 시스틴
방향족 아미노산	트립토판**, 페닐알라닌**, 타이로신(페놀함유)
히드록시아미노산(수산기함유)	세린, 트레오닌**

**필수 아미노산

[1] 히스티딘은 8개의 필수 아미노산과 달리 히스티딘 결핍 식사 시, 바로 음성 질소 평형이 야기되거나 단백질 합성이 감소되지 않아 필수 아미노산으로서의 기준이 다름(Laidlaw와 Kopple, 1987)

자료: 한국영양학회, 한국인영양섭취 기준

이들 아미노산 중에서[표 3-3] 인체에서 합성되지 않아 반드시 식품으로 섭취하여야 하는 필수 아미노산(essential amino acids)으로는 발린, 루신, 아이소루신, 트레오닌, 라이신, 메싸이오닌, 페닐알라닌, 트립토판의 8개가 있다. 어린이 또는 회복기 환자는 아르지닌과 히스티딘을 필수아미노산에 포함시켜 별도로 섭취하여야 한다.

표 3-3 단백질을 구성하는 아미노산

분류	아미노산 명칭(약호 및 기호)	화학구조(■는 곁사슬)	비고
Ⅰ. 지방족 아미노산 a) 중성 아미노산	글리신 (Gly, G)	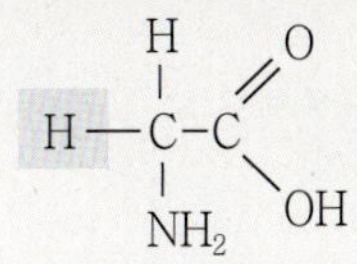	단맛 부제탄소원자 없음
	알라닌 (Ala, A)	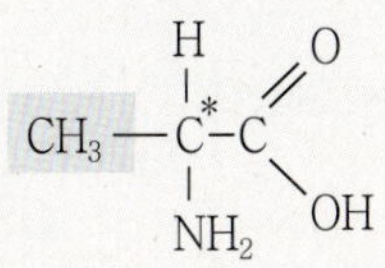	비극성 탄화수소
	발린** (Val, V)	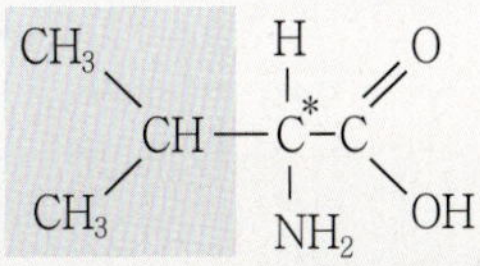	비극성 탄화수소
	루신** (Leu, L)	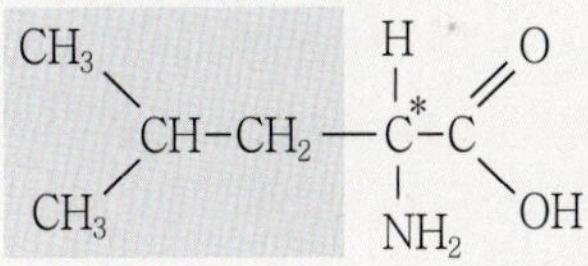	비극성 탄화수소
	아이소루신** (Ileu 또는 Ile, I)	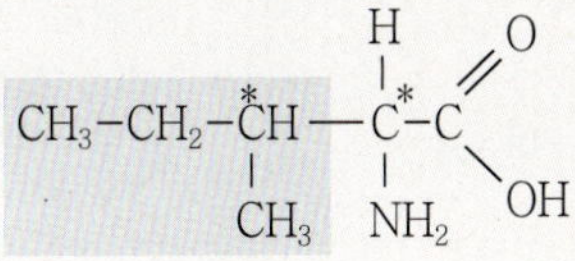	부제탄소원자 2개 비극성탄화수소
	세린 (Ser, S)	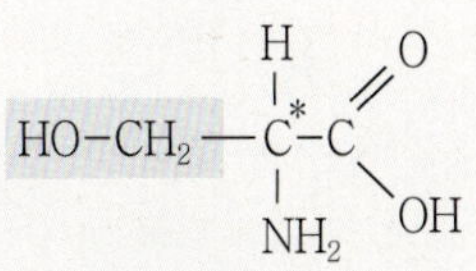	수산기
	트레오닌** (Thr, T)	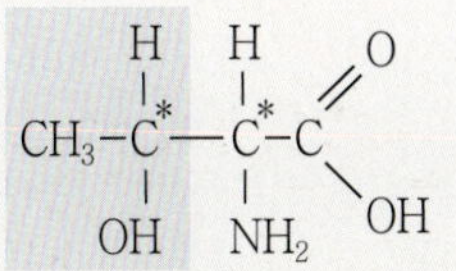	수산기 부제탄소원자 2개

분류	아미노산 명칭(약호 및 기호)	화학구조(▒는 곁사슬)	비고
b) 산성 아미노산 및 그 아미드	아스파르트산 (Asp, D)	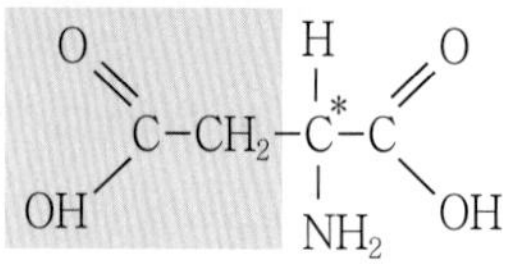	아스파라거스에서 발견
	글루탐산 (Glu, E)	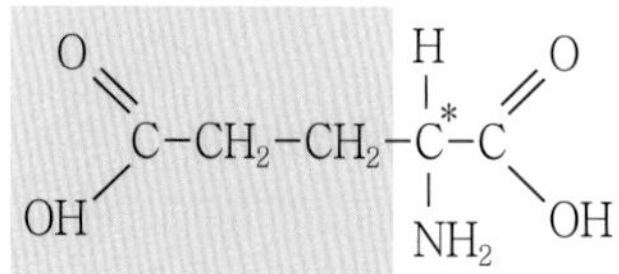	감칠맛
	아스파라긴 (AspNH$_2$ 또는 Asn, N)	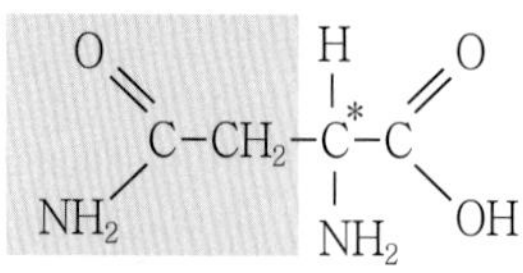	β-아미드
	글루타민 (GluNH$_2$ 또는 Gln, Q)	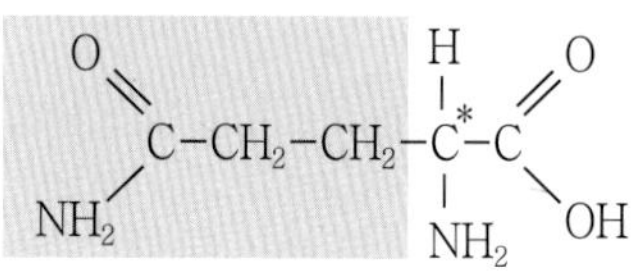	γ-아미드
c) 염기성 아미노산	라이신** (Lys, K)	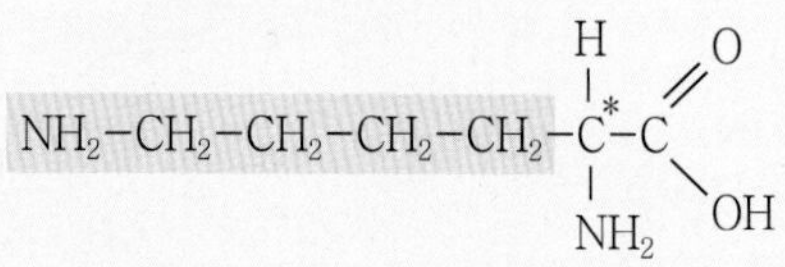	ε-아미노산
	아르지닌 (Arg, R)	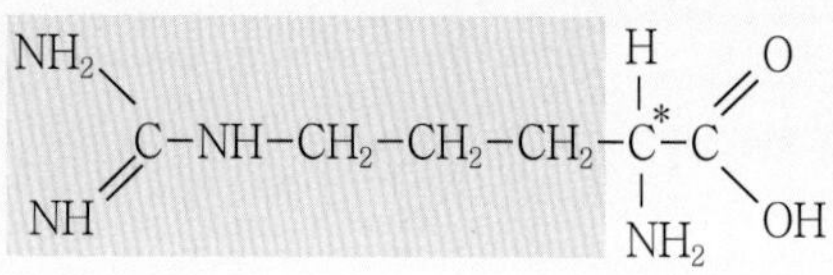	구아니딘기 강염기성
d) 함황 아미노산	시스테인 (Cys, C)	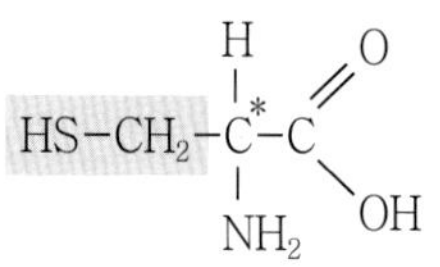	SH기 하프시스틴
	시스틴 (Cys │ Cys, C)	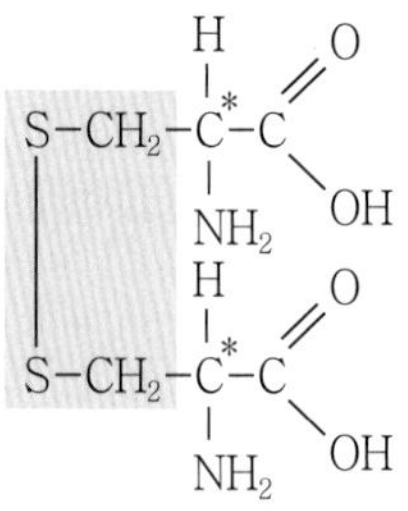	다이설파이드 결합(S-S)
	메싸이오닌** (Met, M)	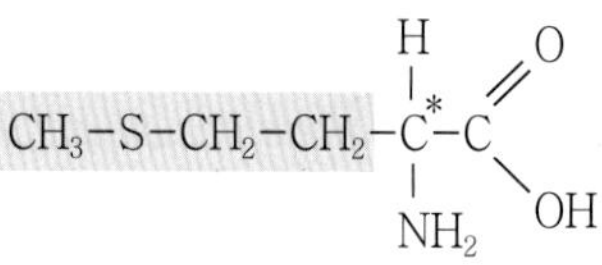	C-S-C 결합

분류	아미노산 명칭(약호 및 기호)	화학구조(■는 곁사슬)	비고
II. 환상 아미노산 a) 방향족 아미노산	페닐알라닌** (Phe, F)	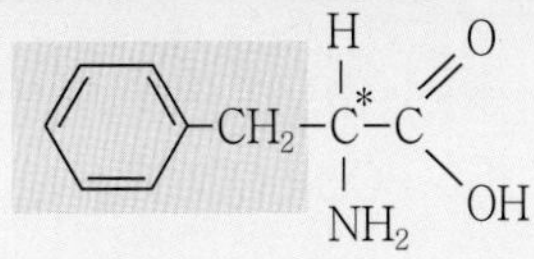	비극성
	타이로신 (Tyr, Y)	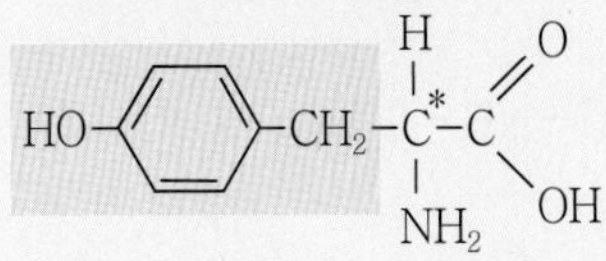	페놀기
	트립토판** (Trp, W)	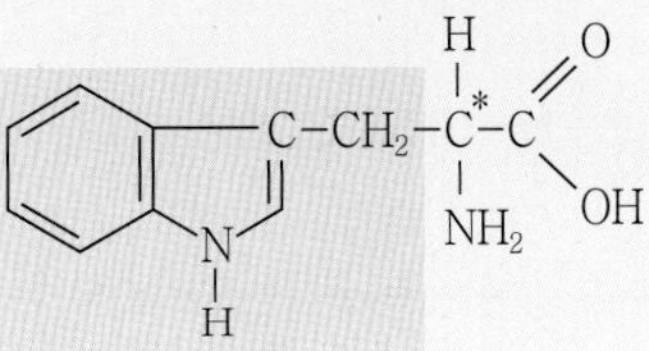	인돌기 복소환으로도 분류됨
b) 복소환 아미노산	히스티딘** (His, H)	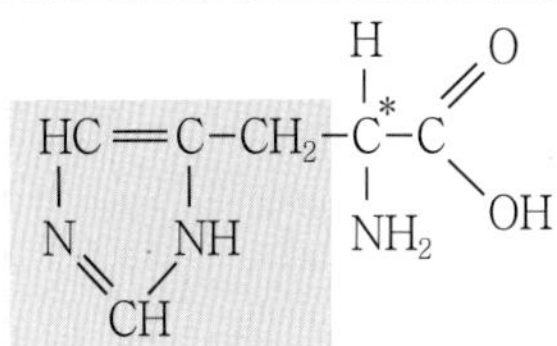	이미다졸기 염기성
	프롤린 (Pro, P)	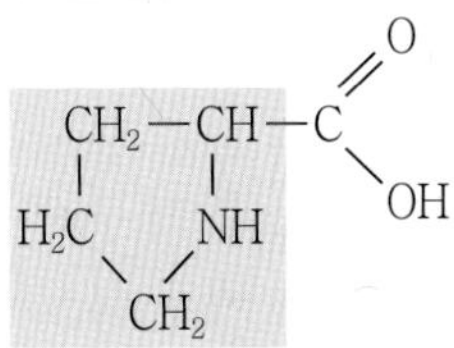	단백질의 3차 구조 형성
	히드록시 프롤린 (3–Hyp)	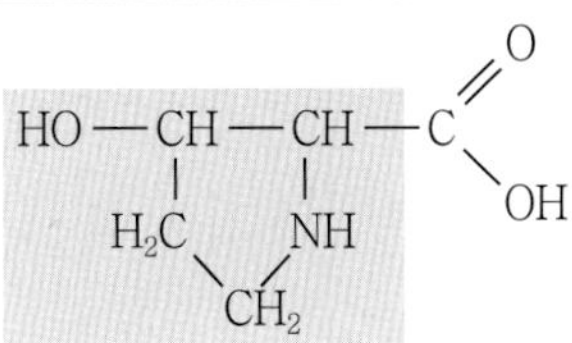	질소는 제2 아민이 므로 이미노산이라 고도 부름

*부제탄소, **필수 아미노산

2) 단백질을 구성하지 않는 아미노산

단백질을 구성하지는 않지만 인체의 영양 또는 식품의 풍미에 있어서 중요한 역할을 하는 아미노산이 유리형 또는 비타민 등의 구성성분으로서 존재한다[표 3-4].

표 3-4 단백질을 구성하지 않는 아미노산

아미노산명	구조식	소재	역할
오르니틴 (ornithine)	$H_2N-(CH_2)_3-CH(NH_2)-COOH$	동물의 간	요소(尿素) 생성
시트룰린 (citrulline)	$H_2N-C(=O)-NH-(CH_2)_3-CH(NH_2)-COOH$	동물의 간 및 수박	요소(尿素) 생성
크레아틴 (creatine)	$(H_2N)(HN=)C-N(CH_3)-CH_2-COOH$	척추동물 근육	근육활동
베타-알라닌 (β-alanine)	$H_2N-CH_2-CH_2-COOH$	동·식물조직, 담즙	판토텐산, 코엔자임 A 구성
카나바닌 (canavanine)	$(H_2N)(HN=)C-NH-O-(CH_2)_2-CH(NH_2)-COOH$	작두콩	
타우린 (taurine)	$H_2N-CH_2-CH_2-SO_3H$	오징어, 문어, 조갯살	피로회복
알리인(alliin)	$CH_2=CH-CH_2-S(=O)-CH_2-CH(NH_2)-COOH$	마늘	마늘향미 전구체
테아닌 (theanine)	$C_2H_5-NH-CO-(CH_2)_2-CH(NH_2)-COOH$	녹차, 차	감칠맛 (글루탐산아미드)
티록신 (thyroxine)	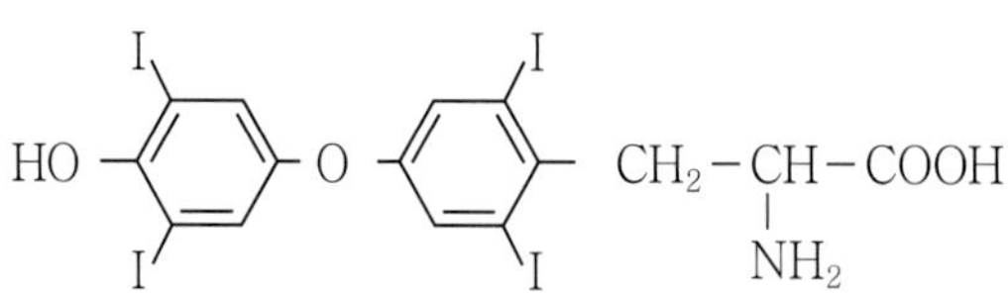	갑상선	갑상선호르몬
도파 (Dihydroxy-phenylalanine)	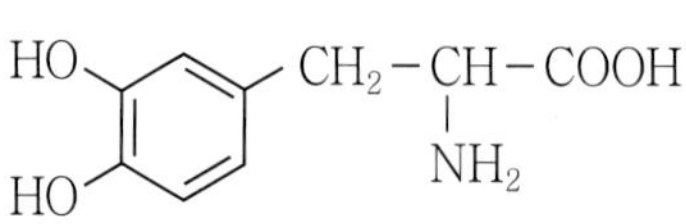	동·식물 조직	멜라닌 생성

2. 아미노산의 성질

1) 용해성

대부분의 아미노산은 물에는 잘 녹으나 아세톤, 에테르, 클로로포름 등의 비극성 유기용매에는 녹지 않는다. 타이로신과 시스틴은 물에는 잘 녹지 않으며, 산이나 알칼리 용액에 녹고, 프롤린과 히드록시프롤린은 알코올에 잘 녹는다.

2) 양성 전해질

아미노산을 구성하는 아미노기(-NH_2)와 카복실기(-COOH)는 수용액 중에서 암모늄 양이온(-NH_3^+)과 카복실 음이온(-COO^-)으로 존재하여 산 또는 염기로 작용할 수 있다. 즉, 산을 첨가하면 염기로, 염기를 첨가하면 산으로 작용하게 된다. 이러한 화합물을 양성 전해질(ampholyte), 쌍극자 이온(dipolar ion)이라고 하며 전기영동장치를 통해 이러한 성질을 확인할 수 있다.

아미노산 용액을 전기영동장치에 넣고 전류를 통하면 산성 용액에서는 아미노산 분자가 음극(-)으로, 염기성 용액에서는 양극(+)으로 이동한다[그림 3-3]. 이때 아미노산 용액을 특정 pH로 조정하면 (+)와 (-)의 하전이 똑같아져 분자 내에서 0이 되기 때문에 어느 쪽 전극으로도 이동되지 않는다. 이러한 pH를 등전점(isoelectric point, pI)이라고 한다.

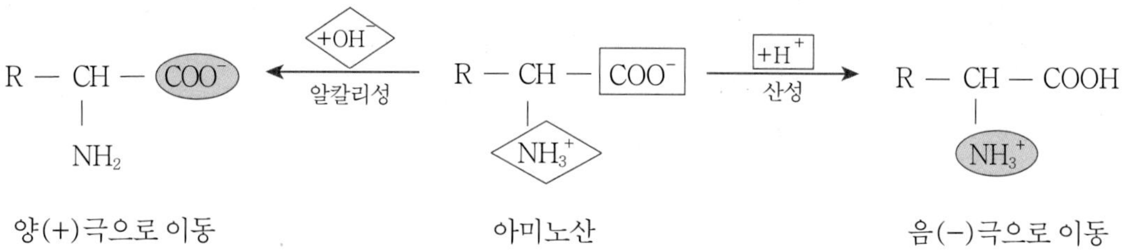

[그림 3-3] 양성전해질로서의 아미노산

일반적으로 중성 아미노산은 pH 7부근, 산성 아미노산은 산성 쪽, 염기성 아미노산은 염기성 쪽에 각각의 등전점이 있다[표 3-5]. 아미노산이 등전점에서는 흡착력과 기포력이 크며, 침전되기 쉽고, 용해도, 삼투압, 점도는 낮다.

표 3-5 아미노산의 해리상수와 25°C에서의 등전점(pI)

중성아미노산	pI	염기성아미노산	pI	산성아미노산	pI
알라닌	6.01	라이신	9.59	글루탐산	3.21
글리신	5.97	아르지닌	10.85	아스파르트산	2.77

3) 자외선 흡수성

대부분의 아미노산은 가시광선(380~780nm)을 흡수하는데, 방향족 아미노산인 트립토판, 타이로신, 페닐알라닌은 자외선(100~380nm)도 흡수한다. 트립토판, 타이로신, 페닐알라닌의 최대 흡수파장은 각각 290nm, 280nm, 260nm이며[그림 3-4], 특히 타이로신은 거의 모든 단백질에 함유되어 있기 때문에 분광광도계(spectrophotometer)를 이용하여 280nm에서 흡광도를 측정함으로써 수용액 중의 단백질의 양을 측정할 수 있다.

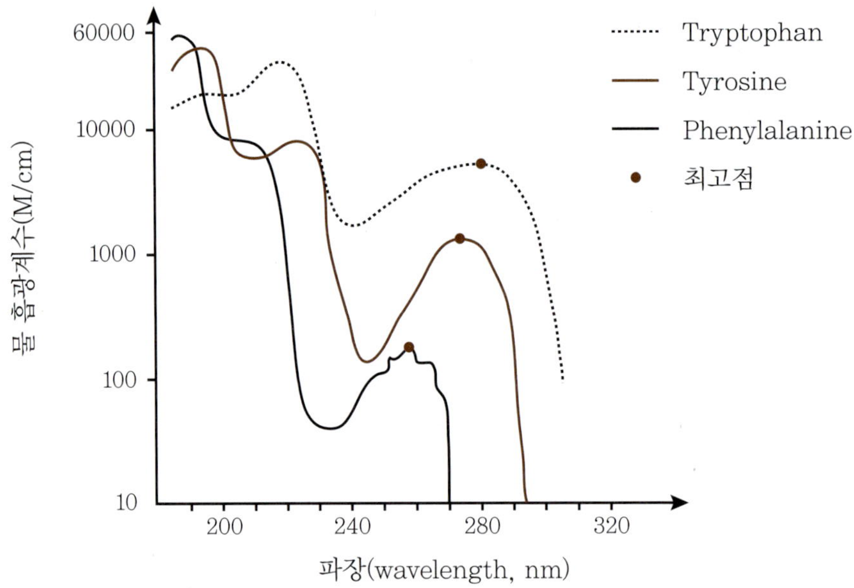

[그림 3-4] 방향족 아미노산의 자외선 흡수 곡선

4) 맛

일반적으로 단백질은 맛이 없으나 일부 아미노산은 각각 특유의 맛을 가진다. L-글루탐산은 감칠맛이 있으므로 Na염의 형태로 제조하여 조미료로 사용되며, L-트립토판, L—페닐알라닌, L-타이로신, L-루신 등은 쓴맛, 글리신은 단맛을 나타낸다.

5) 화학적 반응

(1) 에스터(Ester) 형성

아미노산을 알코올에 넣은 후 염산 가스를 주입하면 휘발성의 에스터를 형성한다. 이 에스터는 아미노산 종류에 따라 용해도와 휘발성이 다르므로 기체 크로마토그래프(gas chromato-graph)를 이용하여 아미노산의 분리 및 정량에 이용될 수 있다.

(2) 아미드(Amide) 형성

아미노산이 알코올과 반응하여 휘발성 에스터를 형성한 후 다시 암모니아와 반응하면 아미드를 형성한다.

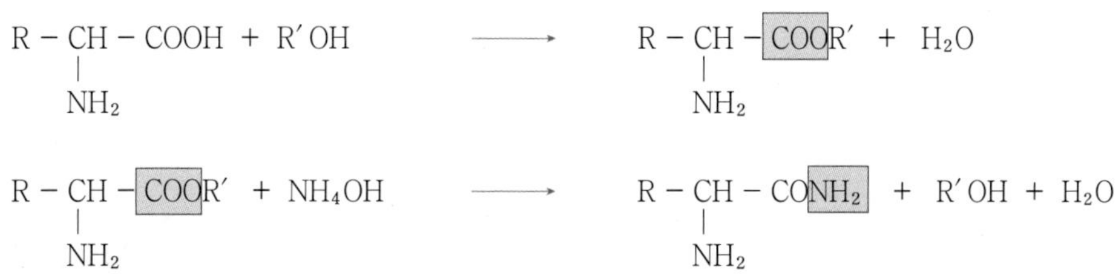

(3) 펩타이드(Peptide) 형성

아미노산이 아미드를 형성할 때 암모니아와 반응하는 대신 아미노산과 반응하면 -CO-NH-의 펩타이드 결합을 형성한다. 또한 펩타이드가 2개 이상 형성된 아미노산 결합체는 구리이온(Cu^{2+})과 청자색의 염을 형성하는 뷰렛(biuret) 반응을 할 수 있어 단백질 확인을 위해 이용된다.

(4) 탈아미노 반응

아미노산의 아미노기는 산화제($KMnO_4$, H_2O_2, Br_2)에 의해 쉽게 제거되어 탈아미노화된다.

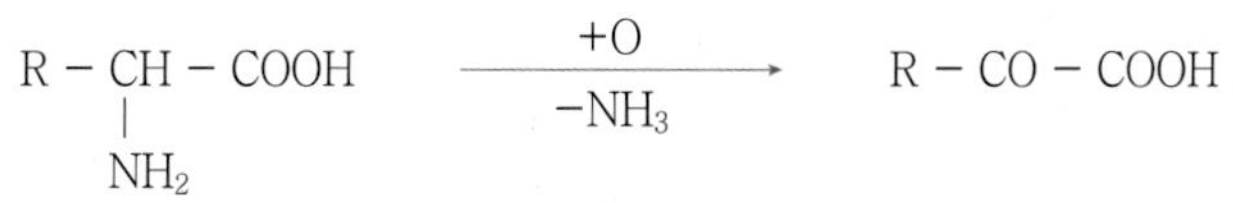

(5) 탈탄산 반응

아미노산에 수산화바륨(Ba(OH)$_2$)을 첨가한 후 열을 가하면 탄산이 제거되어 아민이 형성된다. 이 반응은 생물체에 존재하는 부패세균 디카복실레이스(decarboxylase) 분비에 의해서도 쉽게 일어난다. 선도가 저하된 단백질 식품을 섭취한 후 장내에서 히스티딘의 탈탄산 작용이 일어나면 히스타민(histamine)이 생성되어 알러지(allergy) 반응이 일어날 수 있다.

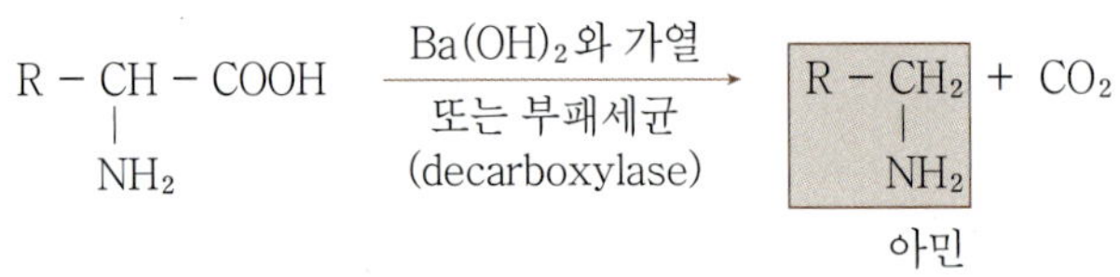

표 3-6 아미노산의 화학 반응

화학반응		특성
에스터 형성		아미노산의 카복실기 + 알코올 → 에스터
아미드 형성		아미노산의 카복실기 + 알코올 → + 암모니아 → 아미드
펩타이드 형성		아미노산 + 아미노산 → CO−NH
제거 반응	탈아미노 반응	아미노산이 산화제에 의해 아미노기 제거
	탈탄산 반응	아미노산 + 수산화바륨 → 탄산 제거(아민 형성) 예) 히스티딘 → 히스타민

(6) 닌히드린(Ninhydrin) 반응

아미노산에 1% 닌히드린 시액을 반응시키면 아미노기가 떨어져 나와 암모니아를 형성하고, 카복실기(-COOH)는 알데히드를 형성한다. 생성된 암모니아는 닌히드린 및 반응 중간생성물인 히드린단틴과 반응하여 청자색의 화합물을 형성한다. 이는 570nm에서 최대 흡수부를 나타내는데, 프롤린과 히드록시프롤린이 있을 경우 분홍색의 화합물을 형성하여 440nm에서 최대 흡수부를 나타낸다. 이러한 특성은 아미노산을 정성 또는 정량하기 위해 널리 이용된다.

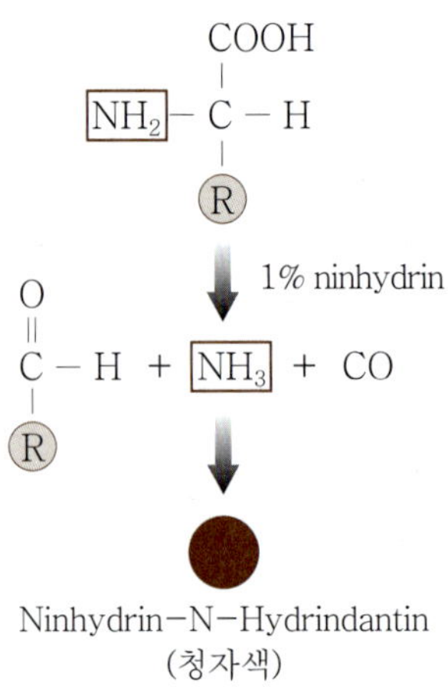

[그림 3-5] 아미노산의 닌히드린 반응

(7) 아질산과 반응(반 슬라이크 반응, Van Slyke)

프롤린과 히드록시프롤린을 제외한 아미노산에 아질산(HNO_2)을 각각 1분자씩 반응시키면 질소가스 1분자가 발생된다. 이러한 반응은 아미노산 정량을 위해 이용될 수 있으며 아미노태 질소 정량법(반 슬라이크, Van Slyke)이라 일컫는다.

$$\underset{\displaystyle NH_2}{R-CH-COOH} + HNO_2 \longrightarrow \underset{\displaystyle OH}{R-CH-COOH} + N_2\uparrow + H_2O$$

(8) 포름알데히드(Formaldehyde)와의 반응

아미노산의 아미노기는 포름알데히드와 반응하면 탈수(축합)하여 쉬프염기(Schiff base)를 형성한다. 상온에서 아미노산에 포름알데히드를 반응시키는 경우에는 메틸렌 이미노(methylene imino)기가 형성되어 염기의 성질을 잃게 되므로 알칼리로 적정하여 아미노산을 정량할 수 있다. 이러한 특성이 포몰(formol)법의 원리이다.

$$\underset{\displaystyle NH_2}{R-CH-COOH} + HCHO \longrightarrow \underset{\displaystyle N=CH_2}{R-CH-COOH} + H_2O$$

(9) 2,4-디니트로풀루오로벤젠(Dinitrofluorobenzene, DNFB)과의 반응

아미노산에 2,4-디니트로풀루오로벤젠(Dinitrofluorobenzene, DNFB) 시액을 첨가하면 디니트로페닐 아미노산[dinitrophenyl(DNP-) amino acid]을 생성하며 황색으로 발색하므로 DNP법이라 한다. 이 방법은 주로 단백질의 N-말단 아미노산 분석에 이용된다.

표 3-7 아미노산 검출 반응

종류	특성
닌히드린 반응	아미노산 + 1% 닌히드린 → 청자색
반슬라이크법	아미노산 + 아질산 → 질소가스(질소 정량)
포몰법	아미노산 + 포름알데히드 → 메틸렌이미노(methylene imino) → 알칼리 적정
DNP법	아미노산 + DNFB 시약 → 디니트로페닐 아미노산 형성(황색)

02 단백질은 화학적으로 어떤 구조일까요?

1. 펩타이드 형성

두 분자의 아미노산이 서로 결합할 때 카복실기의 -OH와 아미노기의 -H가 서로 결합하여 1분자의 물(H_2O)이 빠지고 -CO-NH-의 펩타이드결합이 형성된다[그림 3-6].

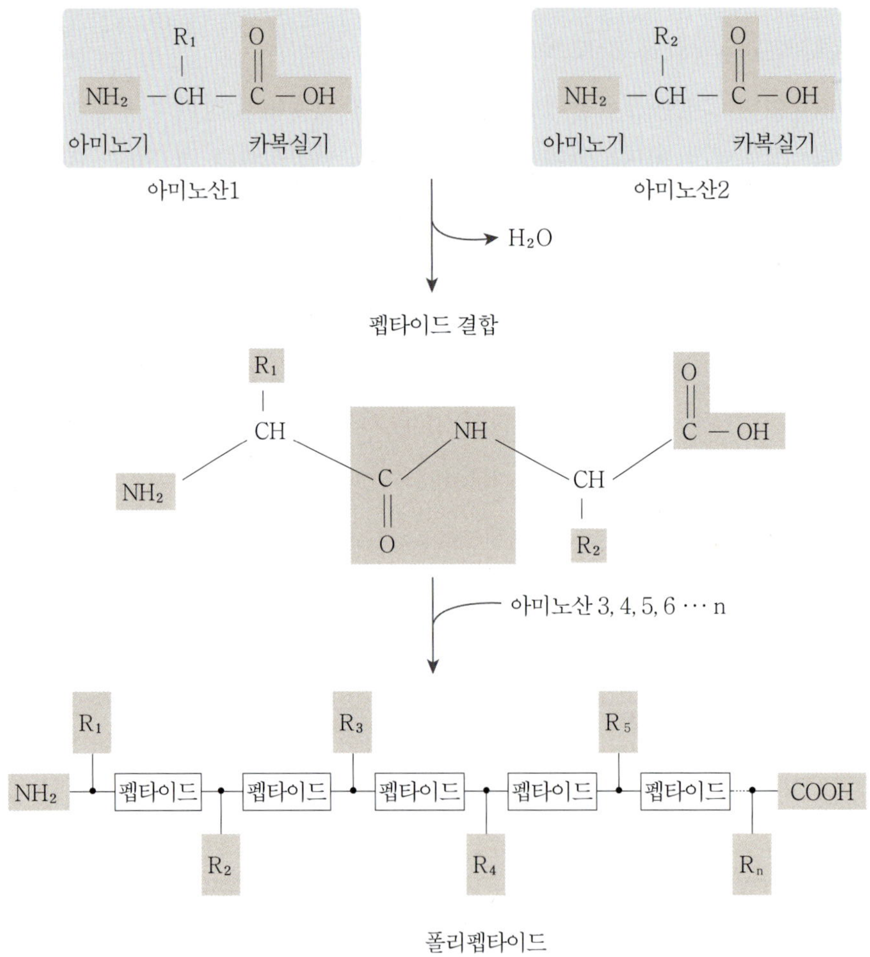

[그림 3-6] **아미노산의 펩타이드 결합**

생물체에 존재하는 효소 및 호르몬 등은 펩타이드로 존재하는 경우가 많으며, 각종 대사 및 생리활성을 조절하고 있다[표 3-8].

표 3-8 생물체 또는 식품에 함유되어 있는 펩타이드

아미노명칭(화학명)	구조식	소재	역할
글루타치온(glutathione) (γ-glutamyl cysteinyl glycine)	$H_2N-CH(COOH)-CH_2-CH_2-CO-NH-CH(CH_2SH)-CO-NH-CH_2-COOH$	생물조직	산화환원 조절
글루카곤(glucagon)	29개의 아미노산이 결합된 폴리펩타이드	췌장	혈당 상승
인슐린(insulin)	51개의 아미노산이 결합된 폴리펩타이드	췌장	혈당 강하
옥시토신(oxytocin)	$Cys-Tyr-Ile-Gln-Asn-Cys-Pro-Leu-Gly-NH_2$ (Cys–Cys: S—S)	뇌하수체	자궁수축
바소프레신 (vasopressin)	$Cys-Tyr-Phe-Gln-Asn-Cys-Pro-Arg-Gly-NH_2$ (Cys–Cys: S—S)	뇌하수체	항이뇨작용

2. 단백질 구조

단백질은 1~4차 구조로 형성된다[그림 3-7].

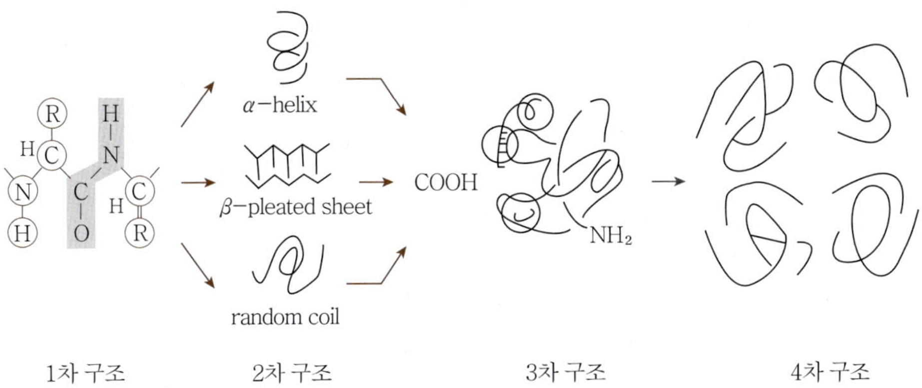

[그림 3-7] 단백질의 입체 구조

1차 구조는 폴리펩타이드 결합으로만 이루어져 있는 구조이고, 2차 구조는 수소결합에 의해 형성되는 결합으로 α-나선(helix), β-병풍(pleated sheet), 불규칙 구조(random coil)의 세 가지 종류가 있으며, 3차 구조는 수소결합, 이온결합, 소수성결합, S-S 결합, 쌍극자 인력에 의해 하나의 펩타이드 사슬이 형성된 입체 구조이다. 4차 구조는 폴리펩타이드 사슬들이 서로 수소결합, 소수성결합, 이온결합 등으로 결합되어 단백질 분자로서의 기능을 갖는 입체 구조이다.

1) 1차 구조(Primary structure)

아미노산들의 폴리펩타이드 결합만으로 이루어진 구조가 단백질의 1차 구조이다. 펩타이드 결합은 카복실기의 탄소(C)와 아미노기의 질소(N)간의 공유결합으로 이루어진 매우 강력한 결합으로서 강산 또는 강알칼리를 가하여야만 결합을 끊을 수 있다. 단백질은 그 종류에 따라 일정한 아미노산 배열을 갖기 때문에 1차 구조의 아미노산 배열을 규명하면 단백질의 종류를 확인할 수 있다[그림 3-8].

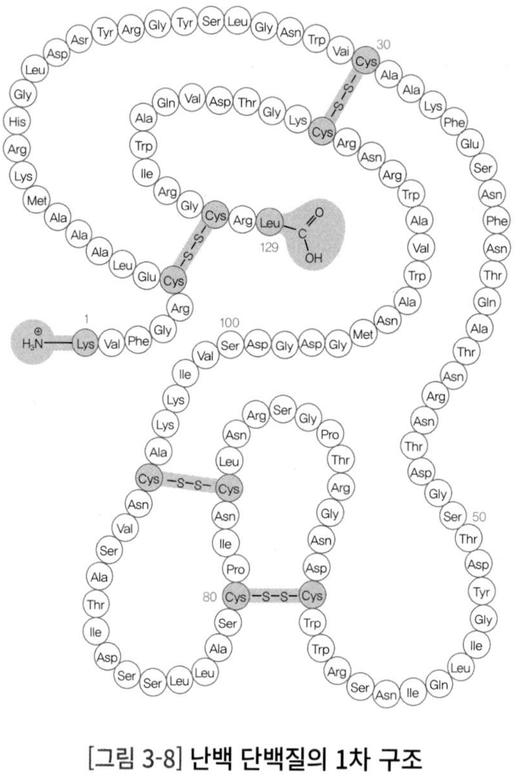

[그림 3-8] **난백 단백질의 1차 구조**

2) 2차 구조(Secondary structure)

아미노산의 폴리펩타이드 사슬에서 C=O와 N-H의 산소(δ^-)와 수소(δ^+)는 서로 전기적인 인력에 의해 끌어 당겨 수소결합을 이루게 된다. 아미노산은 이러한 수소 결합에 의해 안정한 구조를 유지할 수 있으며, 수소결합의 위치에 따라 α-나선구조, β-병풍구조, 불규칙 구조의 형태를 나타내게 된다.

(1) *α*-나선구조(*α*-helix structure)

아미노산의 폴리펩타이드 사슬에서 약간 떨어진 사슬의 카보닐기(>C=O)와 이미노기(>N-H) 간에 수소결합이 일어날 경우 사슬이 나사모양으로 구부러지는 구조를 띠게 된다. 아미노산이 3.6개마다 5.4Å의 간격으로 오른쪽으로 회전하면서 나선형을 이루기 때문에 이 구조를 α-나선구조라고 한다[그림 3-9]. 폴리펩타이드에 주로 루신, 알라닌, 글루탐산, 메싸이오닌이 존재할 때 α-나선구조를 나타내게 된다.

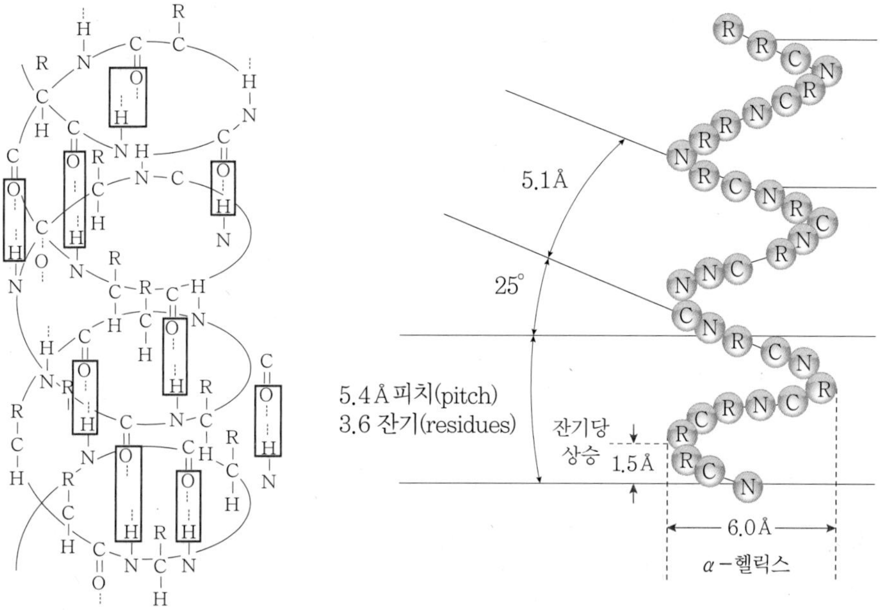

[그림 3-9] *α*-나선 구조(*α*-helix structure)

(2) *β*-병풍구조(Pleated sheet structure)

아미노산의 폴리펩타이드 사슬이 두 줄로 평행하게 배열될 때 이들 사이에 수많은 수소결합(O-H)이 이루어지며 병풍과 같은 지그재그 형태를 나타낸다. 이러한 구조를 β-병풍구조라 한다[그림 3-10]. 폴리펩타이드에 타이로신, 트립토판, 발린, 루신, 아이소루신, 페닐알라닌이 존재하는 경우에 주로 β-병풍구조를 나타낸다.

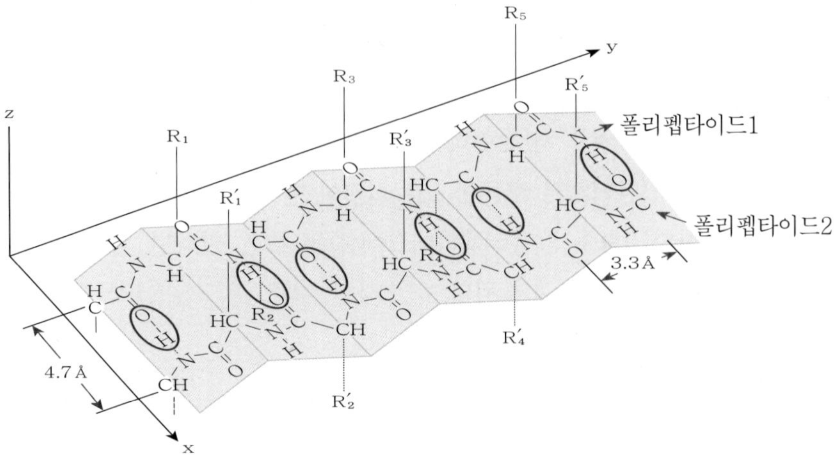

[그림 3-10] **β-병풍 구조**

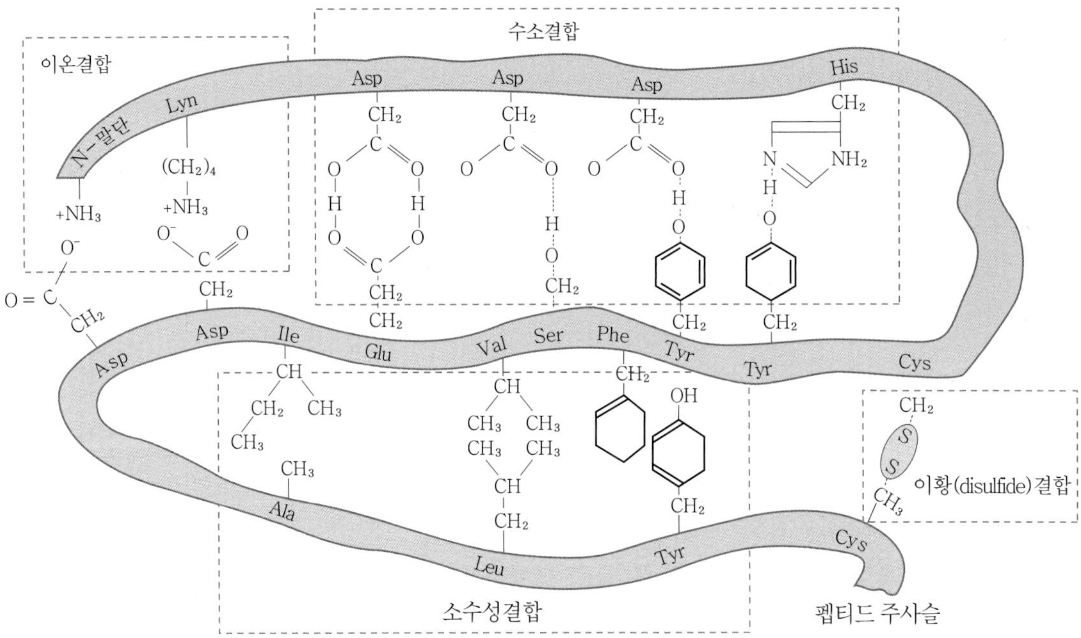

[그림 3-11] **단백질의 3차 구조와 그 결합**

(3) 불규칙 구조(Random coil)

또한 아미노산의 폴리펩타이드가 서로 수소결합을 하고 있지만 그 형태가 α-나선 및 β-병풍구조와 같이 규칙적이지 않고 불규칙한 형태를 띠는 구조이다. 주로 변성된 단백질에서 나타난다.

3) 3차 구조(Tertiary structure)

아미노산의 폴리펩타이드 사슬 간에 수소결합을 통해 2차 구조가 형성된 이후 이들 간에 서로 이온결합, 수소결합, 소수성결합, S-S 결합(disulfied 결합), 정전기적 인력이 생기면 2차 구조의 형태가 구부러져 입체 형태를 띠게 되는데 이를 단백질의 3차 구조라 한다[그림 3-11]. 일반적으로 3차 구조를 이루기 위해서는 100개 이상의 아미노산이 서로 결합된다. 단백질의 3차 구조는 펩타이드 간의 공유결합에 비해 결합력이 약하므로 산을 첨가하거나 가열을 하면 쉽게 구조가 변형되는데 이를 단백질의 변성이라 한다.

4) 4차 구조(Quaternary structure)

아미노산이 3차 구조로 입체를 형성한 이후 이러한 소단위(subunit)가 서로 수소결합, 소수성결합, 이온결합 등으로 회합하여 커다란 입체 구조를 이룬 것을 단백질의 4차 구조라 한다. 소단위가 2개, 3개, 4개 결합된 경우를 각각 2량체(dimer), 3량체(trimer), 4량체(tetramer)라 하며 최대 1,000개 이상이 결합된 것도 있다. 헤모글로빈은 4량체의 4차 구조를 갖고 있다[그림 3-12].

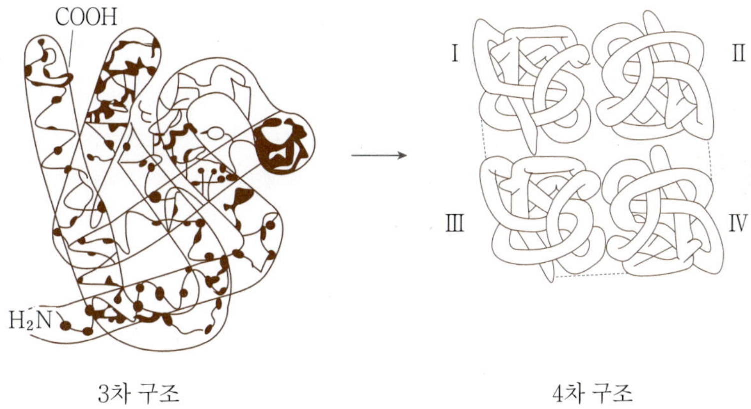

[그림 3-12] 헤모글로빈의 3, 4차 구조

03 단백질은 어떻게 분류될까요?

단백질은 결합된 아미노산의 조성, 비단백질 물질과의 결합여부, 아미노산의 변성여부에 따라 몇 가지 종류로 분류된다.

1. 이화학적 성질에 의한 분류

1) 단순 단백질(Simple protein)

아미노산으로만 이루어진 단백질을 단순 단백질(simple protein)이라 하며 산, 알칼리, 염, 유기용매에 대한 용해도에 따라서 몇 가지로 구분한다[표 3-9].

표 3-9 단순단백질의 분류

분류	용해도					가열	소재	
	물	염류 용액	묽은 산	묽은 알칼리	70~80% 알코올	응고	동물성	식물성
알부민	O	O	O	O	X	O	난백 : 오브알부민 우유 : 락트알부민 혈청 : 혈청알부민 근육 : 마이오겐	밀 : 루코신 완두 : 레구멜린 피마자 : 리신(ricin)
글로불린	X	O	O	O	X	O	난백 : 오보글로불린 난황 : 리베틴 우유 : 락토글로불린 혈청 : 혈청글로불린 근육 : 마이오신 혈장 : 피브리노겐	대두 : 글리시닌 완두 : 레구민 땅콩 : 아라킨 감자 : 튜베린
글루테린	X	X	O	O	X	X		밀 : 글루테닌 쌀 : 오리제닌
프롤라민	X	X	O	O	O			밀 : 글리아딘 보리 : 호데인 옥수수 : 제인
알부미노이드	X	X	X	X			콜라겐, 케라틴, 엘라스틴, 피브로인	
히스톤	O	O	O	O		X	흉선, 간장, 적혈구	
프로타민	O	O	O	O		X	- 어류 정자 연어 : 살민 청어 : 클루페인 고등어 : 스콤브린 상어 : 스투린	

(1) 알부민(Albumin)

물, 염, 묽은 산, 묽은 알칼리에 잘 녹고 알코올에는 녹지 않으며 가열에 의해 응고되는 단백질을 알부민으로 분류한다. 주로 달걀, 우유, 혈청, 근육에 존재하는 단백질로서 각각 오브알부민(ovalbumin, 난백), 락트알부민(lactalbumin, 우유), 혈청알부민(serumalbumin, 혈청), 마이오겐(myogen, 근육) 등으로 불린다. 식물성 알부민으로는 루코신(leucosin, 보리), 레구멜린(legumelin, 완두, 대두, 팥), 리신(ricin, 피마자) 등이 있다.

(2) 글로불린(Globulin)

글로불린은 묽은 산, 묽은 알칼리, 염류에는 잘 녹으나 물에 잘 녹지 않고 가열하면 응고되는 특성을 띤다. 알부민과 같이 동·식물계에 널리 분포되어 있으며, 달걀, 우유, 혈청, 근육, 콩류, 감자, 옥수수 등에 존재한다.

오보글로불린(ovoglobulin, 난백), 락토글로불린(lactoglobulin, 우유), 혈청글로불린(serumglo-bulin, 혈청), 마이오신(myosin, 근육), 피브리노겐(fibrinogen, 혈장)등의 동물성 글로불린과 글리시닌(glycinin, 대두), 레구민(legumin, 완두), 아라킨(arachin, 땅콩), 튜베린(tuberin, 감자), 에데스틴(edestin, 대마), 메이신(maysin, 옥수수), 파래오린(pareolin, 밀) 등의 식물성 글로불린이 있다.

(3) 글루텔린(Glutelin)

글루텔린은 묽은 산, 묽은 알칼리에는 잘 녹으나 물과 염류에 잘 녹지 않고 가열하여도 응고되지 않는 단백질이다. 쌀, 보리, 밀과 같은 곡류의 종자에 주로 함유되어 있으며, 오리제닌(oryzenin, 쌀), 호데닌(hordenin, 보리), 글루테닌(glutenin, 밀)이 이에 속한다.

(4) 프롤라민(Prolamin)

프롤라민은 묽은 산, 묽은 알칼리, 70~80% 알코올에 녹으며, 물과 염류에는 잘 녹지 않는 단백질이다. 밀, 귀리, 옥수수 등 곡류의 종자에 많이 함유되어 있으며 글리아딘(Gliadin, 밀), 호데인(hordein, 보리), 제인(zein, 옥수수), 사티빈(sativin, 귀리) 등이 있다.

(5) 알부미노이드(Albuminoid)

알부미노이드는 물, 염류, 묽은 산, 묽은 알칼리 등에 모두 녹지 않으며, 트립토판, 타이로신, 시스틴 등이 없어 영양적 가치가 매우 적은 단백질이다. 콜라겐(결체조직, 건, 근육, 피부, 연골), 케라틴(피부, 머리털, 깃털, 뿔, 결합조직), 엘라스틴(인대, 건), 피브로인(명주실) 등이 이에 속하며, 이 중 콜라겐은 열에 용해되기 때문에 젤라틴을 제조할 수 있다.

(6) 히스톤(Histone)

히스톤은 물, 염류, 묽은 산, 묽은 알칼리에는 모두 잘 녹으나 가열하여도 응고되지 않는 단백질이다. 함황 아미노산 및 아르지닌, 라이신, 히스티딘을 많이 함유한 염기성 단백질로 주로 동물조직 내에서 헴(heme)이나 핵산 같은 산성 물질과 결합하여 존재한다. 흉선 히스톤, 간장 히스톤, 적혈구 히스톤, 정자핵 히스톤(어류) 등이 대표적이다.

(7) 프로타민(Protamine)

프로타민은 히스톤과 비슷한 용해성을 나타내며 아르지닌을 많이 함유하여 염기성을 나타내고 산성이나 함황 아미노산은 함유하지 않는다. 주로 어류 정낭 중의 핵산과 결합하여 존재하며, 살민(salmine, 연어 정자), 클루페닌(clupeine, 청어 정자), 스콤브린(scombrine, 고등어 정자), 스투린(sturine, 상어 정자) 등이 이에 속한다.

2) 복합 단백질(Conjugated protein)

복합 단백질은 단순 단백질에 비단백성 물질(보결분자단)이 결합된 형태로 세포 내에서 여러 중요한 활성을 갖는 물질이다. 비단백성 물질의 종류에 따라 인단백질, 핵단백질, 당단백질, 지단백질, 색소단백질, 금속단백질로 구분한다[표 3-10].

표 3-10 복합단백질의 분류

분류	단순 단백질에 결합되는 성분	소재
인단백질	인산	카세인(우유), 비텔린(난황), 이튜린(물고기알)
핵단백질	핵산 (DNA, RNA)	뉴클레오히스톤(흉선, 비장, 정자, 적혈구) 뉴클레오프로타민(어류 정자)
당단백질	다당류	뮤신(침, 소화액, 난백, 곡류) 뮤코이드(난백, 혈청, 연골, 건)
지단백질	인지질	리포비텔린, 리포비텔리닌(난황) VLDL, LDL, HDL(생체 내)
색소단백질	색소 (헴, 카로티노이드, 클로로필, 플라빈)	헤모글로빈(혈액), 마이오글로빈(근육), 로돕신(시홍), 클로로필 프로테인(녹색잎), 아스타잔틴 프로테인(갑각류), 플라보 프로테인(우유)
금속단백질	금속 (철, 구리, 아연)	페리틴(철), 헤모시아닌(구리) 폴리페놀 산화효소(구리), 비타민 C산화효소(구리) 인슐린(아연)

(1) 인단백질(Phosphoprotein)

인단백질은 단순 단백질에 인산이 결합된 형태로 카세인(casein, 우유), 비텔린(vitellin, 난황), 비텔레닌(vitellenin, 난황), 이튜린(ichthulin, 물고기의 알) 등이 있다.

(2) 핵단백질(Nucleoprotein)

핵단백질은 단순 단백질에 핵산(주로 DNA)이 결합된 형태로, 히스톤이나 프로타민에 뉴크레오티드(nucleotide)가 결합되어 분자량 100만이 넘는 거대한 중합체를 이룬다. 뉴크레오히스톤(Nucleohistone)은 흉선, 비장, 정자, 배유, 신장, 적혈구에 있으며, 뉴크레오프로타민(Nucleoprotamine)은 어류 정자에 존재한다.

(3) 당단백질(Glycoprotein, mucoprotein)

당단백질은 단순 단백질에 다당류가 결합된 형태로서 다당류로는 황산 뮤코이틴, 콘드로이틴황산, 마노스, 갈락토스, 글루코사민 등이 주로 결합된다. 이들 다당류의 카복실기, 황산기에 단백질의 카복실기, 아미노기가 서로 아미드결합, 이온결합을 이루며 당단백질을 형성한다.

초산에 침전되는 뮤신(mucin)과 침전되지 않는 뮤코이드(mucoid)가 대표적이며, 뮤신은 침, 소화액, 난백, 곡류 중에 함유되어 있고, 뮤코이드는 난백, 혈청, 연골, 건 중에 함유되어 있으며 세포 조직의 보호 작용을 한다.

(4) 지단백질(Lipoprotein)

지단백질은 단백질과 지질의 복합체로서 주로 레시틴(lecithin)과 세팔린(cephalin) 등의 인지질이 단백질에 결합되어 지단백질을 이룬다. 난황의 리포비텔린(lipovitellin)과 리포비텔리닌(lipovitellinin)이 대표적이며 동물 생체 내에서도 초저밀도지단백질(VLDL), 저밀도지단백질(LDL), 고밀도지단백질(HDL)등이 합성되어 혈액 중에서 지방을 운반하는 역할을 한다.

(5) 색소단백질(Chromoprotein)

색소단백질은 단순 단백질에 색소 성분이 결합된 것이다. 혈액, 근육, 갑각류, 녹색잎 등에 존재하며 색소 성분으로 헴(heme), 카로티노이드(carotenoid), 클로로필(chlorophyll), 플라빈(flavin) 등이 결합된다. 생체 내에 존재하는 색소 단백질로는 헤모글로빈(hemoglobin, 혈액), 마이오글로빈(myoglobin, 근육), 치토크롬(cytochrome), 카탈레이스(catalase), 과산화효소(peroxidase), 시홍(rhodopsin) 등이 있다. 갑각류에는 아스타잔틴(astaxanthin protein), 녹색잎에는 필로클로린(phyllochlorine)이 있으며, 플라빈계 효소도 색소 단백질에 속한다.

(6) 금속단백질(Metalloprotein)

금속단백질은 단순 단백질에 금속이 결합된 것으로 철(Fe), 구리(Cu), 아연(Zn), 코발트(Co) 등의 금속이 결합되어 주로 효소로 작용한다. 페리틴(ferritin, 간), 헤모시아닌(hemocyanin, 연체동물의 혈액), 폴리페놀 산화효소(polyphenol oxidase), 비타민 C 산화효소(ascorbate oxidase), 인슐린(췌장)등이 대표적인 금속 단백질이다. 또한 헴 프로테인, 클로로필 프로테인도 각각 철과 마그네슘을 함유한 일종의 금속단백질이라 할 수 있다.

3) 유도 단백질(Derived protein)

단순 단백질이나 복합 단백질이 물리적 또는 화학적 요인의 작용으로 변형된 단백질을 유도 단백질이라 한다.

(1) 제1차 유도 단백질

제1차 유도 단백질은 단백질이 물리적 또는 화학적 요인에 의해 단순히 변성된 단백질이다[표 3-11].

표 3-11 1차 유도단백질

분류	변성 특징	예
응고단백질	열, 광선, 알코올에 의한 응고	달걀찜, 두부
젤라틴	콜라겐의 가열	젤라틴, 사골국
프로티안	글로불린 → 효소 또는 묽은 산 첨가	에데스탄, 마이오산
메타프로테인	알부민 또는 글로불린 $\xrightarrow{\text{가열}}$ 산 또는 알칼리첨가	산-메타프로테인, 알칼리-메타프로테인

① 응고 단백질(Coagulated proteins)

단백질이 열, 광선, 알코올 등에 의해서 변형되어 응고물을 형성한 것으로 알부민, 글로불린 단백질에서 주로 일어난다. 달걀찜은 알부민이 응고된 대표적인 형태이다.

② 젤라틴(Gelatin)

콜라겐에 물을 넣고 장시간 열을 가하면 고체상태(겔)가 액체상태(졸)가 되는데 이는 겔 형태의 콜라겐이 변성되어 졸 형태의 젤라틴이 형성되는 것이다.

③ 프로티안(Protean)

글로불린과 같은 수용성 단백질에 효소 또는 묽은 산을 첨가하면 불용성으로 변성되는데 이러한 변성 단백질이 여기에 속한다. 마이오신의 변성물인 에데스탄(edestan), 마이오산(myosan)이 대표적이다.

④ 메타프로테인(Metaprotein)

알부민, 글로불린 등의 단백질에 열을 가하여 변성시킨 후 다시 묽은 산이나 알칼리를 가하여 재차 변성시킨 것으로 산-메타프로테인(acid-metaprotein), 알칼리-메타프로테인(alkali-metaprotein)이 있다.

(2) 제2차 유도 단백질

제2차 유도 단백질은 단백질이 효소 또는 산으로 가수분해된 형태로 분해 단백질이라고도 한다. 가수분해된 정도에 따라 프로테오스(proteose), 펩톤(peptone), 펩타이드(peptide)로 구분된다[그림 3-13].

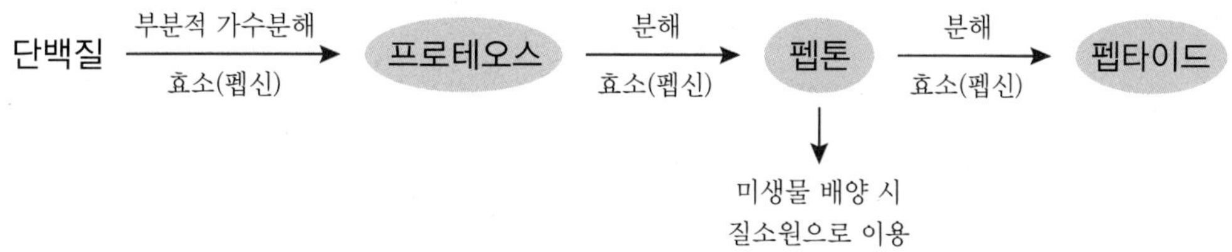

[그림 3-13] **2차 유도단백질**

2. 구조에 의한 분류

1) 섬유상 단백질(Fibrous protein)

단백질의 폴리펩타이드 사슬이 S-S 공유 결합이나 수소 결합에 의해 일정한 방향으로 긴 섬유 형태를 이루는 단백질이다. 콜라겐, 엘라스틴, 케라틴 등이 대표적이다.

2) 구상 단백질(Globular protein)

단백질의 폴리펩타이드 사슬이 수소결합, 이온결합, 소수성 결합을 형성하며 구부러지고 휘어져서 구 형태를 이루는 단백질이다. 구상 단백질은 가열에 의해 응고되며, 달걀, 우유 등에 함유되어 있는 알부민, 글로불린이 대표적이다. 인슐린, 트립신, 라이소자임, 젖당가수분해효소 등 각종 호르몬과 효소 단백질도 구상 단백질에 속한다.

04 단백질은 어떤 성질이 있을까요?

1. 고분자 물질

단백질은 분자량이 수만~수백만에 이르는 고분자 화합물로서 수용액 중에서 콜로이드 성질을 갖으며, 동·식물의 세포막 또는 반투막(셀로판)을 통과하지 못한다. 이 성질은 투석(dialysis)의 원리로 활용되어 단백질 용액에 함유되어 있는 무기염 등을 제거하고 순수 단백질을 정제하는데 이용된다.

2. 양성물질

단백질을 구성하고 있는 산성 또는 염기성 아미노산은 유리상태의 아미노기와 카복실기를 갖고 있기 때문에 단백질 수용액은 그 pH에 따라서 산성 또는 알칼리로 작용할 수 있다. 따라서 단백질은 양성물질이라고 할 수 있으며, 아스파르트산, 글루탐산과 같은 산성 아미노산의 제2의 카복실기, 라이신, 아르지닌, 히스티딘의 아미노기(또는 이미노기)들은 수용액 중에서 산이나 염기로 작용하게 된다.

3. 등전점

단백질을 구성하는 아미노산 중에 염기성 아미노산이나 산성 아미노산이 존재하기 때문에 펩타이드 결합을 하지 않는 유리 아미노기나 카복실기가 여러 개 있을 수 있다. 따라서 수용액의 pH에 따라 + 또는 −로 작용하게 되는데, 특정 pH에서는 단백질 분자의 +와 −가 동일하여 분자 전체의 전하가 0이 되고 단백질의 용해도, 삼투압, 점도가 가장 낮고 쉽게 침전되거나 기포를 일으킨다. 이 pH를 그 단백질의 등전점(isoelectric point, pI)이라고 한다[표 3-12].

표 3-12 주요 단백질 식품의 등전점

단백질	등전점	단백질	등전점
오브알부민(달걀)	4.5~4.7	에데스틴(대마)	5.5~6.6
락트알부민(우유)	5.1	글루테닌(밀)	5.2~5.4
카세인(우유)	4.6	글리아딘(밀)	6.5
마이오겐(육류)	6.3	제인(옥수수)	5.8
마이오신(육류)	5.4	글리시닌(콩)	4~5

4. 용해성

단백질 분자에는 친수성기인 카복실기(-COOH), 아미노기(-NH_2), 이미노기(-NH-), 카보닐기(>CO) 등이 있으므로 수용액 속에서 물분자와 수소결합을 형성하여 콜로이드 용액이 된다.

단백질이 수용액에 용해되는 정도는 pH, 염의 존재에 영향을 받으며, 등전점에서 가장 낮고 산성이나 알칼리성에서는 용해도가 증가한다. 등전점에서는 단백질 분자의 전하가 0이 되므로 분자 사이의 정전기적 반발이 적어 용해도도 낮아진다.

글로불린은 물에는 잘 녹지 않으며 중성염 용액에 잘 녹는다. 대부분의 단백질은 묽은 중성염 용액(황산암모늄, 소금물 등)에 잘 녹는 염용성(salting in)이 있다. 그러나 염류의 농도가 너무 높은 진한염 용액에서는 오히려 용해도가 감소되어 침전된다. 이 현상을 염석(salting out)이라고 하며, 단백질의 분리 및 정제에 활용된다.

5. 단백질의 변성

단백질의 1차 구조는 그대로 유지 하면서 2차 또는 3차 구조가 변하여 형태의 변형을 초래하는 현상을 변성(denaturation)이라고 하며, 4차 구조가 변화한 경우는 단백질의 단순 해리라 한다. 단백질이 변성되면 용해도, 효소 작용, 독성, 면역성 등의 특성이 변하거나 상실하게 되며, 대부분 비가역적인 변성이 일어나므로 본래의 단백질로 되돌아갈 수 없다[표 3-13].

1) 변성 단백질의 특성

단백질이 변성되면 본래 갖고 있던 효소 활성, 독성, 면역성 등 생물학적 특성에 변화를 가져온다. 단백질이 열에 의해 부분적으로 변성될 경우 폴리펩타이드 사슬이 풀어지기 때문에 소화 효소의 작용을 받기 쉬워 소화가 잘 되기도 하지만 지나친 가열은 오히려 단백질 소화를 어렵게 한다.

또한 단백질이 변성되면 폴리펩타이드 사슬이 풀리면서 -OH, -SH, -COOH, -NH_2 등과 같은 활성기가 분자 표면에 나타나 시약과의 반응이 용이하므로 단백질 정량 시에 이용될 수 있다. 그러나 이러한 활성기가 서로 2차적인 결합을 형성하여 불용성이 되거나, 소수성기가 분자 표면에 나타나 물에 대한 용해도는 감소한다.

2) 열에 의한 변성

수용성 단백질인 알부민, 글로불린이 많이 함유된 육류, 어패류, 달걀을 60~70℃로 가열하면 알부민과 글로불린이 응고하여 불용성이 된다. 그러나 육류 결합 조직을 이루는 불용성의 콜라겐은 물속에서 가열하면 젤라틴이 되면서 물에 용해된다.

(1) 열 변성에 의한 응고

단백질을 응고(열변성)시키는 온도는 일반적으로 60~70℃ 부근이며, 온도가 높아질수록 변성 속도가 빨라지며 단단해진다. 알부민과 글로불린은 열에 의해 변성되는 대표적인 단백질이다.

수분은 가열에 의해 분자운동이 활발해지며 단백질의 폴리펩타이드 사슬 사이에 침투하여 단백질 변성을 촉진할 수 있다. 따라서 수분이 많으면 낮은 온도에서도 쉽게 열 응고가 일어난다. 또한 등전점의 pH에서 단백질의 열 응고가 쉬우며, 염화물, 황산염, 젖산염 등의 전해질을 첨가할 경우 열 응고가 촉진된다. 그러나 설탕은 단백질이 열에 의해 응고되는 성질을 방해한다.

(2) 열 변성에 의한 용해

육류 결합 조직 성분인 콜라겐은 불용성이므로 냉수에서는 용해되지 않으나 가열하면 '졸(sol)' 상의 젤라틴이 된다. 그러나 이를 다시 냉각하면 말랑한 상태로 굳어지면서 '겔(gel)' 상이 된다.

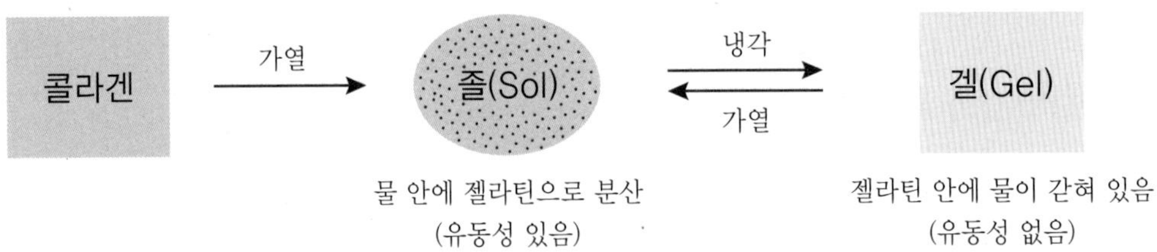

[그림 3-14] 콜라겐의 젤라틴화 및 겔화

3) 냉동에 의한 변성

단백질을 냉동하여 오래 저장하면 폴리펩타이드를 둘러싼 물분자가 동결되고 인접한 폴리펩타이드끼리 서로 강력히 결합하며 단백질 변성이 일어난다. 어류는 -1~-5℃, 쇠고기는 -1.5~-3℃에서 냉동에 의한 변성이 가장 잘 일어나고 -20℃ 이하에서는 변성이 억제된다. 따라서 단백질 식품을 냉동할 때 -1~-5℃의 온도구간(최대 빙결정대)을 빨리 통과시켜 단백질의 변성을 최소화할 필요가 있다.

표 3-13 단백질의 변성

종류	요인	특성	예
열	온도	60~70℃ 부근에서 응고 (온도가 높을수록 변성 속도 빠름)	달걀+수분 —(60~70℃, 10분)→ 응고(달걀찜)
	수분	열 응고를 도움 (수분 많은 수록 낮은 온도에서 응고)	달걀 —(100℃, 10분)→ 응고(반숙 달걀)
	pH	등전점에서 열 응고를 도움	생선살 —(레몬즙, 식초)→ 응고(단단해짐)
	염	염화물, 황산염, 인산염, 젖산염은 열 응고를 도움	콩 —(70℃, $MgCl_2$, $CaSO_4$)→ 두부(응고)
	설탕	열 응고를 방해	
냉동		−1~−5℃(최대 빙결정대)에서 최대로 변성되어 해동 후에도 조직감 복원 어려움	단백질 —(−1~−5℃)→ 변성최대 —(해동)→ 조직감 변화 (drip 발생)
건조		폴리펩타이드 주변의 수분이 제거되어 인접한 폴리펩타이드 간에 변성된 결합 형성	단백질 —(건조)→ 변성(단단한 조직)
산		산(COOH)을 첨가하여 등전점이 되면 응고됨	우유 + 레몬즙 —(가열)→ 응고(리코타치즈) 생선회 + 식초 → 변성(단단함)
효소		카세인(casein)은 레닌(rennin)에 의해 응고됨	우유 + 레닌(rennin) → 응고(curd) → 치즈
염		단백질은 중성염($MgCl_2$, $CaSO_4$)에 응고됨	콩 —(가열, $MgCl_2$, $CaSO_4$)→ 두부(응고)

냉동된 단백질 식품을 다시 해동시키면 변성되었던 폴리펩타이드 주변의 물분자가 녹으면서 폴리펩타이드가 재배열되지만 이때 물분자와 친화력을 잃은 폴리펩타이드는 원래의 상태처럼 물에 분산되기 어려워 본래의 조직감을 되찾지 못하고, 수분은 유출되어 버린다(drip).

따라서 단백질 식품을 냉동 시에는 변성을 최소화하기 위해 급속동결(quick freezing) 방법을 이용하고, 해동 시에는 10℃ 부근에서 완만하게 해동시키는 것이 본래의 조직감을 유지하는 방법이다.

4) 건조에 의한 변성

단백질 식품을 건조하게 되면 폴리펩타이드 주변의 수분이 제거되며, 인접한 폴리펩타이드 간에 더욱 견고한 결합이 이루어지게 되어 더 단단해진다. 이와 같이 건조로 인해 단백질이 변성된 식품은 다시 물에 담가도 건조 전처럼 연한 상태로 되돌아가지 않는다.

5) 산에 의한 변성

단백질에 산을 첨가하여 등전점이 되면 변성이 일어나 응고물이 형성된다. 우유에 레몬이나 식초를 첨가하여 pH를 4.6으로 조정하면 카세인(casein)의 응고물을 얻을 수 있는데 이와 같은 방법으로 리코타 치즈(ricotta cheese)를 제조할 수 있다. 생선회에 레몬즙을 뿌리면 생선살이 단단해지는 것도 단백질이 산에 의해 응고되는 것을 보여주는 예이다.

또한 단백질 수용액에 포스포몰리브산(phosphomolybdic acid), 탄닌산(tannic acid), 피크릭산(picric acid), 술포살리신산(sulfosalicylic acid), 트리클로로아세트산(trichloroacetic acid) 등의 시약을 넣으면 카복실기가 아미노 잔기와 결합하며 변성된다.

6) 효소에 의한 변성

우유 단백질인 카세인(casein)은 송아지의 제4위에서 얻은 레닌(rennin)을 첨가할 경우 파라카세인(paracaseinate)을 형성하고, 우유 속의 칼슘이온(Ca^{2+})과 결합하여 파라카세인염(calcium paracaseinate)을 형성하며 응고된다. 이러한 응고물(curd)을 모아 치즈를 제조할 수 있다.

7) 염에 의한 변성

알부민과 글로불린을 함유한 단백질에 황산암모늄($(NH_4)_2SO_4$), 황산마그네슘($MgSO_4$), 황산나트륨(Na_2SO_4), 염화나트륨(NaCl) 등의 중성염을 많이 넣으면 단백질이 변성되어 침전된다. 이러한 현상은 1가의 이온 보다는 2가 또는 3가의 이온에서 더 잘 일어나며 이러한 현상을 염석(salting out)이라 한다. 글로불린 단백질인 글리시닌이 많은 콩을 수분과 함께 갈아서 칼슘(Ca^{2+})이나 마그네슘(Mg^{2+})염을 넣으면 칼륨(K^+)염을 넣은 것에 비해 훨씬 더 잘 응고하게 되는데 이와 같이 제조된 것이 두부이다.

8) 알코올, 아세톤, 무기질에 의한 변성

단백질 수용액에 알코올이나 아세톤을 넣으면 단백질이 침전된다. 이는 등전점 부근에서 더 뚜렷이 나타나므로 선도가 저하되어 pH가 낮아진 우유의 경우 알코올 첨가만으로 침전물이 형성됨을 쉽게 관찰할 수 있다. 이러한 알코올 테스트는 실제로 우유의 신선도 판정에 이용된다.

단백질에 구리(Cu), 철(Fe), 납(Pb), 수은(Hg), 은(Ag) 등의 중금속을 첨가하면 침전물이 형성되는데 이는 단백질이 무기질과 착화합물을 만들어 변성되기 때문이다.

6. 단백질의 정색 반응

1) 뷰렛(Biuret) 반응

폴리펩타이드 결합을 하는 물질은 알칼리 용액과 황산구리 용액을 순차적으로 넣었을 때 적자색의 정색반응을 일으킨다. 요소를 가열하여 얻은 뷰렛(biuret)에 1~2N 수산화나트륨(NaOH) 용액을 넣고, 1% $CuSO_4$ 용액을 1~2방울을 첨가하면 요소가 적자색으로 변색되는데 이를 보고 뷰렛반응이라 명명하게 되었다. 이 반응은 2개 이상의 펩타이드결합을 가진 화합물이나 단백질에서 일어나므로 단백질의 유무를 판단하기 위해 이용되고 있다.

2) 닌히드린(Ninhydrin) 반응

α-아미노기를 가진 펩타이드나 단백질 수용액에 1% 닌히드린 용액을 넣고, pH를 중성으로 조정하여 가열하면 적자색을 나타낸다. 이 반응은 아민, 암모니아에서도 일어나기 때문에 단백질, 펩타이드, 아민, 암모니아의 검출에 이용된다.

3) 잔토프로테인(Xanthoprotein) 반응

벤젠기를 갖고 있는 방향족 아미노산에 진한 농도의 질산(HNO_3)을 수 방울 떨어뜨리면 니트로화가 일어나며 백색 침전이 얻어지고, 이를 가열하면 침전물이 녹아 황색을 나타낸다. 이 반응은 타이로신 또는 트립토판 등의 방향족 아미노산이 존재할 때 일어나므로 방향족 아미노산의 검출에 주로 이용된다.

4) 밀론(Millon) 반응

페놀을 함유하는 타이로신에 밀론 시약을 가하면 니트로페놀이 생성되며 백색 침전이 생기고 가열하면 적색을 나타낸다. 밀론 반응을 통해 단백질 분자 내에 타이로신이 함유되었는지의 여부를 확인할 수 있다.

5) 홉킨스-콜(Hopkins-Cole) 반응

트립토판 수용액에 글리옥살산(glyoxalic acid, O=CH·COOH), 또는 무수초산(anhydrous acetic acid)을 넣고 다시 진한 황산(conc. H_2SO_4)을 첨가하면 그 경계면에 적자색의 고리 모양이 형성된다. 따라서 이 반응을 통해 단백질에 트립토판의 존재여부를 확인할 수 있다.

6) 유황 반응

함황 아미노산인 시스테인과 시스틴은 40% 수산화나트륨(NaOH) 용액을 넣고 끓인 후(2분) 초산납[$(CH_3COO)_2Pb$] 용액을 첨가하면 흑색의 황화납(PbS)을 형성하며 침전된다. 이 반응은 시스테인 또는 시스틴의 검출에 이용될 수 있으며, 함황 아미노산 중 메싸이오닌에서는 이 반응이 일어나지 않는다.

7) 사카구찌(Sakaguchi) 반응

아르지닌에 수산화나트륨(NaOH)을 가하고, 여기에 0.1% 에탄올성 α-나프톨 용액과 5% 차아염소산나트륨(NaOCl)용액을 첨가하면 적색 반응이 일어난다. 이는 아르지닌의 구아니딘기($H_2N-C(=NH)-NH-$)에 의한 반응으로 단백질 중에 아르지닌의 함유여부를 판정할 때 이용된다.

표 3-14 단백질의 정색 반응

분류	특징	검출 물질
뷰렛 반응 (Biuret)	2개 이상의 펩타이드 + 1~2N 수산화나트륨(NaOH) + 1% 황산구리($CuSO_4$) → 적자색	단백질, 폴리펩타이드
닌히드린 반응 (Ninhydrin)	단백질 + 1% 닌히드린 용액 $\xrightarrow{\text{가열}}$ 적자색	α-아미노산, 펩타이드, 단백질, 아민, 암모니아
잔토프로테인 반응 (Xanthoproteic)	타이로신 + 질산 → 니트로페놀(백색침전) 형성 $\xrightarrow{\text{가열}}$ 황색	타이로신, 트립토판 (방향족 아미노산)
밀론 반응 (Millon)	타이로신 + 밀론 시약 → 니트로페놀(백색침전) $\xrightarrow{\text{가열}}$ 적색	타이로신 (페놀성 아미노산)
홉킨스-콜 반응 (Hopkins-Cole)	트립토판 + 글리옥살산 또는 무수초산 → 적자색의 환	트립토판
유황 반응	시스틴 또는 시스테인 + 40% 수산화나트륨 + 초산납 → 흑색 침전	시스틴, 시스테인 (메싸이오닌 불가)
사카구찌 반응 (Sakaguchi)	아르지닌 + NaOH + 0.1% 에탄올성 나프톨용액 + 5% 차아염소산나트륨(NaOCl) → 적색	아르지닌 (구아니딘기의 반응)

05 식품에는 어떤 단백질이 존재할까요?

1. 식물성 단백질

1) 곡류 단백질

쌀에는 도정도에 따라 6~8%의 단백질이 함유되어 있으며, 주로 글루테린, 글로불린, 알부민, 프롤라민으로 구성되어 있다. 이 중 대표적인 쌀 단백질은 글루테린 일종인 오리제닌(oryzenin)이다. 쌀에는 라이신(lysine)의 함량이 가장 낮고, 트레오닌(threonine)도 매우 부족하다. 밀가루에는 약 9~13%의 단백질이 함유되어 있으며, 대부분 글루테린과 프롤라민에 속하는 단백질로 구성되어 있다. 글루테린 단백질로는 글루테닌(glutenin), 프롤라민 단백질로는 글리아딘(gliadin)이 주를 이루고 있으며 글루테닌과 글리아딘은 밀가루 반죽 시에 글루텐을 형성하여 점탄성 등 주요한 특성을 나타낸다. 그러나 글루텐에는 필수 아미노산인 라이신, 트레오닌, 메싸이오닌, 트립토판의 함량이 적다.

보리에는 약 10%의 단백질이 함유되어 있으며 프롤라민 단백질인 호데인(hordein)이 주를 이룬다. 보리에도 다른 곡류와 마찬가지로 라이신, 메싸이오닌, 트립토판과 같은 필수 아미노산이 부족하기 때문에 질적 가치는 낮은 편이다.

옥수수에는 곡류 중 단백질 함량이 가장 적게 함유되어 있으며, 트레오닌을 제외한 모든 필수 아미노산의 함량이 적고, 특히 트립토판(tryptophan)의 함량은 가장 낮다. 옥수수 단백질은 프롤라민의 일종인 제인(zein)이 주를 이룬다.

2) 두류 단백질

대두에는 30~35% 정도의 단백질이 함유되어 있으며 글로불린 단백질인 글리시닌(glycinin)이 주로 함유되어 있다. 대두 단백질에는 곡류에 부족한 라이신 등 필수 아미노산을 많이 함유하고 있으나 메싸이오닌(methionine)과 트립토판(tryptophan)은 부족한 편이고, 시스틴(cystine) 등 함황 아미노산 함량도 낮다.

대두는 영양적으로 우수한 단백질을 많이 함유하고 있지만, 단백질 분해를 억제하는 트립신 저해 물질(trypsin inhibitor)을 함유하고 있기 때문에 적당한 온도로 열처리하여 트립신 저해 물질을 불활성시키는 것이 단백질의 소화 흡수를 위해서 바람직하다.

표 3-15 식품 단백질

식품	단백질 그룹	단백질 명칭
쌀	글루텔린(glutelin)	오리제닌(oryzenin))
보리	프롤라민(prolamin)	호데인(hordein)
밀	글루텔린(glutelin)	글루테닌(glutenin)
	프롤라민(prolamin)	글리아딘(gliadin)
옥수수	프롤라민(prolamin)	제인(zein)
대두	글로불린(globulin)	글리시닌(glycinin)
육류	알부미노이드(albuminoide)	콜라겐(collagen)

2. 동물성 단백질

1) 육류 단백질

육류의 결합 조직에 함유되어 있는 단백질은 알부미노이드 단백질인 콜라겐과 엘라스틴이며, 근육 조직을 구성하고 있는 단백질은 알부민 단백질인 마이오겐과 글로불린 단백질인 마이오신이다[표 3-16].

표 3-16 육류 단백질

육조직	단백질 그룹	특성	단백질명	등전점(pH)	가열에 대한 반응
결합조직	알부미노이드	물에 불용	콜라겐	–	수용액에서 60℃ 이상으로 가열 시 용해(변성)
		물에 불용	엘라스틴	–	반응없음
근육조직	알부민	물에 녹음	마이오겐	6.5~6.7	가열 시 응고
			마이오알부민	3.0~3.5	50℃ 부근에서 응고
	글로불린	염용액에 녹음	마이오신 복합체	5.5	가열 시 응고
			글로불린 X	5.2	50℃ 부근에서 응고

2) 달걀 단백질

달걀 단백질에는 필수 아미노산이 모두 함유되어 있기 때문에 생물가가 가장 우수한 단백질이라고 할 수 있다. 달걀의 주된 단백질은 오브알부민(ovalbumin) 54%, 콘알부민(conalbumin) 13%, 오보뮤코이드(ovomucoid) 11% 정도이며, 가열에 의해 쉽게 응고된다.

난백에는 오보뮤코이드와 아비딘(avidin) 이라는 대표적인 유해단백질이 함유되어 있다. 오보뮤코이드는 단백질과 당류가 함께 결합되어 있는 당단백질로서 트립신의 작용을 억제(anti trypsin)하여 단백질의 소화 흡수를 방해한다. 아비딘은 인체 내에서 비타민의 일종인 비오틴(biotin)과 결합하여 비오틴의 흡수를 방해하는 비타민 흡수 저해제(antivitamin activity)로 작용한다. 따라서 달걀의 섭취 시에는 가열을 함으로써 이들 유해 단백질의 작용을 억제하는 것이 단백질과 비오틴의 소화흡수에 좋다.

이 외에도 난백에는 세균을 용해시킬 수 있는 라이소자임(lysozyme)이 있어 살균효과를 가질 수 있으며, 난황에는 지단백질인 리포비텔린과 리포비텔리닌이 있다.

표 3-17 식품 중 유해 단백질

유해단백질	소재	특성	비고
트립신 저해제 (trypsin inhibitor)	대두	단백질 분해효소(트립신)의 역할을 방해	가열에 의해 활성 억제
오보뮤코이드 (ovomucoid)	난백	단백질 분해효소(트립신)의 역할을 방해	가열에 의해 활성 억제
아비딘(avidin)	난백	비오틴의 소화 흡수를 방해	가열에 의해 활성 억제
헤마글루티닌 (hemagglutinin)	대두	적혈구를 응고시킴	가열에 의해 활성 억제
리신(ricin)	피마자씨	치명적인 독성	가열에 의해 활성 억제

3) 우유 단백질

우유에는 3% 내외의 단백질이 함유되어 있으며, 카세인 80%, 락트알부민 14%, 락토글로불린 2% 정도로 구성되어 있다.

카세인은 단백질 분자에 인(P)이 결합되어 있는 인단백질로서 레닌(rennin)에 응고하며, 등전점이 pH 4.6인 특성을 갖고 있다. 따라서 카세인에 레닌(rennin)을 넣고 pH를 4.6 부근으로 조정하면 카세인이 파라카세인(para-casein)을 거쳐 파라카세인-칼슘(Ca)염을 가장 잘 형성하게 된다. 파라카세인-칼슘(Ca)염은 우유 수용액과 분리되며 침전하게 되는데, 이 침전물을 모아서 굳힌 것이 치즈이다. 한편 락트알부민과 락토글로불린은 침전되지 않고 우유 중에 그대로 용해되어 있으므로 유청단백질(whey protein)이라고 일컬으며, 가열하였을 때 상층부에 피막을 형성하는 특성을 지닌다.

3. 새로운 단백질 자원

단백질은 육류, 두류, 곡류 등 대부분의 식품에 함유되어 있으며 인체에 꼭 필요한 영양소를 함유하고 있지만 전 세계적으로 볼 때 단백질 부족을 호소하는 인구가 아직까지 많은 실정이다. 새로운 단백질 자원에 대한 연구 결과 최근 보고된 단백질 자원으로는 미생물, 어류 추출물, 그린리프(green leaf protein) 추출물 등을 꼽을 수 있다.

미생물 단백질에는 단세포 단백질(single cell protein, SCP)인 효모, 곰팡이, 세균 등을 배양하고 증식시켜 미생물 자체의 단백질을 추출한 미생물 단백질과 조류로부터 단백질만 추출하여 제조한 조류 단백질이 있다. 조류단백질중 대표적인 것은 클로렐라와 스피룰리나를 들 수 있는데, 단백질 함량이 높을 뿐만 아니라 필수지방산, 비타민, 무기질, 섬유소등도 함유하고 있어 건강기능식품으로 이용되고 있고, 미래 단백질 자원으로도 가장 주목 받는 자원이다.

어류추출물 단백질은 일반적으로 잘 식용되지 않는 잡어류로부터 단백질을 추출하여 제조한 것으로 어류 단백질 농축물(fish protein concenfrate, FPC)의 형태로 시판되며 가축 및 양식의 사료로 많이 이용되고 있다.

또한 그린리프(green leaf)에 함유된 단백질을 추출한 그린리프 단백질 농축물은 알파파(alphalpha) 등 그린리프로부터 단백질을 추출하여 만든 새로운 단백질 자원으로 식용을 위해 많은 연구가 이루어지고 있는 자원이다.

06 핵산이란 무엇일까요?

핵산은 뉴클레오타이드(Nucleotide)가 연결된 고분자 화합물이다. 뉴클레오타이드는 당, 염기, 인산으로 구성되어 있으며 이 뉴클레오타이드가 많이 연결된 것이 핵산이다[표 3-18].

표 3-18 핵산의 구성

<table>
<tr><th colspan="2">염기</th><th>당</th><th rowspan="4">인산</th></tr>
<tr><td>퓨린 염기</td><td>아데닌
구아닌</td><td>리보스</td></tr>
<tr><td>피리미딘 염기</td><td>시토신
티민
우라실</td><td>데옥시리보스</td></tr>
<tr><td colspan="3">← 뉴클레오사이드 →</td></tr>
<tr><td colspan="4">← 뉴클레오타이드 →</td></tr>
</table>

1. 핵산의 구성

뉴클레오타이드의 구성성분인 당과 염기에는 몇 가지 종류가 있다.

당은 D-리보스와 데옥시리보스 등의 오탄당이 있는데, 리보스를 가진 뉴클레오타이드만으로 길게 연결된 핵산을 리보핵산(RNA)이라 하고, 데옥시리보스를 가지는 뉴클레오타이드만으로 연결된 핵산을 데옥시리보핵산(DNA)이라 한다.

염기는 질소원자를 가지고 있는 유기화합물로서 아데닌(adenine:A), 구아닌(guanine:G), 시토신(cytosine:C), 우라실(uracil:U) 그리고 티민(thymine:T) 5가지가 있는데, 이들 가운데 아데닌, 구아닌 같은 퓨린 염기만이 맛을 낼 수 있다[그림 3-15].

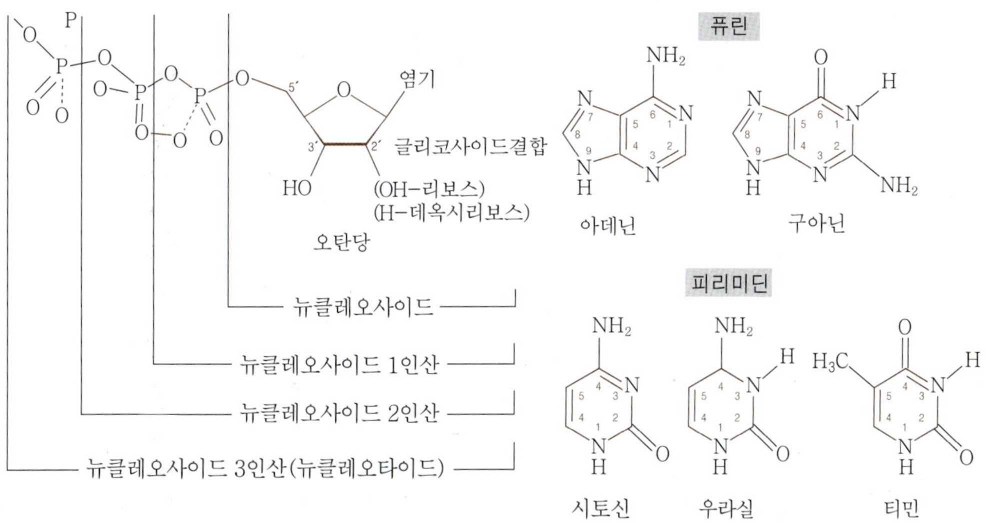

[그림 3-15] 핵산의 구성

2. 핵산 조미료

핵산 조미료가 맛을 나타내려면 리보스의 5′위치에 인산화가 되어 있어야 하며, 2′이나 3′이 인산화 된 것은 감칠맛이 없다. 그러므로 아데닌과 구아닌의 용해성을 높여 5′-이노신산 나트륨(IMP)과 5′-구아닐산 나트륨(GMP)을 만들어 감칠맛이 나는 핵산조미료를 제조할 수 있다.

CHAPTER

04

지질(Lipids)

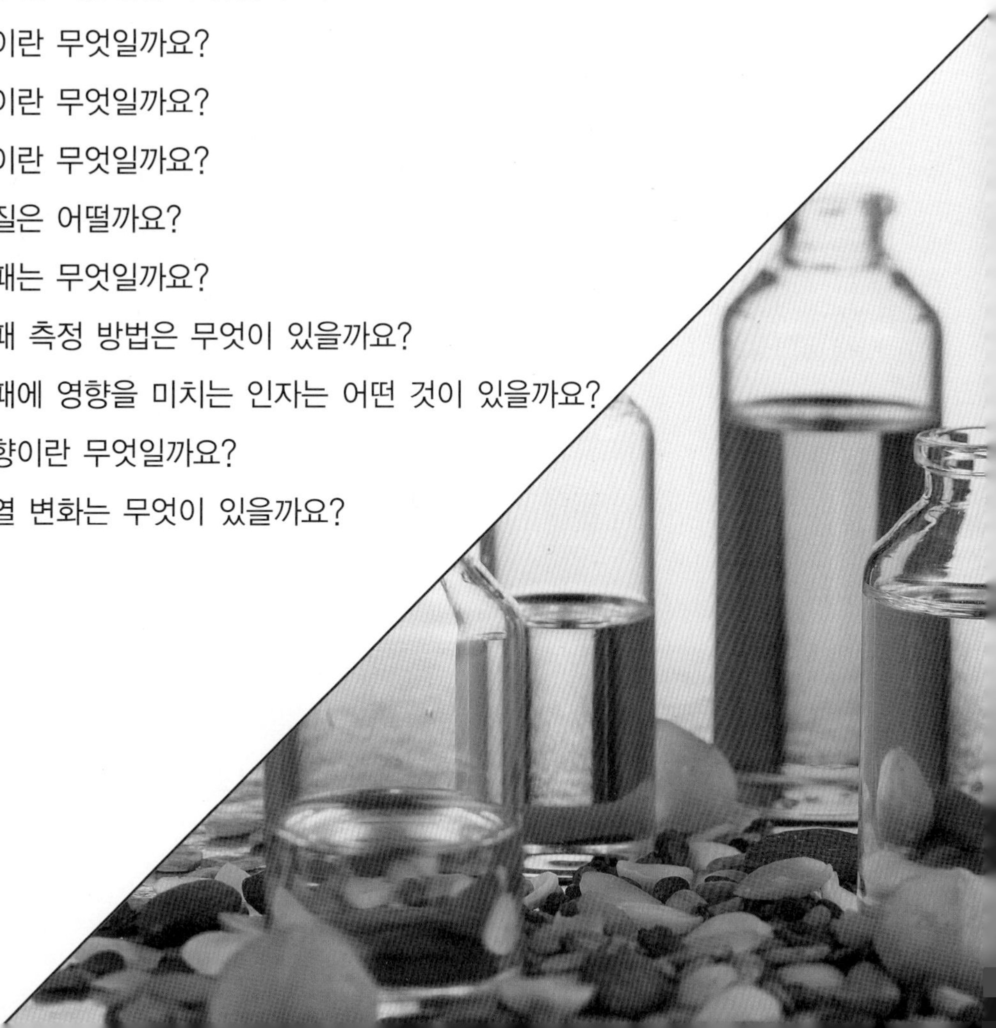

지질(Lipid, fat and oli)은 여러 생체와 식품의 성분으로서 광범위하게 분포하고 있다. 대부분 구성원소는 탄소(C), 수소(H), 산소(O)로 이루어져 있으나 그 이외에 인(P), 질소(N), 황(S) 등을 함유하고 있다.

지질의 특징은 물에 녹지 않으며 에테르, 클로로포름, 아세톤, 벤젠, 이황화탄소(CS_2), 사염화탄소(CCl_4) 등과 같은 비극성 용매에 녹는 물질이다. 1g당 9kcal의 열량을 내며 영양학적으로도 매우 중요한 식품 성분의 하나이다.

01 지질은 어떻게 분류할까요?

지질은 종류도 다양하고 구조가 복잡하기 때문에 일반적으로 구조와 화학적 성질에 따라 단순지질, 복합지질, 유도지질로 나눌 수 있고 알카리 분해 여부에 따라 비누화지질과 비비누화지질로 나누어진다.

1. 구조와 화학적 성질에 따른 분류

1) 단순 지질(Simple lipids)

단순 지질은 지방산과 여러 알코올류와의 에스터 화합물이다. 단순지질은 세 가지 종류가 있으며 유지(중성지방), 왁스류, 스테롤이 있다. 이중 중성지방을 주로 먹는다.

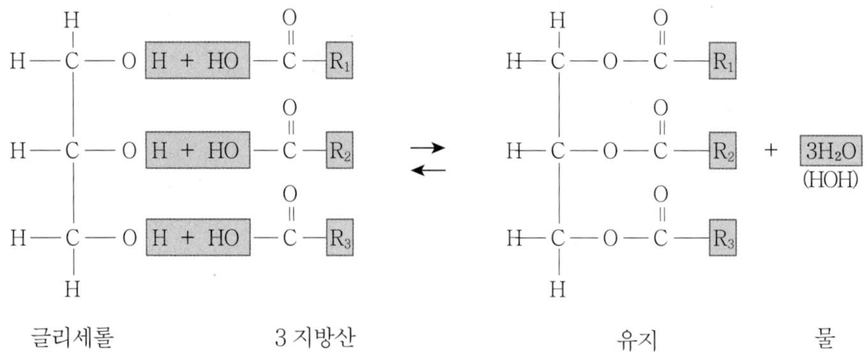

$R_1=R_2=R_3$ 단순지질

$R_1 \fallingdotseq R_2 \fallingdotseq R_3$ 복합지질

[그림 4-1] 유지의 구조

① 유지(Triglyceride, oil and fats) : 중성 지방이라고도 하며, 고급지방산과 글리세롤(glycerol , 3가 알코올)의 에스터이다[그림4-1].

② 왁스류(Waxes) : 고급지방산과 고급 1가 알코올의 에스터이다[그림 4-2].

③ 스테롤 에스터(Sterol ester) : 지방산과 스테롤(sterol)의 에스터이다.

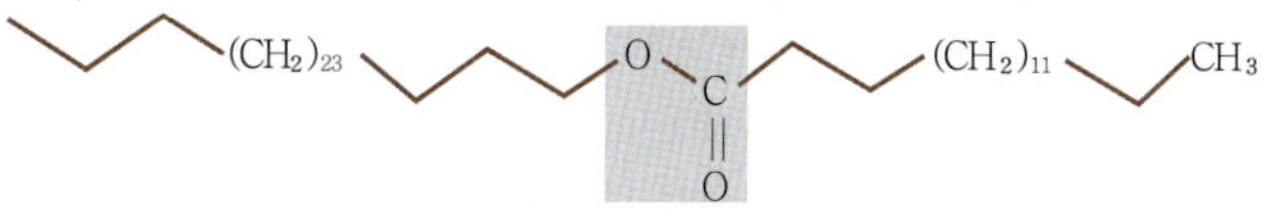

[그림 4-2] 고급지방산과 알코올이 결합한 왁스(wax)의 구조

2) 복합 지질(Complex lipids)

복합 지질은 단순 지질에 다른 원자단이나 성분이 결합된 화합물이다.

① 인지질(Phospholipids) : 지방산과 글리세롤에 인산이 결합한 것이다.

② 당지질(Glycolipids) : 지방산, 스핑고신(sphingosine), 당이 결합한 지질이다.

③ 단백지질(Proteolipids) : 단백질과 결합한 지질이다.

④ 황지질(Sulfolipids) : 유황을 함유한 지질이다.

3) 유도 지질(Derived lipids)

유도 지질은 단순 지질이나 복합 지질이 가수분해된 물질로서, 지질을 구성하는 기본적인 성분이므로 일명 구성 지질이라고도 한다.

① 지방산 : 직쇄상의 카복실산

② 알코올 : 글리세롤, 고급 1가 알코올, 스테롤

③ 탄화수소 : 지방족 탄화수소, 스쿠알렌(squalene)

④ 지용성 색소 및 지용성 비타민도 분류상 유도지질에 속한다.

2. 비누화 여부에 따른 분류

지질은 알칼리를 가하면 가수분해되는 지질, 즉 검화(비누화)가 되는 지질(saponifiable lipids)과 알칼리를 가하면 가수분해되지 않는 지질, 검화(비누화)가 되지 않는 지질(non saponifiable lipids)로 분류하기도 한다. 검화가 되는 지질로는 유지, 왁스류, 인지질 등이 있으며 검화되지 않는 지질은 스테롤류, 일부의 탄화수소, 담즙산염, 지용성 색소 그리고 지용성 비타민류 등 유도지질이 대부분이다.

02 지질을 이루는 지방산은 무엇일까요?

지질을 이루는 기본이 되는 성분은 지방산으로 분자 중에 카복실기(COOH)를 가지고 있는 화합물이다. 천연에 존재하는 지방산은 대부분이 탄수원자가 짝수 개(4~30개)로 이루어진 직쇄상의 일염기산이다. 일반식은 RCOOH로 표시된다.

일반적으로 지방산의 종류에는 탄소수에 따라 탄소수가 C_{12} 이하의 것을 저급 지방산, C_{14} 이상의 것을 고급 지방산이라고 한다. 이중결합유무에 따라 지방산 분자 안의 탄소와 탄소 사이에 이중 결합을 가지고 있지 않고 단일결합을 가지는 것을 포화 지방산, 이중결합을 한 개 이상 가지고 있는 것을 불포화 지방산이라고 한다.

1. 포화 지방산(Saturated fatty acids)

포화 지방산은 분자 안의 탄소사슬에 이중결합이 없이 단일결합으로 이루어진 지방산으로 [그림 4-3] 일반식이 $C_nH_{2n}O_2$ 또는 $C_nH_{2n+1}COOH$로 표시되는 지방산으로서 탄소수가 4개인 부티르산(butyric acid)에서 30개인 멜리스산(melissic acid)까지 알려져 있다. 일반적으로 저급 지방산은 휘발성이고 고급지방산은 비휘발성으로 일반 동·식물성 유지에 많이 함유되어 있다. 특히 포화 지방산도 버터 등의 유제품에 많이 함유되어 있으며, 주요 포화 지방산은 [표 4-1]과 같다. 지질에서 중요한 물리적 성질은 융점(녹는점)으로 탄소수가 증가함에 따라서 물에 녹기 어렵게 되고 융점은 상승하여 상온에서 고체로 된다[그림 4-3].

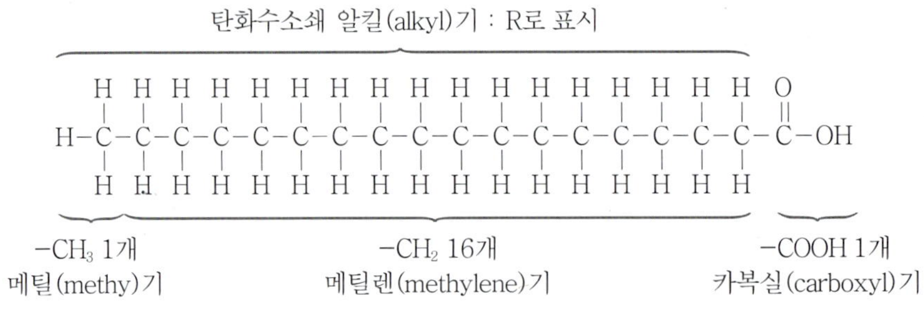

[그림 4-3] 포화 지방산(스테아르산, $C_{18:0}$)의 구조

포화 지방산 계열 중에서 천연 유지에 가장 많이 존재하는 것은 C_{16}의 팔미트산(palmitic acid)과 C_{18}의 스테아르산(stearic acid)이다.

표 4-1 포화 지방산

일반식	탄소수	일반명	계통명	융점(℃)	소재
$C_nH_{2n}O_2$ 또는 $C_nH_{2n+1}COOH$	C_4	부티르산(Butyric)	Butanoic	−7.9	버터
	C_6	카프로산(Caproic)	Hexanoic	−3.2	버터, 야자유
	C_8	카프릴산(Caprylic)	Octanoic	16.3	버터, 야자유
	C_{10}	카푸르산(Capric)	Decanoic	31.3	버터, 코코넛
	C_{12}	라우르산(Lauric)	Dodecanoic	43.9	버터, 코코넛
	C_{14}	미리스트산(Myristic)	Tetradecanoic	54.4	버터, 코코넛
	C_{16}	팔미트산(Palmitic)	Hexadecanoic	62.9	일반 동·식물성 유지
	C_{18}	스테아르산(Stearic)	Octadecanoic	69.6	일반 동·식물성 유지
	C_{20}	아라키드산(Arachidic)	Eicosanoic	75.4	땅콩기름, 돼지기름
	C_{22}	베헨산(Behenic)	Docosanoic	80.0	땅콩기름, 콩기름
	C_{24}	리그노세르산(Lignoceric)	Tetracosanoic	84.2	당지질, 땅콩기름
	C_{26}	세로티산(Cerotic)	Hexacosanoic	87.7	밀랍
	C_{28}	몬탄산(Montanic)	Octacosanoic	90.9	몬탄랍
	C_{30}	멜리스산(Melissic)	Triacontanoic	93.6	밀랍

2. 불포화 지방산(Unsaturated fatty acids)

불포화 지방산은 분자 내에 이중결합을 한 개 이상 가지고 있는 지방산이며, 이중결합의 수에 따라 이중결합이 하나인 단일불포화 지방산(올레산 계열, $C_nH_{2n-2}O_2$)[그림 4-4]과 2개(리놀레산 계열, $C_nH_{2n-4}O_2$)[그림 4-5], 3개(리놀렌산, $C_nH_{2n-6}O_2$) 및 다수(P개, $C_nH_{2n-2p}O_2$)의 이중결합을 함유한 다가 불포화 지방산(poly unsaturated fatty acid, PUFA)으로 구분된다.

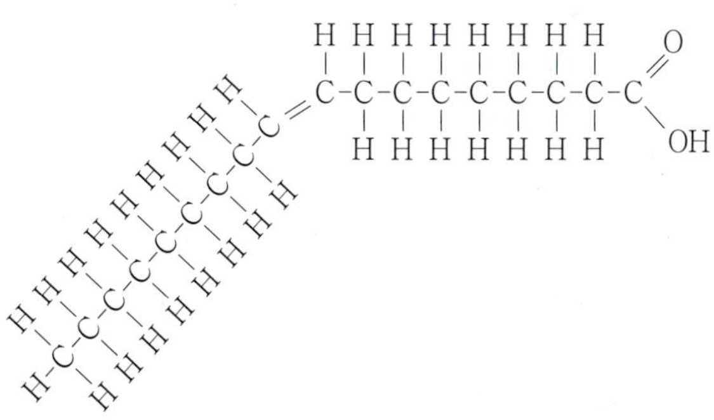

[그림 4-4] 단일불포화지방산(올레산, $C_{18:1}$)의 구조

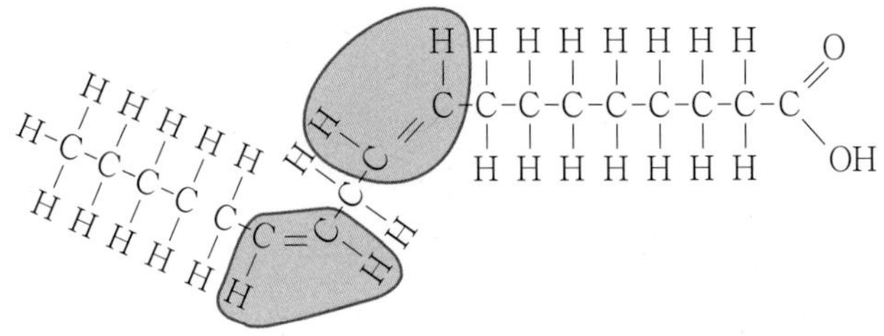

[그림 4-5] **다가불포화지방산(리놀레산, $C_{18:2}$)의 구조**

주요 불포화 지방산은 [표 4-2]와 같이 일반적으로 불포화 지방산은 융점이 낮아 상온에서 액체이며, 이중결합이 많아질수록 융점은 낮아지며 이중 결합을 많이 가지고 있는 것은 공기 중의 산소를 쉽게 흡수하여 산패되기 쉽다.

식품 중에 가장 많이 존재하는 것은 C_{18}의 이중 결합 1개를 가진 올레산(oleic acid)이며 그 다음이 C_{18}의 이중결합 2개인 리놀레산(linoleic acid), C_{18}의 이중결합 3개인 리놀렌산(linolenic acid) 순으로 분포되어 있다.

불포화 지방산의 이중 결합은 시스(*cis*)형과 트랜스(*trans*)형을 이루나 대부분이 불안정한 시스형을 취하고 있다[그림 4-6].

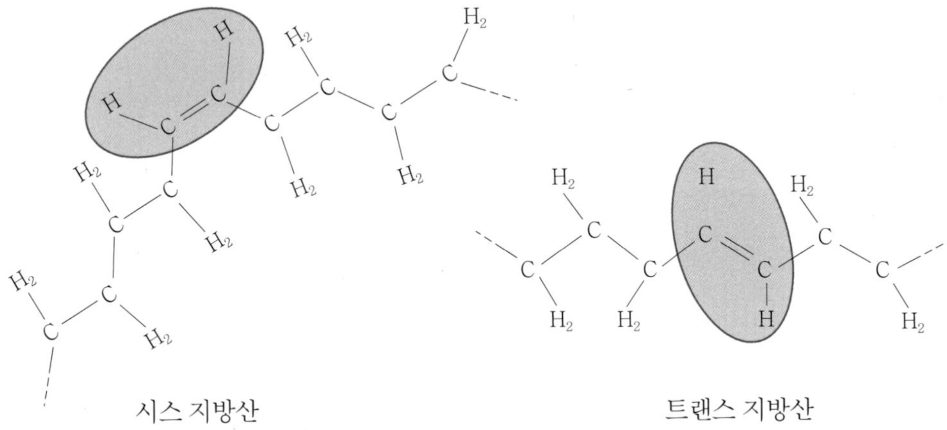

[그림 4-6] **시스와 트랜스 지방산**

주요 유지의 지방산 조성은 [표 4-3]과 같이, 동물성 유지는 포화지방산과 올레산($C_{18:1}$)의 함량이 높고, 식물성 유지는 불포화지방산 특히 리놀레산($C_{18:2}$) 등의 필수 지방산의 함량이 많다.

표 4-2 불포화 지방산

계열	일반식	탄소수	일반명	개통명	녹는점(℃)	소재	비고
올레산 (Oleic acid) 계열	$C_nH_{2n-2}O_2$	C_{10}	카프롤레산 (Caproleic)	9-Decenoic	-	버터	
		C_{12}	라우롤레산 (Lauroleic)	12-Dodecenoic	-	버터	
		C_{14}	미리스톨레산 (Myristoleic)	9-Tetradecenoic	-	어유, 고래기름	
		C_{16}	팔미톨레산 (Palmitoleic)	9-Hexadecenoic	0.5	어유, 고래기름	
		C_{18}	올레산(Oleic)	9-Octadecenoic	16.3	일반 동·식물성 유지	ω-9지방산
		C_{18}	바센산 (Vaccenic)	11-Octadecenoic	39.5	버터, 쇠기름, 돼지기름	
		C_{18}	리시놀레산 (Ricinoleic)	12-hydroxy-9-octadecenoic	5.5	피마자기름	
		C_{20}	가돌레산 (Gadoleic)	9-Eicosenoic	23.5	어유, 고래기름	
		C_{22}	에루카산(Erucic)	13-Docosenoic	33.5	채종유	ω-9지방산
		C_{24}	네르본산 (Nervonic)	15-Tetracosenoic	42.5	어유	ω-9지방산
리놀레산 (Linoleic acid) 계열	$C_nH_{2n-4}O_2$	C_{18}	리놀레산 (Linoleic)	9, 12-Octadecadienoic	-5.0	일반 동·식물성 유지	ω-6지방산
리놀렌산 (Linolenic acid) 계열	$C_nH_{2n-6}O_2$	C_{16}	히라곤산 (Hiragonic)	6, 10, 14-Hexadecatrienoic	-	정어리기름	
		C_{18}	α-리놀렌산 (Linolenic)	9, 12, 15-Octadecatrienoic	-11.0	일반 동·식물성 유지	ω-3지방산
			γ-리놀렌산 (Linolenic)	6, 9, 12-Octadecatrienoic	-	달맞이꽃기름	ω-6지방산
폴리에노산 (Polyethe-noic acid) 계열	$C_nH_{2n-8}O_2$	C_{18}	모로트산 (Moroctic)	4, 8, 12, 15-Octadecatetraenoic	-49.5	정어리기름	
		C_{20}	아라키돈산 (Arachidonic)	5, 8, 11, 14-Eicosatetraenoic	-79	인지질, 간유	ω-6지방산
	$C_nH_{2n-10}O_2$	C_{20}	EPA(Eicosa Pentaenoic)	5, 8, 11, 14, 17-Eicosapentaenoic	-79	간유, 등푸른 생선	ω-3지방산
		C_{22}	클루피노돈산 (Claupano-donic)	4, 8, 12, 15, 19-Docosapentaenoic	-	정어리기름, 어유	
	$C_nH_{2n-12}O_2$	C_{22}	DHA(Docosa-hexaenoic)	4, 7, 10, 13, 16, 19-Docosahexaenoic	-	간유, 등푸른 생선	ω-3지방산
		C_{24}	니신산(Nisinic)	4, 8, 12, 15, 18, 21-Tetracosahexenoic	-	정어리기름	

표 4-3 식용유지의 주요지방산 함량

분량기준 : 100g

유지류	콜레스테롤 (mg)	지질 (g)	총지방산 (g)	포화지방산 (g)	불포화지방산		지방산 조성(mg/100g 지방산)								
					단일불포화 (g)	다불포화 (g)	부티르산 (4:0)	라우르산 (12:0)	미리스트산 (14:0)	팔미트산 (16:0)	스테아르산 (18:0)	올레산 (18:1)	리놀레산 (18:2)	α-리놀렌산 (18:3)	아라키돈산 (20:4)
돼지기름	100	100.0	92.66	39.29	43.56	9.81	-	140	1600	23000	13000	-	8900	460	100
마가린	24.92	72.41	69.9	51.68	11.86	4.59	515.51	15256.18	7912.86	17312.68	4988.73	10999.14	4108.55	476.6	0
버터	232.12	82.04	68.94	48.05	15.96	1.84	2258.14	3183.28	7995.01	20350.03	8504.18	13962.47	1522.99	175	0
면실류	0	100.0	92.35	21.06	17.44	53.85	-	0	590	18000	2200	-	54000	340	0
콩기름	0	99.31	94.99	14.62	21.71	57.28	0	0	78.06	10214.28	3474.66	19496.05	50726.8	6657.68	0
옥수수기름	0	99.74	95.4	13.27	29.11	52.67	0	0	0	10471.83	1871.7	27509.71	51635.59	1037.33	0
올리브유	0	100.0	95.37	15.73	70.69	8.9	0	0	0	12273.77	2870.99	62207.03	8187.36	711.21	0
참기름	0	99.59	95.27	14.65	38.17	42.16	0	0	0	8692.84	5137.51	37002.12	41621.25	534.07	0
커피 크리머 가루	0	29.11	27.43	27.42	0.01	0	0	12300.2	4732.21	2727.65	3504.76	5.87	3.07	0	0

자료 : 농촌진흥청 국립농업과학원, 국가표준식품성분 DB 9.2(2020)

3. 지방산의 명명법

대부분의 지방산은 관용명을 갖고 있지만 그 이외에도 지방산의 구조를 나타낸 계통적인 명칭이 있다. 포화 지방산의 경우 해당하는 탄화수소의 어미-e를 빼고 그 대신에 -oic acid를 붙인다.

> **참고** $C_{18:0}$인 스테아르산은 18개 탄소로 된 탄화수소 octadecane이 octadecanoic acid가 된 것이다.

불포화 지방산의 경우 단일불포화지방산의 동일 탄소수에 해당하는 포화 지방산의 어미 -anoic acid를 -enoic acid로 바꾼 다음 카복실기 말단에서부터 이중 결합의 위치를 나타낸다.

> **참고** 9와 10번째의 탄소 사이에 이중 결합을 갖는 올레산($C_{18:1}$)은 9-octadecenoic acid가 된다.

이중 결합이 2개 이상인 불포화 지방산에 대해서는 동일 탄소수에 해당하는 포화 탄화수소의 어미의 -ne를 빼고 그 대신에 이중 결합 수에 따라서 이중결합이 2개면 -dienoic, 3개면 -trienoic, 4개면 -tetraenoic acid라 한다.

> **참고** 9, 10번째의 사이, 12, 13번째의 사이 및 15, 16번째 사이의 3군데에 이중 결합을 가진 리놀렌산($C_{18:3}$)은 9, 12, 15-octadecatrienoic acid가 된다.

이처럼 지방산은 일반적으로 COOH기를 1번으로 하여 숫자를 증가하면서 명명하거나, COOH 다음의 탄소부터 α, β 등의 그리스 문자로 명명한다. 그러나 COOH기에서 가장 먼 탄소, 즉 맨 끝의 메틸기(CH_3-)부터 ω-1(n-1), ω-2(n-2) 등으로 표시하는 오메가(ω)-명명법(또는 n-명명법)을 사용하기도 한다. 그 예로서 불포화 지방산을 ω-3(n-3), ω-6(n-6), ω-9(n-9)으로 표시하고 있는데 이는 불포화지방산의 이중결합이 메틸기 탄소로부터 몇 번째에 있는가를 계산하여 표시하는 것이다[그림 4-7].

즉, ω-3(n-3) 지방산인 리놀렌산형(18:3(9, 12, 15))은 다음과 같이 $CH_3-CH_2-(CH=CH-CH_2)_3-(CH_2)_6-COOH$로 메틸기 끝에서부터 3번째 탄소에 이중결합이 있고, ω-6(n-6) 지방

산은 리놀레산형(18:2(9, 12))으로 다음과 같이 $CH_3-(CH_2)_4-(CH=CH-CH_2)_2-(CH_2)_6-COOH$ 메틸기에서부터 6번째에 이중결합이 있고, ω-9(n-9) 지방산은 올레산(18:1(9))으로 다음과 같이 $CH_3-(CH_2)_7-CH=CH-CH_2-(CH_2)_6-COOH$ 메틸기에서 9번째에 이중 결합이 있는 것이다.

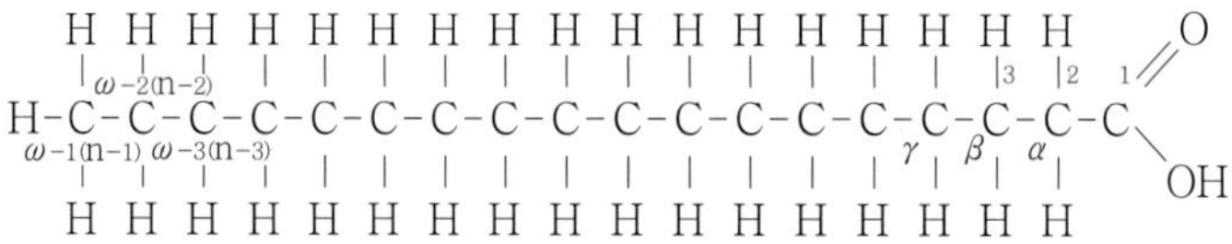

[그림 4-7] **지방산의 명명법**

4. 주요 유지의 지방산 조성

식용 유지의 성질은 주로 그의 지방산 조성에 의해 결정된다. 대부분의 경우 올레산($C_{18:1}$), 리놀레산($C_{18:2}$), 팔미트산($C_{16:0}$), 스테아르산($C_{18:0}$)의 4가지 지방산이 가장 보편적으로 존재하며 주요 구성 지방산이 되고 있다.

유지방에는 부티르산, 카프로산, 카프릴산, 라우르산, 미리스트산과 같은 저급 지방산을 많이 함유하고 있는 것이 특징이다.

채종유의 경우는 30~50%의 에루스산(elucic acid, $C_{22:1}$)을 함유하고 있었으나 에루스산과 심장 장해와의 관계가 지적된 후 캐나다에서 품종 개량이 급속히 진행되어 에루스산을 거의 함유하지 않은 CANOLA유가 개발되었다.

육상 동물유는 일반적으로 포화 지방산을 많이 함유하고 있으므로 융점이 높다. 그러나 정어리를 비롯한 어유는 고도의 불포화 지방산($C_{20:5}$(EPA), $C_{22:6}$(DHA))을 많이 함유하고 있다. 이들 다가불포화지방산은 생선을 잘 먹는 에스키모인이 심근경색이 적은 사실로부터 주목되고 있다.

5. 필수 지방산

동물은 체내에서 올레산($C_{18:1}$, ω-9) 등 여러 가지 지방산을 생합성할 수 있으나 리놀레산($C_{18:2}$, ω-6)과 리놀렌산($C_{18:3}$, ω-3)은 생합성할 수 없으며 이들의 다가불포화지방산은 식사를 통해서 섭취하여야 한다. 따라서 인체의 정상적인 성장, 활동과 신체기능 유지를 위해 외부로부터 공급하지 않으면 안 되는 지방산은 모두 불포화 지방산들이며, 리놀레산, 리놀렌산, 아라키돈산을 필수 지방산(essential fatty acids, 비타민 F)이라고 한다.

03 단순 지질이란 무엇일까요?

1. 유지, 중성지방(Fats and oils)

지방산과 글리세롤의 에스터 결합을 글리세리드(glyceride)라고 부른다. 글리세롤은 3가 알코올이므로 1분자의 글리세롤에 1~3분자의 지방산이 결합할 수 있다. 그리하여 글리세롤 1분자에 결합하는 지방산 분자의 수에 따라서 모노(아실)글리세리드(mono(acyl)glyceride), 디(아실)글리세리드(di(acyl)glyceride), 트리(아실)글리세리드)tri(acyl)glyceride로 구분한다[그림 4-8].

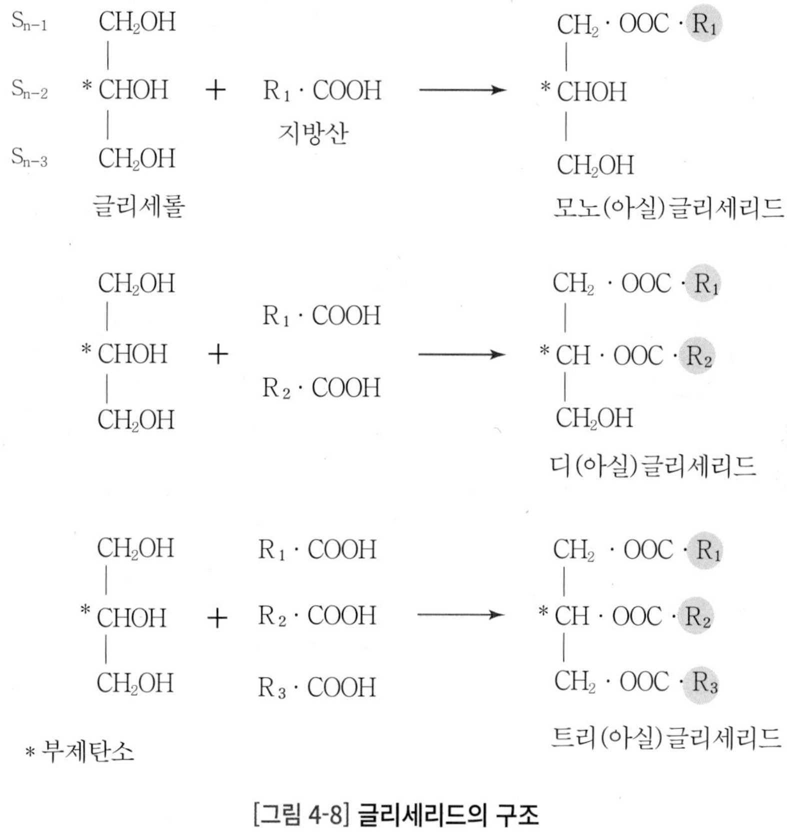

[그림 4-8] 글리세리드의 구조

천연에 존재하는 유지는 주로 트리(아실)글리세리드(TG) 즉, 중성지방으로 이루어져 있다. 트리글리세리드를 구성하는 지방산 R_1, R_2, R_3 3개 모두 동일한 지방산일 경우는 단순 글리세리드라고 부르며 다른 종류의 지방산이 에스터 결합을 한 경우는 혼합 글리세리드라고 한다. 대부분의 천연 유지는 혼합 글리세리드의 형태를 취하고 있다.

유지는 실제로 수많은 트리글리세리드 분자들의 혼합물이며 한 유지를 구성하고 있는 지방산의 종류가 많으면 많을수록 구성 트리글리세리드의 종류는 급격히 많아진다.

유지는 분자 내 극성을 갖고 있지 않아 중성 지방이라고 하며, 일반적으로 상온에서 액체인 것을 유(油, oil), 고체인 것을 지(脂, fat)라 부르고 있다. 글리세롤과 결합하는 지방산의 종류에 따라 유지의 성상이 다르게 된다. 불포화 지방산을 많이 함유하는 글리세리드는 포화 지방산을 많이 함유하는 글리세리드에 비하여 융점이 낮아 상온에서 액체를 나타낸다.

일반적으로 식물성 유지에는 액체의 것이 많고 동물성 유지에는 고체의 것이 많은 것도 이러한 이유 때문이다.

천연의 유지는 일반적으로 [표 4-4]와 같이 분류되고 있다.

표 4-4 유지의 분류

- 유지
  - 천연유지
    - 식물성 유지
      - 식물성유
        - 건성유[1] — 아마인유, 들기름
        - 반건성유[2] — 참기름, 대두유, 면실유
        - 불건성유[3] — 올리브유, 땅콩기름, 피마자유
      - 식물성지 — 야자유, 코코넛유
    - 동물성 유지
      - 동물성유
        - 해산동물유
          - 어유
          - 간유
          - 해수유
        - 육상동물유 — 번데기유
      - 동물성지
        - 체지방 — 쇠기름, 돼지기름
        - 유지방 — 버터
  - 가공유지 — 마가린, 쇼트닝

[1] 요오드가 : 130 이상 [2] 요오드가 : 100~130 [3] 요오드가 : 100 이하

2. 왁스류(Waxes)

왁스류는 고급 1가 알코올과 고급 지방산이 에스터 결합한 것으로 식물의 줄기, 잎, 종자, 동물의 피부, 뇌, 지방, 뼈 등에 분포하며 일반적으로 피부보호물질로서 존재하는 경우가 많다.

천연의 왁스는 출처에 따라 동물성 왁스와 식물성 왁스로 구분할 수 있으며 인체 내의 소화 효소로는 분해되지 않으므로 영양적 가치는 없다.

식물성 왁스로는 카나우바 왁스(Carnauba wax), 칸델리라 왁스(Candelilla wax), 재팬 왁스(Japan wax) 등이 있으며 동물성 왁스로는 벌꿀에서 얻은 밀랍(bee wax), 고래기름에서 얻은 경랍(supermolceti wax), 곤충에서 분비되는 쉘락 왁스(shellac wax) 등이 있다[그림 4-9].

왁스는 비누, 광택제, 유화제 등으로 사용된다.

밀랍
(myricyl palmitate)

경랍
(cetyl palmitate)

[그림 4-9] 왁스의 구조

3. 스테롤 에스터(Sterol ester)

스테롤과 지방산과의 에스터를 스테롤 에스터라고 하며 천연에는 스테로이드핵의 제3의 위치의 −OH가 지방산과 에스터 결합을 하여 존재하거나 또는 배당체의 형태로 존재한다.

04 복합 지질이란 무엇일까요?

복합 지질은 단순 지질에 다른 원자(N, P)나 원자단, 다른 성분이 결합된 화합물로 인지질, 당지질, 단백지질 등이 있다.

1. 인지질(Phospholipids)

인지질은 모든 동·식물 및 미생물의 세포막이나 미토콘드리아(mitochondria)막의 중요성분이며 특히 대사기능이 왕성한 기관인 뇌, 심장, 신장, 난황 등에 많고 식물 중에는 콩에 많이 함유되어 있다.

인지질은 글리세롤의 2개 OH기가 지방산과 에스터 결합을 하고 있고, 3번째의 OH기에 인산이 결합된 포스파티드산(phosphatidic acid)을 기본 구조로 하고 있으며[그림 4-10] 글리세로인지질(glycerophospholipid)과 스핑고신(sphingosine)을 갖는 스핑고인지질(sphingophospho-lipid)로[그림 4-12] 분류된다.

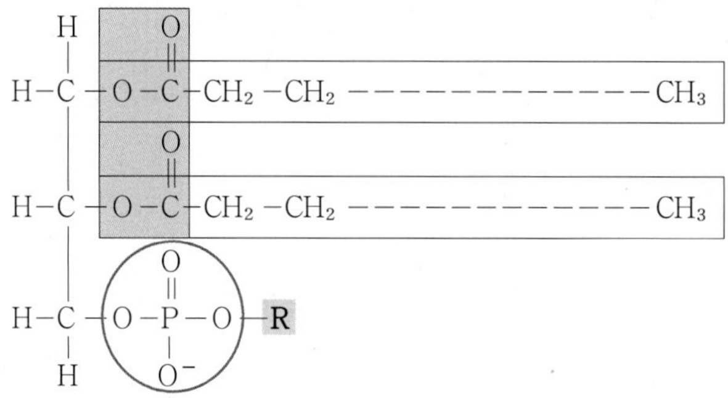

[그림 4-10] **인지질의 기본 구조**

1) 글리세로인지질(Glycerophospholipid)

(1) 레시틴(Lecithin)

동물의 뇌, 신경계, 간장, 심장, 난황 및 두류와 같은 식물의 종자에 많이 함유되어 있는 레시틴은 포스파티드산의 인산기에 콜린(choline)이 결합한 포스파티딜 콜린(phosphatidyl choline)의 구조로 되어 있다[표 4-5].

표 4-5 글리세로 인지질의 구조 및 종류

구조	명칭	종류
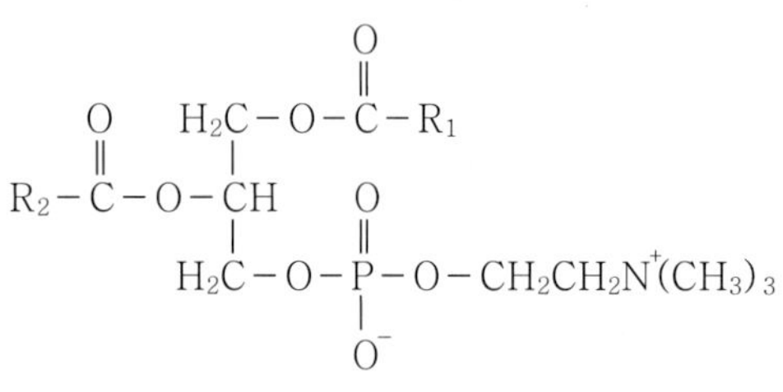	포스파티딜 콜린 (phosphatidyl choline : PC)	레시틴
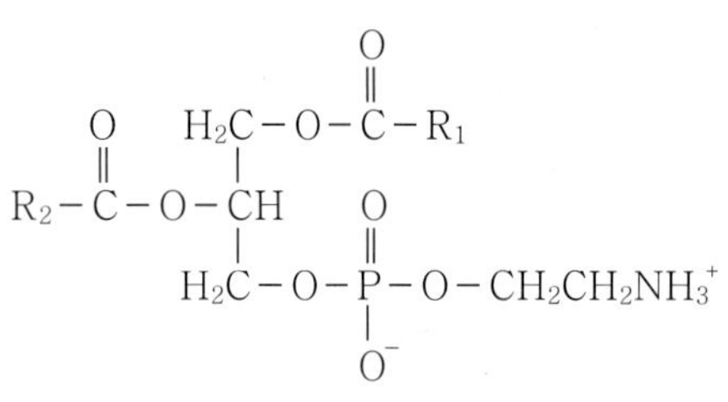	포스파티딜 에탄올아민 (phosphatidyl ethanolamine : PE)	세팔린

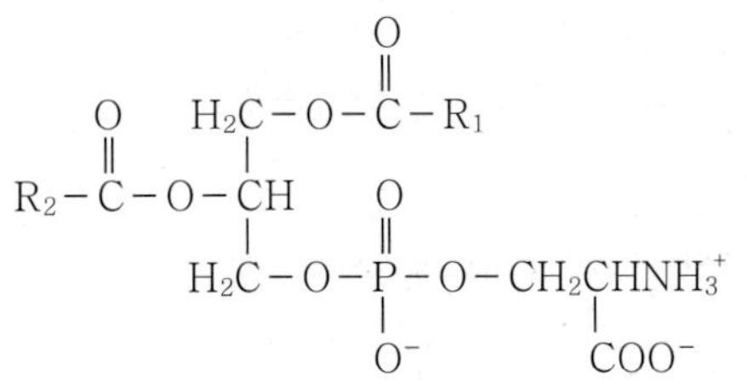	포스파티딜 세린 (phosphatidyl serine : PS)	세팔린
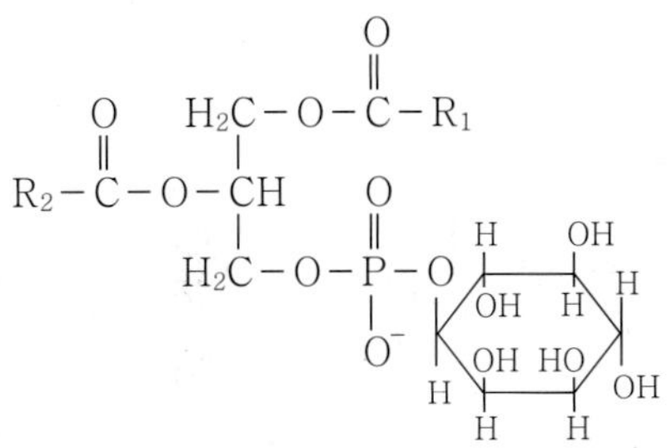	포스파티딜 이노시톨 (phosphatidyl inositol : PI)	포스파티딜 이노시톨
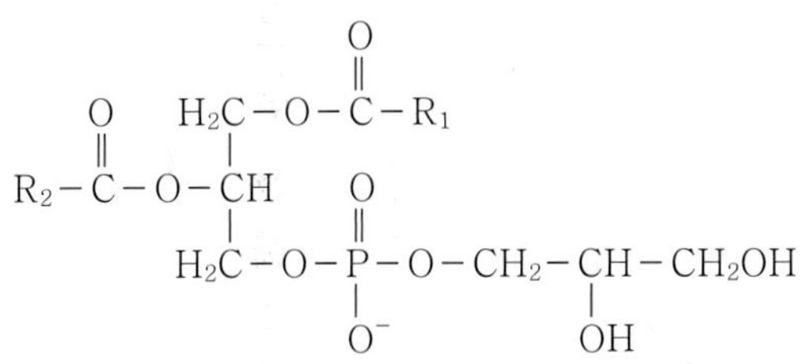	포스파티딜 글리세롤 (phosphatidyl glycerol : PG)	포스파티딜 글리세롤

레시틴은 한 쪽에 친유성이 강한 지방산기 두 개와 다른 한 쪽에 친수성이 강한 인산, 콜린부분을 갖고 있는 양성물질의 하나이다. 따라서 물과 유지의 혼합물을 안정화시켜 주는 유화제로서 마가린, 샐러드 드레싱, 마요네즈, 아이스크림 등의 제조에 이용된다.

(2) 세팔린(Cephalin)

세팔린은 동물의 조직 특히 뇌, 신경조직 중의 지질, 두류, 대두유 등의 식물의 종자유에 존재한다. 세팔린은 포스파티드산의 인산기에 세린이 결합한 포스파티딜 세린(phosphatidyl serine)과 에탄올아민(ethanol amine)이 결합한 포스파티딜 에탄올아민(phosphatidyl ethanolamine)의 두 종류가 있다.

(3) 포스포이노시티드(Phosphoinositide)

포스포이노시티드류는 포스파티딜 이노시톨(phosphatidyl inositol)류라고도 하며 포스파티드산의 인산기에 메소이노시톨(mesoinositol)이 에스터 결합을 한 것이다. 이들은 동물의 뇌, 심장, 신경 조직 중의 지질, 대두, 밀 등의 곡류의 배아, 효모 등에 존재한다.

(4) 리소포스파티드(Lysophosphatide)

리소포스파티드는 쌀이나 기타 곡류에 미량 존재하는데, 이것은 용혈작용(hemolysis)을 가진 독성 물질로 알려져 있으나 경구적으로 섭취하면 독성이 매우 적다.

독사의 독액에 존재하는 효소 레시티네이스(lecithinase) A는 레시틴의 β-위치에 있는 지방산을 가수분해시켜 리소레시틴(lysolecithin)을 생성한다.

(5) 플라스마로겐(Plasmalogens)

플라스마로겐은 특히 심장근에서 얻어지는 인지질 중에 많이 함유되어 있으며 그 구조는 포스파티딜 유도체와 매우 유사하다.

2) 스핑고인지질(Sphingophospholipid)

(1) 스핑고미엘린(Sphingomyelin)류

스핑고미엘린은 스핑고신(sphingosine)과 지방산, 인산과 콜린으로 구성되어 있다. 이와 같이 분자 내에 스핑고신이라고 하는 화합물을 가지고 있는 지질을 스핑고지질(sphingolipid)이라 한다. 스핑고지질은 뇌, 신경조직 중의 지질에 존재한다. 스핑고미엘린[그림 4-11]은 인산기를 포함하고 있는 대표적인 스핑고인지질이다.

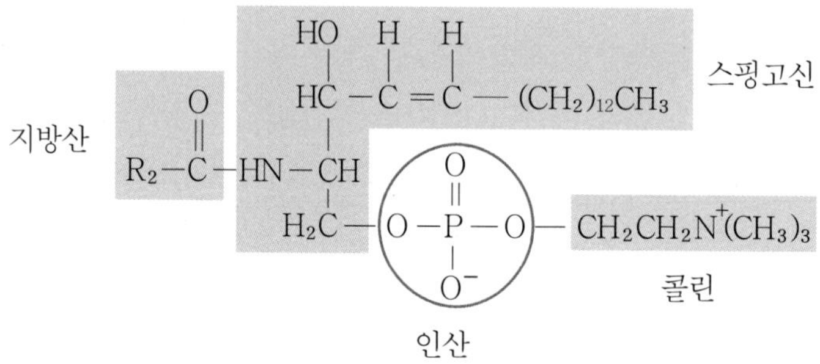

[그림 4-11] **스핑고미엘린의 구조**

2. 당지질(Glycolipids)

당지질은 글리세롤이나 스핑고신에 지방산과 당질이 결합된 지질이다.

1) 세레브로사이드(Cerebroside)

세레브로사이드는 동물의 뇌, 비장 등의 지방조직에서 발견되며, 인산기를 포함하지 않는 대표적인 스핑고지질이다. 즉 이것은 가수분해되어 스핑고신, 지방산, 6탄당 등이 생성되므로 당지질에 속한다. 구성하고 있는 당은 주로 갈락토스이지만 최근에는 포도당, 슈크로스 등도 발견되고 있다.

2) 강그리오사이드(Ganglioside)

강그리오사이드는 신경절 세포(ganglion cell)에 주로 존재하며, 스핑고신, 지방산, 하나 또는 그 이상의 당질로 이루어진 복합 스핑고지질이다.

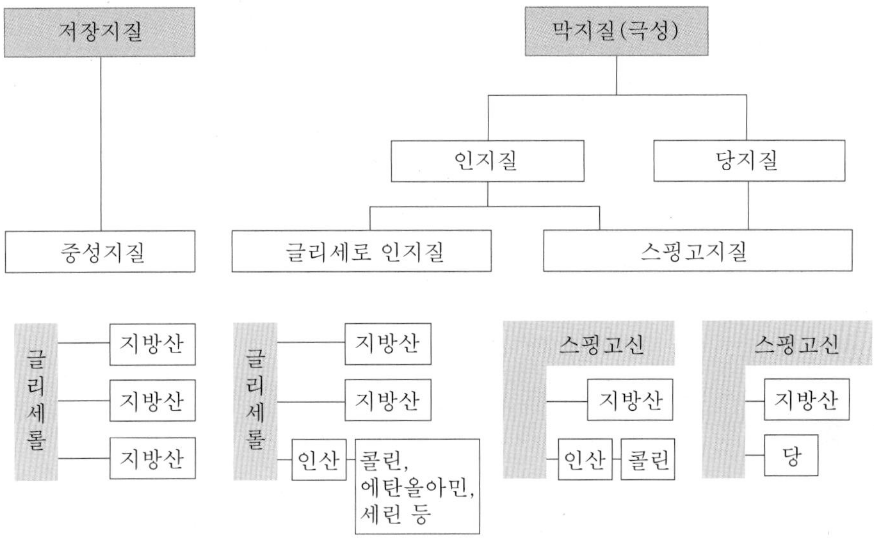

[그림 4-12] **중성지질, 인지질, 당지질의 분류**

3. 황지질(Sulfolipids)

세레브론(Cerebron)에 황산 에스터가 결합된 지질이다. 즉, 갈락토스의 C_6의 -OH기에 술폰기가 붙은 것으로 뇌, 간, 비장 등에 존재한다.

4. 단백지질(Proteolipids)

단백지질은 지질과 단백질이 주로 소수 결합에 의해 결합된 것으로서 지단백질(lipoprotein)이기도 하며 뇌단백, 심근, 신장, 간장, 세포핵 및 미토콘드리아 등에 존재한다.

단백지질을 구성하는 지질 성분은 트리글리세리드, 인지질, 콜레스테롤 또는 그 에스터이며, 단백질 성분으로는 비극성의 아미노산이 많다. 단백지질의 종류 및 역할은 [표 4-6]에 있다.

표 4-6 단백지질의 종류 및 역할

종류	역할
킬로미크론(Chylomicron)	외인성(식이) 중성지질을 체내로 운반
초저밀도지단백(VLDL, Very low density lipoprotein)	내인성(간에서 합성) 중성지질을 조직으로 운반
저밀도지단백(LDL, Low density lipoprotein)	약 45% 콜레스테롤 함유, 조직으로 콜레스테롤을 운반, 동맥경화증의 원인
고밀도지단백(HDL, High density lipoprotein)	조직에서 간으로 콜레스테롤을 운반하는 항동맥성지단백으로 이 수치가 높을수록 심혈관계 질환을 예방함

표 4-7 복합지질의 분류

분류		특성	예
인지질	글리세로 인지질	글리세롤 + 지방산 + 인산 + A	레시틴 : 포스파티딜 콜린 세팔린 : 포스파티딜 세린 포스파티딜 에탄올 아민 포스파티딜 이노시톨 포스파티딜 글리세롤 리소포스파티드 플라스마로겐
	스핑고 인지질	스핑고신 + 지방산 + 인산 + 콜린	스핑고미엘린
당지질		글리세롤이나 스핑고신 + 지방산 + 당질	세레브로사이드 강그리오사이드
황지질		세레브론 + 황산	
단백지질		지질 + 단백질	카일로미크론, HDL, LDL, VLDL

05 유도 지질이란 무엇일까요?

1. 스테롤(Sterol)류

동·식물 조직 중에 존재하는 스테로이드핵[그림 4-13]을 가진 고리모양 알코올(cyclic alcohol)을 스테롤이라 부르며 천연지질 중 비누화가 되지 않는 지질의 대표적인 것이다.

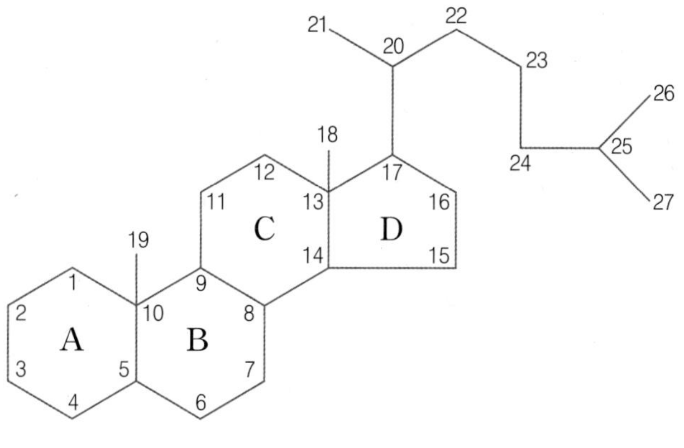

[그림 4-13] 스테로이드핵

스테롤류는 스테로이드 기본구조의 3번 탄소에 OH기, 18번과 19번 탄소에 $-CH_3$기, 17번 탄소에 탄소수가 8~10개인 탄화수소사슬(R기)을 갖고 있으며 그 출처에 따라 동물성 스테롤과 식물성 스테롤로 분류된다.

1) 동물성 스테롤

(1) 콜레스테롤(Cholesterol)

콜레스테롤은 고등동물의 근육 조직에 대부분 함유되어 있으며 특히 뇌, 신경조직, 혈액 등에 많다. 콜레스테롤 함량이 많은 식품을 열거하면 [표 4-8]과 같다.

[그림 4-14]에 있는 것처럼 콜레스테롤의 분자식은 $C_{27}H_{45}OH$이며, 융점이 149℃인 백색의 고체이다. 대부분이 유리상태로 지질 중에 존재하나 그중의 약 6% 정도가 지방산과 에스터 형태로 존재한다. 자외선을 쪼이면 7-데히드로콜레스테롤(dehydrocholesterol)은 비타민 D_3가 된다.

표 4-8 식품 중의 콜레스테롤 함량(분량기준 : 100g)

식품명	함량(mg)	식품명	함량(mg)
굴(생것, 참굴)	12.48	달걀(생것)	328.83
대구(암컷, 생것)	21.83	베이컨(생것)	57.48
꽃게(생것)	30.36	버터	200
오징어(생것)	20.95	치즈(모짜렐라)	62.85
쇠고기(한우 1등급, 살코기, 생것)	60.73	참기름	0
돼지고기(삼겹살)	68.55	옥수수기름	0
닭고기(다리살)	91.96	올리브유	0

자료 : 농촌진흥청 국립농업과학원, 국가표준식품성분 DB 9.2(2020)

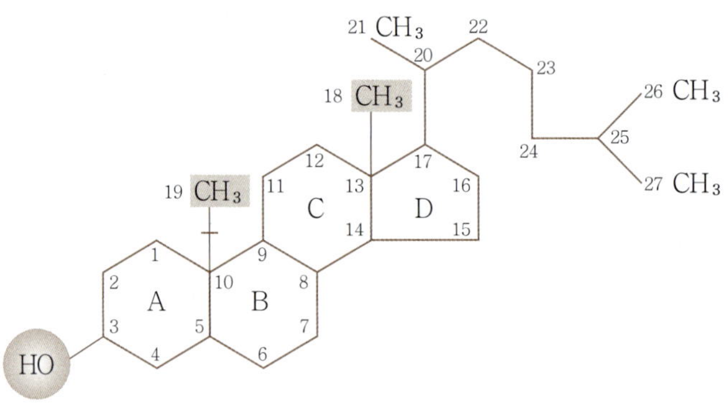

[그림 4-14] 콜레스테롤의 구조

2) 식물성 스테롤

(1) 시토스테롤(Sitosterol)

시토스테롤은 대표적인 식물성 스테롤로서 식물성 유지에 널리 분포되어 있으며 특히 밀의 배종유, 옥수수유에 많이 함유되어 있다. 시토스테롤의 분자식은 $C_{29}H_{49}OH$이며, 융점은 137.5℃이다.

(2) 에르고스테롤(Ergosterol)

에르고스테롤은 효모, 곰팡이, 버섯, 클로렐라(chlorella) 등에 함유되어 있는 스테롤로서, 그 분자식은 $C_{28}H_{43}OH$이며 융점은 163℃이다.

에르고스테롤은 자외선 조사에 의해서 B환이 쉽게 열려 칼시페롤(calciferol) 즉, 비타민 D_2로 된다[그림 4-15]. 따라서 에르고스테롤은 자외선 조사에 의해서 비타민 D_3가 되는 7-데히드로콜레스테롤과 함께 프로비타민 D로 알려져 있다.

(3) 스티그마스테롤(Stigmasterol)

스티그마스테롤은 대두유 중에 시토스테롤과 공존하거나 미강유, 옥수수유, 야자유 등의 식물성 유지에 널리 분포한다. 스티그마스테롤의 분자식은 $C_{29}H_{47}OH$이며 융점은 169~170 ℃이다.

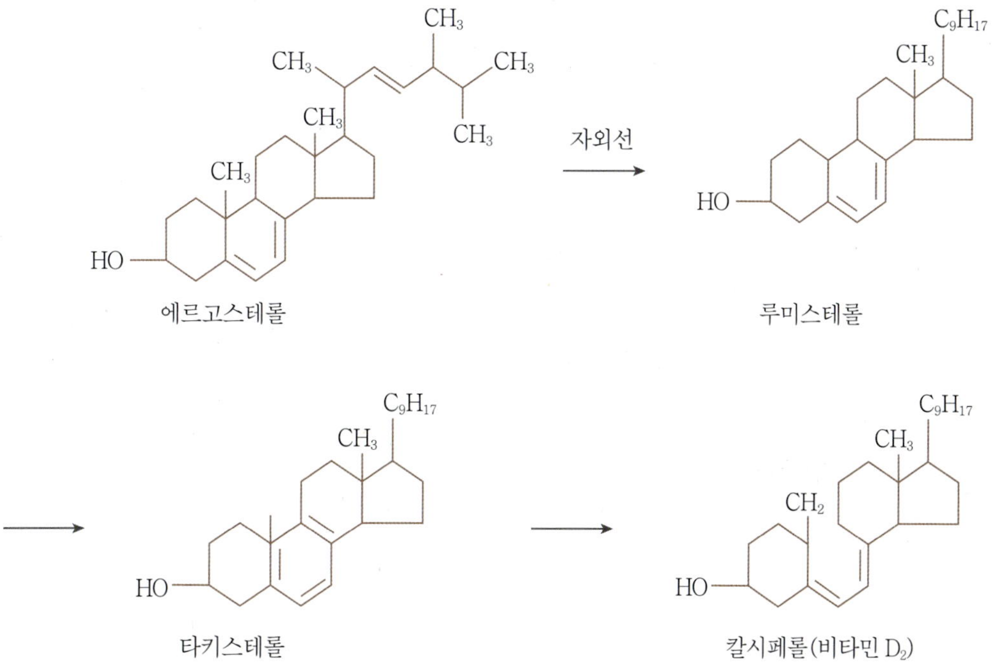

[그림 4-15] 에르고스테롤에서 칼시페롤로의 전환

2. 일부 탄화수소

1) 스쿠알렌(Squalene)

스쿠알렌은 불검화물의 일종이며 대표적인 불포화 탄화수소로서 상어 간유에 85%, 올리브유에 0.4~0.7%, 기타 미강유, 효모에도 존재한다.

스쿠알렌의 분자식은 $C_{30}H_{50}$으로서, 6개의 아이소프렌(isoprene) 단위를 가진 구조를 취하고 있으며 각종 스테롤류의 전구물질로 알려져 있다[그림 4-16].

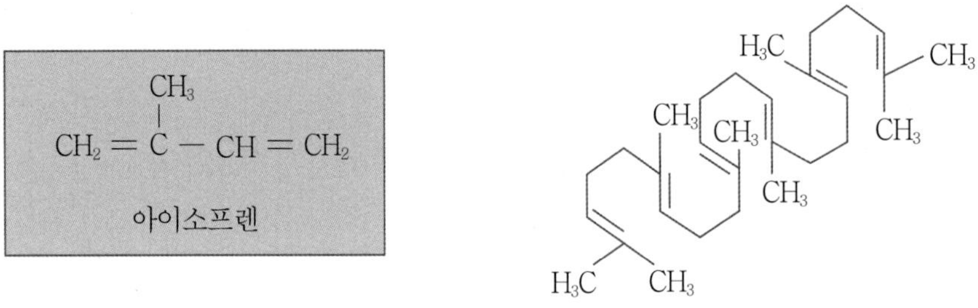

스쿠알렌($C_{30}H_{30}$)

[그림 4-16] **아이소프렌과 스쿠알렌 구조**

2) 지방족 탄화수소

불검화물인 지방족 탄화수소(aliphatic hydrocarbon)로는 직쇄상의 n-파라핀(paraffins)과 분지상의 구조를 한 아이소-파라핀(iso-paraffins)이 있다.

06 유지의 성질은 어떨까요?

1. 유지의 물리적 성질

1) 용해성(Solubility)

유지는 글리세롤의 수산기(-OH)와 지방산의 카복실기(-COOH)가 에스터 결합하여 친수기(극성기)가 나타나지 않게 되므로 극성 용매인 물에 녹지 않고 에테르, 벤젠, 클로로포름 등과 같은 비극성 유기용매에 잘 녹는다.

같은 용매에 대해서는 탄소수가 많고[그림 4-17] 불포화도가 적은 지방산으로 이루어진 유지일수록 그 용해도는 감소한다.

2) 융점(Melting point)

포화 지방산의 융점은 일반적으로 탄소수의 증가할수록 높아진다[그림 4-17]. 또한 불포화 지방산은 이중 결합수의 증가에 따라 융점이 낮아진다. 예를 들면 C_{18}의 4가지의 지방산을 비교하면 융점은 이중 결합수에 따라 다음과 같이 낮아진다.

스테아르산($C_{18:0}$, 70℃) > 올레산($C_{18:1}$, 16℃) >
리놀레산($C_{18:2}$, −5℃) > 리놀렌산($C_{18:3}$, −11℃)

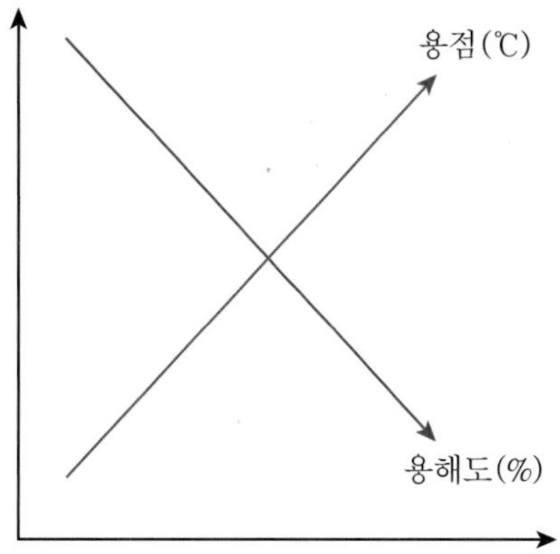

[그림 4-17] **포화지방산의 탄소길이에 따른 융점과 용해도**

천연의 유지는 다른 순수한 화합물과 같이 일정한 온도에서 녹는 것이 아니고 광범위한 온도에서 녹기 때문에 유지의 융점은 매우 불명확하다. 유지가 일정한 융점을 갖고 있지 않는 것은 어떤 종류의 유지라도 예외 없이 성질이 다른 많은 종류의 트리글리세리드의 혼합물이라는 것과 구성 트리글리세리드의 하나하나가 동질이상현상(polymorphism)으로 알려진 특유한 성질을 나타내기 때문이다.

동질이상현상이란 단일 화합물이 2개 이상의 결정형을 갖는 현상을 말하며 융점도 그 결정형에 따라 달라지는 것이다. 지방산 분자도 트리글리세리드와 같은 동질이상현상을 나타낸다.

3) 연화점(Softening point)

연화점은 모세관에 들어있는 유지가 연화되면서 부피가 팽창함에 따라 모세관 내부에서 약간 위로 움직일 때의 온도이다. 연화점은 어떤 특정 유지의 식별을 위해 고안된 경험적인 성질로 재현성이 적다.

4) 비중(Specific gravity)

유지의 비중은 일반적으로 0.92~0.94로서 물보다 가볍다. 유지는 저급 지방산의 함량이 많을수록, 또 지방산의 불포화도가 높을수록 그 비중은 커진다. 또한 수산기(-OH)를 가지고 있거나 지방산이 산화하여 분자량이 작은 지방산이 생기면 비중이 커진다[표 4-9].

표 4-9 각종 유지의 비중(15℃)

유지	비중	유지	비중
쇠기름	0.895	팜야자유	0.924
버터기름	0.907~0.912	땅콩기름	0.917~0.926
피마자유	0.960~0.967	참기름	0.919
코코야자유	0.926	대두유	0.924~0.927
옥수수유	0.921~0.928	채종유	0.913~0.917
면실유	0.917~0.918	해바라기유	0.924~0.926
아마인유	0.930~0.938	돼지기름	0.934~0.938
올리브유	0.915~0.920	간유	0.922~0.931

5) 굴절률(Refractive index)

유지의 굴절률은 일반적으로 1.45~1.47 정도이며, 유지의 분자량 및 불포화도의 증가에 따라 그 굴절률은 증가한다[표 4-10].

표 4-10 각종 유지의 굴절률(25℃)

유지	굴절률	유지	굴절률
버터	1.455~1.4578	팜야자유	1.4603~1.4639
피마자유	1.4771	땅콩기름	1.4620~1.4653
코코야자유	1.4477~1.4495	참기름	1.4704~1.4717
옥수수유	1.4733	대두유	1.4723~1.4756
면실유	1.4743~1.4752	채종유	1.4649~1.4721
아마인유	1.4797~1.4802	해바라기유	1.4659~1.4721
올리브유	1.4657~1.4667	돼지기름	1.4607

즉, 버터와 같이 저급 지방산이 많은 유지의 굴절률은 낮고 아미인유와 같이 불포화도가 높은 지방산으로 이루어진 유지의 굴절률은 높다.

한편 같은 유지의 경우, 굴절률은 그 요오드가의 변화에 따라 대체로 비례한다. 즉, 수소 첨가에 의해 요오드가가 감소될 때 이 유지의 굴절률도 대체로 이와 비례하여 감소한다.

유지의 일정 온도에 있어서의 굴절률은 재현성 있는 일정한 값을 주므로 굴절률의 측정은 한 유지의 식별을 위하여 매우 유용한 방법이다.

6) 비점(Boiling point)

지방산의 비점 또한 탄화수소사슬의 길이와 관계가 있고 분자량이 커짐에 따라 높아진다. 그러나 이중 결합의 존재는 큰 영향을 주지 않는다.

유지의 비점은 매우 높아서 200℃ 이상의 것이 많으며 두 분자의 지방산이 카복실기 간의 수소결합에 의해 이량체(dimer)를 형성하나 이들 중 대부분이 끓기 전에 분해된다. 이 경향은 불포화도가 높을수록 심하다.

7) 발연점, 인화점, 연소점

(1) 발연점(Smoke point)

발연점은 유지를 강하게 가열할 때 유지의 표면에서 엷은 푸른 연기가 날 때의 온도를 말한다. 발연점에서 발생되는 연기는 글리세롤이 분해되어 생성된 아크롤레인(acrolein)으로 유지를 고온에서 가열할 때 유지가 분해되어 발생되는 것이다. 이 연기들이 유지를 사용해서 만든 식품들에 흡수되면 좋지 않은 맛이나 냄새를 주므로 가급적이면 식용유지 특히 튀김식품에 사용될 유지는 발연점이 높은 것을 이용하는 것이 바람직하다.

일반적으로 유지의 발연점은 유지 중에 유리지방산 함량이 많을수록, 노출된 유지의 표면적이 커질수록, 그리고 유지 중에 외부에서 들어간 미세한 입자상의 물질들이 많을수록 낮아지는 사실이 알려져 있다.

(2) 인화점(Flash point)

인화점은 유지를 발연점 이상으로 계속 가열할 때 유지에서 발생되는 연기가 공기와 섞여서 발화되는 온도를 말한다. 일반적으로 발연점이 높은 유지는 인화점도 높다.

(3) 연소점(Fire point)

연소점은 유지가 인화점에 도달한 후 계속 가열하여 연소가 지속되는 온도를 말한다. 일반적으로 발연점이 높을수록 연소점도 높다. 연소점은 유지의 정제 정도, 순도, 내력, 유지 중 유리 지방산의 함량 등에 영향을 받는다.

각종 유지들의 발연점, 인화점 및 연소점은 [표 4-11]과 같다.

표 4-11 각종 유지의 발연점, 인화점 및 연소점(℃)

유지	발연점(℃)	인화점(℃)	연소점(℃)
피마자유(정제)	200	298	335
옥수수유(조제)	178	294	346
옥수수유(정제)	227	326	359
아마인유(조제)	163	287	353
아마인유(정제)	160	309	360
올리브유(조제)	199	321	361
콩기름(조제, expeller추출)	181	296	351
콩기름(조제, 용매추출)	210	317	354
콩기름(정제)	256	326	356

8) 유화성(Emulsification)

유지는 글리세롤의 수산기(-OH)와 지방산의 카복실기(-COOH)가 에스터 결합하여 극성이 없어지게 되어 물에 녹지 않는다. 그러나 레시틴, 스테롤과 같은 지질은 분자 내에 극성기(친수기)와 비극성기(소수기)를 모두 가지고 있어 이것을 유지와 물 사이에 넣으면 비극성기는 유지와, 극성기는 물과 약하게 결합하여 양자의 교량 역할을 하여 유지가 물에 분산된 유탁액(emulsion)을 만든다.

이와 같은 성질을 가지는 물질을 유화제(emulsifying agents)라 한다.

유탁액에는 두 가지 형태가 있다. 즉, 우유, 아이스크림, 마요네즈 등과 같이 물속에 유지의 입자가 분산되어 있는 수중유적형(oil in water, O/W)과 버터, 마아가린 등 유지 속에 물이 분산되어 있는 유중수적형(water in oil, W/O)이 있다.

유탁액이 수중 유적형, 유중수적형의 어느 쪽이 되는가는 유화제의 성질, 전해질의 존재, 유지의 성질, 유지와 물의 비율 등에 따라 결정된다. 일반적으로 친수성 유화제는 수중유적형을, 친유성 유화제는 유중수적형을 이루게 된다.

유화제를 선택하는 기준으로 HLB(hydrophile-lipophile balance)가 있다. HLB란 유화제의 친유성과 친수성에 따라 0~20으로 나누어지며 3~6은 W/O형에 8~18은 O/W형 유화액에 사용되고 있다.

2. 유지의 화학적 성질

1) 산가(Acid value)

산가는 유지 1g 중에 함유된 유리 지방산을 중화하는 데 필요한 수산화칼륨(KOH)의 mg 수로 표시된다. 따라서 산가는 사용 중인 유지의 품질 저하 정도를 나타내는 하나의 척도이다. 정제 식용유는 산가가 대체로 1.0 이하이며 이보다 높은 것은 변질되었거나 정제 정도가 낮은 것을 의미한다.

각종 유지의 산가는 [표 4-12]와 같다.

표 4-12 각종 유지의 산가

유지	산가	유지	산가
쇠기름	0.25	팜야자유	10
버터기름	0.45~35.4	땅콩기름	0.8
피마자유	0.12~0.80	참기름	9.8
코코야자유	2.5~10.0	대두유	0.3~1.8
옥수수유	1.37~2.02	채종유	0.36~1.0
면실유	0.6~0.9	해바라기유	11.2
아마인유	1.0~3.5	돼지기름	1.56
올리브유	0.3~1.0	간유	5.6

2) 검화가(Saponification value)

유지를 수산화칼륨(KOH)이나 수산화나트륨(NaOH)의 알코올 용액에서 가열하면 글리세롤과 지방산의 알칼리염(비누)으로 분해되어 물에 녹게 되는 것을 비누화 또는 검화라 하며, 유지 1g을 검화하는 데 필요한 KOH의 mg수를 검화가라고 한다.

검화가는 구성 지방산의 평균 분자량에 반비례하므로 저급 지방산의 함량이 많을수록 커지고 반대로 고급 지방산이 많은 유지일수록 작아진다. 보통 유지의 검화가는 180~200 정도이다.

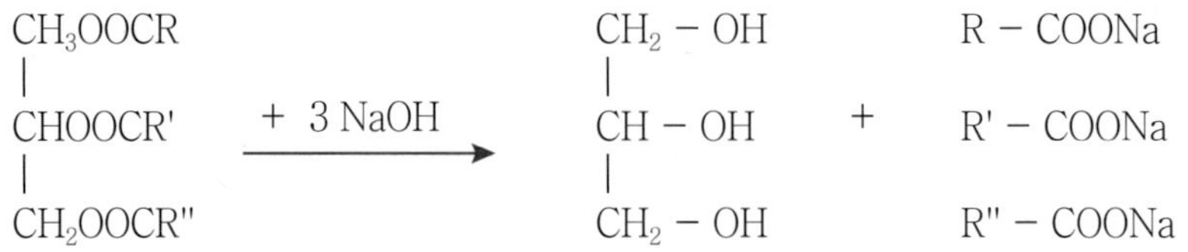

트리글리세리드 글리세롤 지방산의 Na염(비누)

3) 요오드가(Iodine value)

불포화 지방산을 함유한 유지의 이중 결합에 수소나 할로겐(halogen)이 쉽게 부가 반응을 일으킨다.

유지 100g에 부가되는 요오드의 g수를 요오드가라고 한다. 요오드가는 유지 분자 내의 이중 결합수, 즉 구성 지방산의 불포화 정도를 나타내는 척도가 된다. 따라서 불포화 지방산을 많이 함유하고 있는 유지의 요오드가가 크다. 각종 유지의 요오드가는 [표 4-13]과 같다.

표 4-13 각종 유지의 요오드가

유지	요오드가	유지	요오드가
쇠기름	35.4~42.3	팜야자유	49.2~58.9
버터기름	26~28	땅콩기름	88~98
피마자유	84	참기름	103~117
코코야자유	6.2~10	대두유	122~134
옥수수유	111~128	채종유	94~105
면실유	103~111.3	해바라기유	129~136
아마인유	175~202	돼지기름	62.5~79
올리브유	79~88	간유	137~166

또한 불포화 지방산은 수소 첨가에 의하여 융점이 높은 포화 지방산으로 되며 액체 유지가 고체 지방으로 변한다. 그러므로 액체 유지에 수소를 첨가하는 반응을 경화(hardening)라고 하며, 생성된 고체 지방을 경화유(hardened oil)라고 한다. 경화유는 마가린이나 비누제조의 원료로 사용된다. 요오드가에 따라 유지는 건성유, 반건성유, 불건성유로 분류된다.

건성유는 식물성유를 공기에 방치하면 표면이 말라 막이 형성되는 것으로 아마인유, 들기름,

호두기름, 정어리 기름이다. 요오드가 130 이상의 것으로 리놀레산, 리놀렌산 등 다가 불포화지방산 함량이 많은 기름이다.

반건성유는 요오드가 100~130의 것으로 올레산, 리놀레산 함량이 많은 참기름, 대두유, 면실유, 미강유가 포함된다.

불건성유는 요오드가 100 이하의 것으로 올레산 함량이 많은 기름이며, 올리브유, 땅콩기름, 피마자유가 포함된다.

4) 아세틸가(Acetyl value)

아세틸가는 유지에 무수초산을 반응시켜 아세틸화 한 유지 1g을 다시 가수분해할 때 생성되는 초산을 중화하는 데 필요한 수산화칼륨(KOH)의 mg수이다. 이 아세틸가는 유지 중의 유리 수산기(-OH)의 함량을 표시하는 척도이다.

5) 라이헤르트-마이슬가(Reichert-Meissl value)

라이헤르트-마이슬가는 유지 5g을 검화한 후 산성에서 증류하여 얻은 수용성 휘발성 지방산을 중화하는 데 필요한 0.1N-수산화칼륨(KOH)의 ml 수로써 정의된다.

즉, 라이헤르트-마이슬가는 그 유지 속에 함유된 부티르산($C_{4:0}$)와 카프로산($C_{6:0}$)의 함량을 나타낸다. 버터의 라이헤르트-마이슬가는 보통 23~34로서 다른 식용 유지보다 높으며 마가린은 0.5~5.5이다. 따라서 이 값은 특히 버터의 순도나 위조검정에 이용되고 있다.

6) 폴렌스케가(Polenske value)

폴렌스케가는 5g의 유지 속에 함유된 비수용성인 휘발성 지방산을 중화하는 데 필요한 0.1N-수산화칼륨의 ml 수로써 표시된다.

버터의 폴렌스케가는 1.5~3.5이고 야자유는 16.8~18.2로서 비수용성 휘발성 지방산이 많다. 따라서 이 값은 버터 중의 야자유 검사에 이용된다.

7) 커슈너가(Kirschner value)

커슈너가는 유지 중의 부티르산 함량을 표시하는 수치이다.

8) 헤너가(Hener value)

헤너가는 유지 중에 물에 녹지 않는 지방산들의 함량을 전체 유지에 대한 퍼센트(%)로 표시한 수치이다.

보통 유지의 헤너가는 95 정도이며, 유지방은 87~90, 코코넛유는 82~90으로 낮은데 비해서 쇠기름은 96~97, 돼지기름은 97 정도로 높은 값을 나타낸다.

9) 로단값(Rhodan value, thiocyanogen value)

유지 100g 중의 불포화결합에 첨가되는 로단의 양을 당량의 요오드 g수로 환산하여 표시한 것을 말한다. 유지의 불포화정도를 측정한다.

표 4-14 유지의 화학적 성질

분류	정의	특징
산가	유지 1g 중에 함유된 유리 지방산을 중화하는 데 필요한 수산화칼륨의 ㎎수	유지의 품질 저하 판정
검화가	유지 1g을 검화하는 데 필요한 수산화칼륨의 ㎎수	평균 분자량에 반비례
요오드가	유지 100g에 부가되는 요오드의 g수	구성지방산의 불포화정도의 척도
아세틸가	유지에 무수초산을 반응시켜 아세틸화한 유지 1g을 다시 가수분해 할 때 생성되는 초산을 중화하는데 필요한 수산화칼륨의 ㎎수	유지 중의 유리수산기 함량 표시
라이헤르트-마이슬가(R-M가)	유지 5g에 함유된 수용성 휘발성 지방산을 중화하는 데 필요한 0.1 N 수산화칼륨의 ㎖수	버터의 순도나 위조 검정
폴렌스케가	유지 5g에 함유된 비수용성 휘발성 지방산을 중화하는 데 필요한 0.1 N 수산화칼륨의 ㎖수	버터 중의 야자유 검사
커슈너가	유지 5g 중의 수용성 휘발성 지방산 중 부티르산의 은(Ag)염의 수용성 성질로 측정	유지 중의 부티르산 표시
헤너가	유지 중에 비 수용성 지방산의 함량을 전체 유지에 대한 퍼센트(%)로 표시	유지 중의 비수용성 지방산 함량 표시
로단가	유지 100g 중의 불포화 결합에 첨가되는 로단의 양을 당량의 요오드 g수로 환산	유지의 불포화도

3. 에스터 교환반응(Interesterification)

유지 중의 중성지질(triglyceride) 사이 또는 중성지질 내의 지방산의 재배열이 일어나는 것을 에스터 교환반응이라고 한다. 에스터 교환반응은 유지 분자 내에서 또는 유지 분자 간에 에스터 교환반응을 이루며[그림 4-18], 식용유지를 가공할 때 물성 개선을 위하여 사용된다.

① 분자 내 에스터 반응

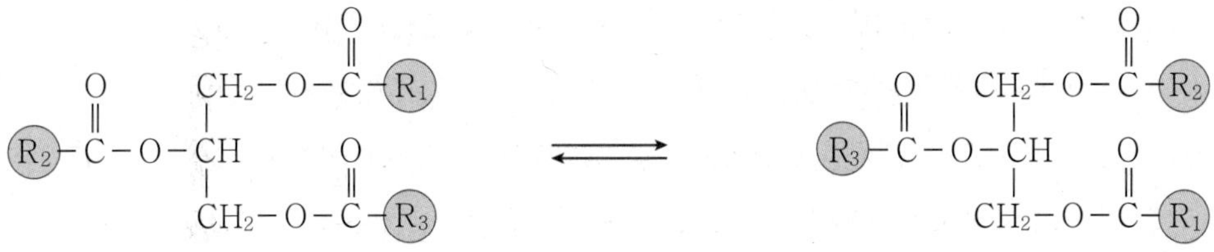

② 분자 간 에스터 반응

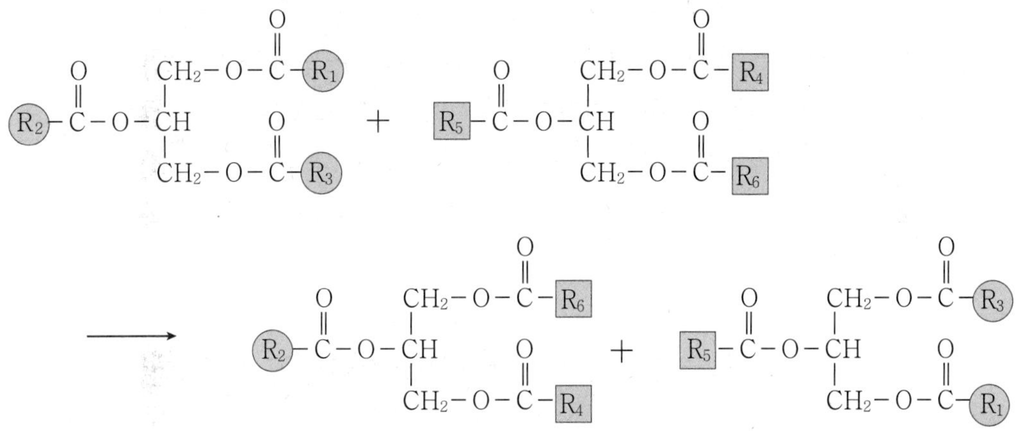

[그림 4-18] 유지의 에스터 반응

예를 들면 액체인 면실유를 촉매의 존재하에 가열하면 에스터 교환반응이 일어나 면실유의 성질에 변화를 주어 반고체의 기름으로 된다.

07 유지의 산패는 무엇일까요?

식용 유지 또는 지질이 함유된 식품을 장기간 저장할 때 산소, 광선, 효소, 미생물 등의 작용을 받아 불쾌한 냄새(off flavor)를 발생하고 착색이 되며 맛이 나쁘게 된다. 이와 같은 유지의 품질 저하 현상을 일반적으로 산패(rancidity)라고 한다. 산패는 산소가 관여하는 산화형 산패와 산소 없이도 일어나는 비산화형 산패로 나눌 수 있다.

- 산패 (rancidity)
  - 산화형 산패 (oxidative rancidity) (산소를 흡수함으로써 일어남)
    - 비효소적 산화형 산패 (non-enzymatic oxidative rancidity)
    - 효소적 산화형 산패 (enzymatic oxidative rancidity)
  - 비산화형 산패 (non-oxidative rancidity) (산소 없이도 일어남)
    - 가수분해형 산패 (hydrolytic rancidity)
    - 케톤 생성형 산패 (ketonic rancidity)

1. 산화형 산패

1) 비효소적 산화형(자동산화) 산패(Autoxidation)

(1) 자동 산화의 개요

식용 유지나 지질 성분은 공기와 접촉이 있는 한 비교적 낮은 온도에서도 자연발생적으로 산소를 흡수하여 서서히 산화가 일어나는데, 이를 자동산화라 한다[그림 4-19].

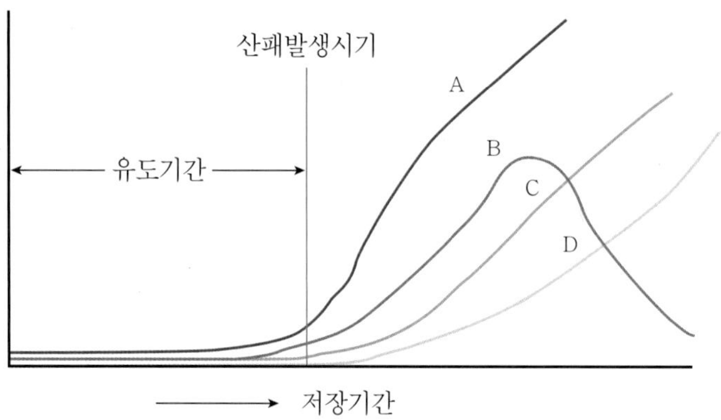

A : 산소의 흡수속도　B : 과산화물의 생성속도
C : 최종산화생성물의 생성속도　D : 점도의 증가속도

[그림 4-19] **유지의 자동산화과정 중 나타나는 주요 반응의 속도**

일반적으로 유지가 산소를 흡수하는 속도는 처음 어느 일정한 기간은 거의 일정하고 산소 흡수량도 적지만 어느 기간이 지난 후에는 유지의 산소 흡수 속도가 급격하게 증가하고 산화 생성물의 양도 급증하여 유지의 여러 가지 화학적·물리적 성질의 급격한 변화를 가져와 산패가 일어나게 된다. 이 과정 중 유지의 산소 흡수 속도가 매우 느린 어느 일정 기간 즉,

유지를 저장하여 산패가 발생하기 직전까지의 기간을 그 유지의 유도기간(induction period)이라고 한다.

유지가 산화되면 초기의 생성물로서 과산화물이 축적된다. 더욱 산화가 진행되면 과산화물의 분해와 중합이 일어난다. 즉, 저분자의 알데히드류, 케톤류 등이 생성되어 맛과 냄새가 나빠질 뿐만 아니라 영양가가 저하되며 나아가서는 유독 성분이 생성되어 식품 저장에 있어서 나쁜 영향을 준다.

(2) 자동 산화의 연쇄 반응 메커니즘

유지의 자동 산화는 다음의 4단계를 거쳐 일어나는 연쇄 반응이다.

① 초기반응(Initiation reaction)

$$X\cdot + RH \longrightarrow R\cdot + XH$$

X·: 금속이온, RH: 지방산, R·: 유리기

초기반응에서는 반응이 이루어지기 위한 유리기(free radical)를 형성한다.

② 전파반응(Propagation reaction)

$$R\cdot + O_2 \longrightarrow ROO\cdot$$

R·: 유리기, O_2: 산소, ROO·: 페르옥시기(peroxy radical)

$$ROO\cdot + RH \longrightarrow ROOH + R\cdot$$

ROO·: 페르옥시기, RH: 유지분자, ROOH: 히드로페르옥시드(hydroperoxide), R·: 유리기

초기반응에서 생성된 유리기는 공기 중의 산소와 결합하여 페르옥시기(peroxyradical, ROO·)가 되고, 이 페르옥시기는 유지분자(RH)에서 수소를 얻어 히드로페르옥시드(hydroper-oxide, ROOH)가 되고 유지분자는 유리기로 된다.

③ 종결반응(Termination)

$$R\cdot + R\cdot \longrightarrow R{:}R$$

$$R\cdot + ROO\cdot \longrightarrow ROOR$$

$$ROO\cdot + ROO\cdot \longrightarrow ROOR + O_2$$

자동산화의 후반기가 되면 연쇄 반응에서 생성된 유리기들이 서로 중합체를 형성하여 반응이 끝나게 된다.

히드로페르옥시드는 불안정하므로 다시 분해되어 유리기를 생성함으로써 산화를 촉진하여 자기촉매적 자동산화(auto catalytic autoxidation)를 일으킨다.

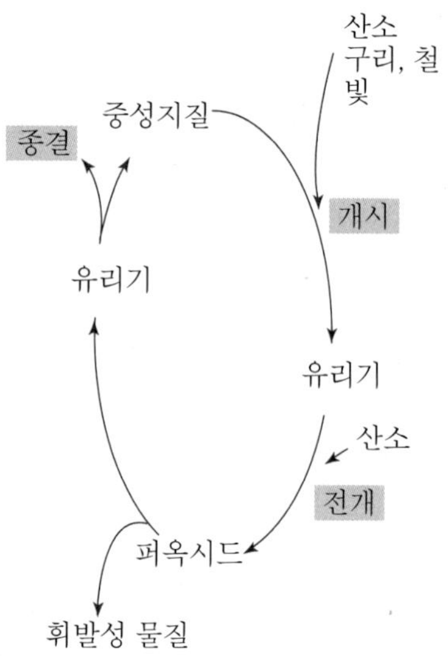

$$\mathrm{ROOH} \xrightarrow{\text{분해}} \mathrm{RO\cdot} + \mathrm{\cdot OH}$$

히드로페르옥시드 알릴유리기 수산기

이러한 자동 산화과정을 거치면서 유지는 알데히드, 케톤, 산, 중합체(polymer) 함량이 계속 증가하게 되어 휘발성이 큰 물질이 증가하고, 비정상적인 냄새와 맛이 나며, 산가는 높아지고, 요오드가는 낮아지며, 유리기의 중합으로 점도가 증가하게 된다.

2) 효소적 산화형 산패

식물 조직 중에 존재하는 지질 성분의 산화는 역시 그 식물체 내에 존재하는 여러 산화효소들에 의해서 촉진된다. 지질의 산화를 촉진하는 효소에는 리폭시게네이스(lipoxygenase)와 리포히드로과산화효소(lipohydroperoxidase)의 2종류가 있다. 이들 효소는 두과식물의 종자, 곡류 등의 식물에 광범위하게 분포되어 있다. 리폭시게네이스는 불포화 지방산을 산화하여 히드로퍼옥시드를 만드는 반응을 촉매하는데 반하여 리포히드로과산화효소는 히드로퍼옥시드를 분해하는 반응을 촉매한다.

2. 비산화형 산패

1) 가수분해형 산패

유지의 구성성분인 중성지질은 물, 산, 알칼리, 효소에 의하여 분해되어 유리 지방산과 글리세롤을 생성한다.

여기서 생성된 각종 유리 지방산들은 비정상적인 불쾌한 냄새와 맛을 줄 뿐 아니라 이차적으로 유지의 자동 산화를 촉진하는 등 유지의 품질을 저하시키는 직접 또는 간접적인 원인 물질이 된다.

$$\begin{array}{l} CH_2OCOR \\ | \\ CHOCOR' \\ | \\ CH_2OCOR'' \end{array} + 3H_2O \xrightarrow[\text{효소}]{\text{물, 산, 알칼리}} \begin{array}{l} CH_2OH \\ | \\ CHOH \\ | \\ CH_2OH \end{array} + \begin{array}{c} RCOOH \\ + \\ R'COOH \\ + \\ R''COOH \end{array}$$

중성지질 글리세롤 유리지방산

2) 케톤(Ketone) 생성형 산패

케톤 생성형 산패는 보통 야자유, 팜유, 유지방 등과 같이 저급 지방산을 함유한 지질 식품에서 볼 수 있는 현상이다. 즉, 미생물이 생산하는 산화 효소작용에 의하여 저급 지방산이 케톤산을 거쳐 탄소수가 적은 메틸 케톤으로 가수 분해되는 것을 말한다.

$$RCH_2CH_2COOH \xrightarrow{+O} RCHOHCH_2COOH \xrightarrow{-2H}$$

$$RCOCH_2COOH \xrightarrow{-CO_2} RCOCH_3$$

메틸 케톤

08 유지의 산패 측정 방법은 무엇이 있을까요?

유지의 산패가 진행되면 산소 흡수 속도가 증가되고 히드로퍼옥시드와 같은 과산화물이 생성되는 동시에 카보닐 화합물의 생성도 증가되고, 여러 가지 불쾌한 냄새와 맛도 난다. 그러므로 식용유지 또는 지질 식품에 대하여 이와 같은 변화를 수시로 측정하여 산패의 발생 시기나 산패의 정도를 알 수 있다. 일반적으로 유지의 산패를 측정하는 방법은 물리적, 화학적, 관능검사에 의한 방법이 있다.

1. 물리적 방법

1) 산소 흡수 속도 측정

유지의 산소 흡수 속도는 그의 산패 발생 시기를 전후해서 급증한다. 따라서 밀폐된 용기에 식용 유지나 지질 식품을 산소와 함께 넣어 용기 내에 남아있는 산소의 압력 또는 부피의 변화를 측정하여 시간에 따른 산소 흡수 속도를 계산함으로써 산패 발생 시기를 알아내는 방법이다. 이 방법은 식용 유지나 지질 식품보다는 각종 공업 제품에 널리 사용되고 있다.

2. 화학적 방법

1) 과산화물가(Peroxide value) 측정

유지 중에 존재하는 과산화물의 함량을 측정하는 방법으로서, 유지의 산패 정도와 유도기간의 길이를 알 수 있다.

과산화물가는 유지 1kg에 함유된 과산화물의 밀리 몰수 또는 밀리 당량수로써 표시한다.

이 방법의 결점은 유지의 산패에서 생성되는 히드로퍼옥시드의 함량이 자동산화의 진행에 따라 일단 최고치에 도달한 후 다시 감소하기 때문에 산패가 발생한 지 오래된 유지나 지질 식품의 과산화물가가 의외로 낮을 때가 있다는 것이다.

일반적으로 식물성 유지의 경우에는 과산화물가가 60~100meq/kg oil, 동물성 유지의 경우에는 20~400meq/kg oil에 도달하는 시기를 산패 발생시기로 보아 그 시기까지의 저장 기간을 유도 기간으로 정하고 있다.

2) TBA가(Thiobarbituric acid value) 측정

산패가 진행된 유지 중에 존재하는 카보닐 화합물의 하나인 말론알데히드(malonaldehyde)는 2-티오바르비탈산(thiobarbituric acid)과 염산(HCl)의 존재하에서 적색의 복합체를 형성하므로 이 적색을 비색정량(532~535nm)하여 산패를 측정하는 방법이다.

TBA가는 1kg의 유지 중에 함유되어 있는 말론알데히드의 mg 수 또는 시료가 일정한 조건하에서 나타내는 흡광도(absorbance)로 정의된다.

식용 유지나 지질의 종류에 따라 말론알데히드의 형성량이 크게 다르므로 서로 종류가 다른 유지나 지질 식품의 TBA가의 비교는 의미가 없으며 또한 2-티오바르비탈산과 색깔을 가진 복합체를 형성하는 화합물이 많다는 결점도 있다.

3) 카보닐가(Carbonyl value) 측정

카보닐가 측정법은 TBA가와 같이 유지의 산패 과정에서 형성되는 어떤 특정 카보닐 화합물을 대상으로 한 것이 아니라 전체 카보닐 화합물의 양을 측정하여 산패 정도를 알고자 하는 방법이다. 즉, 2,4-디니트로 페닐 히드라진(dinitro phenyl hydrazine)을 산패된 유지에 작용시켜서 그 속의 카보닐 화합물들을 적색 결정의 페닐 히드라존(phenyl hydrazone) 유도체로 만든 다음 이 유도체를 진한 수산화칼륨(KOH)용액에 용해시켜 비색정량하는 방법이다.

이 방법은 이론적으로는 매우 좋은 방법이나 경우에 따라서는 정확한 결과를 주지 못하는 결점이 있다.

4) AOM법(Active oxygen method)

AOM 시험법은 시료 유지를 97.8℃(208℉)에서 2.33ml/sec의 일정한 속도로 공기를 주입하면서 자동 산화를 촉진시켜 시간에 따른 과산화물가를 측정하여 유도기간을 조사하는 것이다. 보통 유지를 이 방법으로 측정하면 유도 기간은 10시간 내외이다.

이 방법은 식용 유지나 지질 식품의 유도 기간을 실제로 측정하는 것이 아니라 서로 다른 유지의 산패에 대한 안정성의 비교, 항산화제의 효율 비교 등을 위해서 가속된 조건하에서 유지를 자동 산화시켜서 단축된 유도 기간을 측정하는 방법이다.

3. 관능 검사에 의한 방법

1) 오븐 시험법(Oven test)

오븐 시험법은 비커나 유리항아리 속에 식용 유지나 지질 식품을 넣은 다음 오븐을 약 60℃로 유지하면서 수시로 냄새와 맛에 대한 관능검사를 통하여 유지의 산패가 일어나는 데 소요되는 일수를 측정한다.

이 방법은 7~8명의 전문적인 관능검사 요원으로 구성된 관능검사요원에 의해서 실시되며, 제과공업에서 비스킷, 쿠키, 크래커 등의 유지 산패에 대한 안정성 검사에 사용되기도 한다. 60℃의 오븐에서 한 시간 저장하는 것은 실온에서 일주일간 저장하는 것에 해당한다.

오븐 시험법은 일명 샤알 오븐 시험법(Schaal oven test)이라고도 하며, 지질 성분의 추출이 어려운 지질 식품의 산패 시기를 측정하는 데 주로 사용되는 주관적 방법이다.

09 유지의 산패에 영향을 미치는 인자는 어떤 것이 있을까요?

유지의 산패는 지방산의 종류에 영향을 받는데 이중결합이 있는 불포화지방산이 포화지방산보다 산패되기 쉽고, 요오드가가 큰 유지일수록 산패속도가 빠르다. 또한 여러 요인에 의해 산패촉진 및 산패의 진행을 억제할 수 있다.

1. 산화 촉진제(Prooxidants)

1) 온도

유지나 지방산의 산화도 화학 반응의 일종이므로 온도가 높을수록 반응 속도는 커진다.

또 식품을 0℃ 이하에 저장했을 경우는 0℃ 이상의 경우보다 유지의 산화속도가 빠르다. 이것은 동결에 의하여 얼음의 결정이 석출되고 그 수용성 잔여 부분에 금속염의 농도가 증가하므로 자동 산화가 촉진되는 것으로 생각되고 있다.

2) 산소의 분압

유지나 지방산의 산화에 있어서 산소가 필수적인 요소임은 말할 필요도 없으나 유지의 산패가 일어나는 데 필요한 산소의 분압은 아주 적어도 된다.

그러므로 통조림 제품의 저장에 있어서 내부의 산소 분압을 일정한 값 이하로 감소시키지 않으면 산화 억제의 효소가 나타나지 않는다.

3) 광선

가시광선으로부터 자외선 및 이온화 방사선에 이르기까지 모든 광선은 유지나 지방산의 산화를 촉진하며, 그중에서도 파장이 짧은 광선일수록 산화 효과가 크다. 직사광선은 강력한 자외선을 함유하고 있으므로 그 산화 촉진 작용은 매우 강력하며, 또 살균등, 형광등 및 백열등의 광선들도 유지의 산화를 촉진시킨다고 한다. 일반적으로 광선이 초기 단계에 있어서 유리기 생성에 큰 영향을 미치기 때문에 가시광선은 325~400nm 파장의 광선에서 산화가 가장 잘 일어난다.

즉, 식품 중의 지방산(RH)은 광선에 의하여 다음과 같이 유리기(radical, R·)를 생성한다.

$$\underset{\text{지방산}}{RH} \xrightarrow{\text{빛}} \underset{\text{유리기}}{R\cdot} + H\cdot$$

4) 금속 또는 금속 이온

금속 또는 금속 이온은 미량으로써 유지 및 지방산의 자동 산화를 현저하게 촉진한다.

각종 금속의 산화 촉진 작용의 크기는 연구 결과마다 다소 다르나 한 예를 들면 대두유에 대해서 다음과 같은 순서로 알려져 있다.

Cu > Fe > Cr, Co, Zn, Pb > Ca, Mg > Al, Ni, Sn, Na

5) 수분

적당량의 수분은 식품 중에 들어있는 유지의 자동 산화를 오히려 억제한다. 이것은 산화 촉진제 구실을 하는 중금속의 활성을 억제하거나 또는 식품 성분에 보호막을 형성하여 산소와의 접촉을 차단하기 때문이라고 생각된다. 실제로 건조식품에 있어서 그 식품의 수분 함량이 단분자층 형성 수분 함량보다 적거나 많을 경우에는 유지의 산패가 촉진되며, 단분자층 형성 수분 함량에서 가장 안정하다. 단분자층 형성 수분 함량은 식품의 종류에 따라 다르지만 대개 5% 정도이다.

6) 헴(Heme) 화합물

헴 화합물(헤모글로빈, 마이오글로빈)은 일반적으로 산화촉진제로 알려져 있으며, 특히 동물성 지질 및 육제품 등에 큰 영향을 미친다.

2. 항산화제(Antioxidants)

산화촉진제와는 반대로 유지의 산패 진행을 억제하여 주는 물질, 즉 유도 기간을 연장시켜 주는 물질을 항산화제 또는 산화방지제라고 한다.

자신은 항산화 효력을 가지고 있지 않으나 항산화제와 함께 사용하였을 경우 항산화제의 항산화 효력을 크게 증진시켜 주는 물질이 있는데 이와 같은 물질을 상승제(synergist)라고 하며, 비타민 C(ascorbic acid), 구연산(citric acid), 인산, 카복시메틸 메르캡토 숙신산(carboxymethyl mercapto succinic acid), 중합 인산염 등의 산성 상승제(acidic synergist)가 대부분이 식용 유지에 사용된다.

1) 천연 항산화제

천연 항산화제는 주로 식물성 유지에 자연적으로 함유되는 경우가 많고 동물성 유지에는 매우 적게 함유되어 있다.

(1) 토코페롤(Tocopherol)류

토코페롤류는 일반 채소류, 곡류, 두류, 난황 및 일반 식물성유 등에 널리 분포되어 있으며, 특히 밀이나 옥수수의 배아유에 그 함량이 비교적 많다. 동물성 지방에는 그 함량이 매우 적어 식물성유에 비하여 1/10~1/100 정도밖에 안 된다.

토코페롤류는 $\alpha-$, $\beta-$, $\gamma-$, δ^{-}가 알려져 있다. 이들의 화학적 성질은 대체로 유사하나 항산화 효력의 크기는 $\delta > \gamma > \beta > \alpha$의 순서로 감소하며, 일반적으로 비타민 E 효과가 적은 것이 항산화력이 강하다.

(2) 세사몰(Sesamol)

세사몰은 참기름(Sesame oil)에 존재하는 천연 항산화제이다. 참기름이 산패에 대하여 안정성이 큰 것은 토코페롤류 이외에도 세사몰을 함유하고 있기 때문이며, 참깨 중에는 배당체인 세사몰린(sesamolin)과 세사민(sesamin)의 형태로 존재한다.

(3) 고시폴(Gossypol)

고시폴은 면실유(Cotton seed oil) 중에 상당량 함유되어 있는 천연 항산화제이다. 그러나 독성이 강해 면실유 제조 시에는 거의 완전히 제거되기 때문에 실제적인 의의는 별로 없다.

(4) 구아이악 검(Gum guaiac)

구아이악 검은 인도 토산의 상록수 Guaiacum offcinalis에서 얻어지는 수지상의 분비물로서, 단일 물질이 아니라 구아이아콜(guaiacol), 구아이아레트산(guaiaretic acid), 구아이아콘산(guaiaconic acid) 등의 항산화 작용을 가진 여러 페놀 화합물을 함유하고 있어서 항산화제로 이용되고 있다.

(5) 레시틴(Lecithin)

레시틴을 비롯한 인지질에 속하는 포스파티드(phosphatide)류는 옥수수유, 대두유와 같은 식물 종자유에 다량 함유되어 있으며 정제 후에도 상당량 남는다. 이와 같은 포스파티드류는 약한 항산화 작용을 가지고 있다.

(6) 기타

폴리페놀 물질의 갈릭산(gallic acid), 디갈릭산(digallic acid) 등과 플라보노이드류의 헤스페리딘(hesperidin), 루틴(rutin), 케르세틴(quercetin), 카테킨(catechin) 등은 항산화성을 가지고 있다. 또한 일부 향신료로서 생강의 커큐민(curcumin), 정향의 유게놀(eugenol) 등도 미약하지만 항산화제로서 작용하며, 아미노 카보닐 반응의 초기에 생성되는 아미노리덕톤(amino reductone) 등도 항산화성을 가지고 있다.

2) 합성 항산화제

합성 항산화제는 그 구조에 따라 페놀계, 아민계, 유황계 항산화제로 구분된다. 식용 유지와 지질 식품에 사용할 수 있는 항산화제는 다음과 같은 조건을 충족시켜야 한다.

① 저농도(0.01~0.001%)에서 유효하여야 한다.
② 독성이 없어야 한다.
③ 첨가될 유지나 식품에 이상한 맛이나 냄새가 나면 안 된다.
④ 유지에 녹기 쉬어야 한다.
⑤ 가격이 저렴하여야 한다.

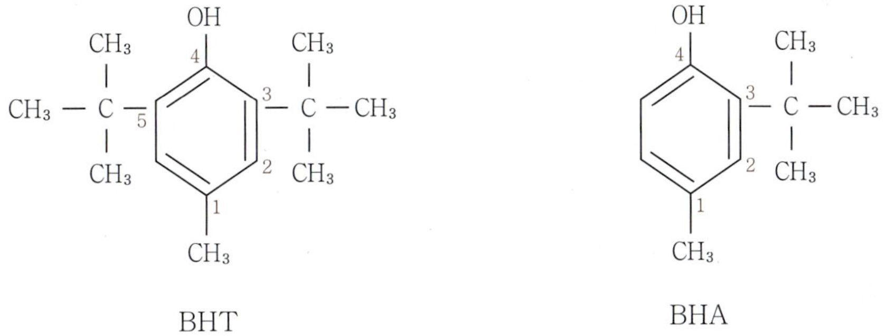

[그림 4-20] BHT와 BHA의 구조

식품에 사용되는 대표적인 항산화제로는 부틸 히드록시 아니졸(butylated hydroxyanisole, BHA), 부틸 히드록시 톨루엔(butylated hydroxytoluene, BHT, [그림 4-20]), 몰식자산 프로필(propyl gallate, PG), 에틸 프로토카테튜에이드(ethyl protocatechuate, EP), 노르-디하드로-구아이악레트산(nor-dihydro-guaiaretic acid, NDGA), 티오 디프로피온산(thio dipropionic acid), 터셔리 부틸 히드로퀴논(tertiary butyl hydroquinone, TBHQ) 및 그 알킬 에스터류 등이 있다[표 4-15].

표 4-15 주요 합성 항산화제

항산화제	사용되는 식품의 종류
BHT(butylated hydroxytoluene)	식용유지, 쇼트닝 버터, 크래커 등의 유지제품, 어류염장품, 어류냉동품의 침지액
BHA(butylated hydroxyanisole)	검(chewing gum) 식용유지, 유지제품, 어류염장품, 어류 냉동품의 침지액
TBHQ(tertiary butyl hydroquinone)	감자칩
PG(propyl gallate, isoamyl gallate)	식용유지, 유지제품들 어류냉동품의 침지액
EP(ethyl protocatechuate)	식용유지, 버터 등

3. 유지의 산패에 따른 영양가 저하

불포화 지방산을 다량 함유한 유지는 산화되기 쉬우며, 산화가 진행됨에 따라 맛과 냄새가 좋지 않게 될 뿐만 아니라 영양가도 저하되고 결국에는 독성을 나타내게 된다.

10 유지의 변향이란 무엇일까요?

대두유 같은 일부 유지는 정제 과정에서 원래의 풀냄새 또는 콩비린내가 제거된다. 그러나 정제한 대두유를 잘못 저장하면 산패가 시작되기도 전에 원래의 풀냄새 또는 콩비린내와 같은 비슷한 냄새가 다시 나는 경우가 있다. 이와 같은 현상을 변향 또는 냄새의 복귀 현상(flavor reversion)이라고 한다.

변향의 원인에 대해서는 아직 확실히 규명되어 있지 않으나 일반적으로 유지 중에 존재하는 리놀렌산 또는 아이소리놀렌산(isolinoleic acid)에 의해 일어난다고 생각되고 있다. 실제로 리놀렌산 함량이 많은 대두유, 아마인유, 어유 등은 변향이 일어나기 쉽다.

일반적으로 유지의 변향에 영향을 미치는 외부 조건으로는 고온, 산소, 광선(청색~보라색), 철(Fe), 구리(Cu), 코발트(Co), 크롬(Cr), 아연(Zn) 등 미량금속이 유지의 변향을 촉진한다.

1) 온도

고온에서는 특히 변향이 잘 일어난다. 대두유 같은 것은 상온에 방치하면 10~14일이면 변향이 일어난다고 한다.

2) 산소

진공 중에서는 변향이 제대로 일어나지 않으나 소량의 산소, 즉 산화적 산패를 일으키기에 필요한 산소량의 1/50 이하에서도 일어날 수 있다.

3) 광선

광선은 특히 청색~보라색, 즉 파장 325~400nm의 광선에서 가장 잘 일어나나 325nm 이하의 자외선은 변향을 일으키는 데 별로 영향이 없다고 한다.

4) 미량 금속

대두유의 경우 철(Fe)이 0.3~1.0ppm만 있어도 60℃에서 4일 만에 변향이 일어난다. 그 외에 구리(Cu), 코발트(Co), 크롬(Cr), 아연(Zn) 등의 금속이 변향을 촉진시킨다고 한다.

11 유지의 가열 변화는 무엇이 있을까요?

유지는 착유, 정제 및 가공 과정에서 가열 처리를 하는 경우가 많다. 예를 들어 식품을 유지 중에서 튀길 때 유지는 공기의 접촉하에서 보통 180℃ 전후의 온도에서 가열된다.

튀김에 사용한 유지는 착색이 되고 점도와 비중 및 굴절률이 증가하며 발연점이 저하되는 등의 물리적인 변화와 산가, 검화가, 과산화물가가 증가하고 요오드가가 저하되는 등의 화학적 성질도 변화한다.

유지는 고온에서 산소 접촉하에 가열되는 동안 산화 반응, 중합 반응, 열 분해 반응 등이 진행되고 있음을 알 수 있다. [표 4-16]에서 보는 바와 같이 가열 온도가 높을수록 또는 가열 시간이 길수록 더욱 변화가 심해진다.

1) 산화 반응

유지를 높은 온도로 가열하면 급격한 자동산화가 일어날 경우에 과산화물인 히드로페르옥시드가 축적되지 않고 자동산화 초기에 낮은 최대치를 나타낸 후 그 생성 속도보다 분해 속도가 더 커져서 히드로페르옥시드 양이 감소한다.

2) 중합 반응

유지를 가열하면 유지분자들의 중합반응이 일어나 점차로 점도가 증가한다.

① 자동산화 중합

유지를 산소의 존재하에 100℃ 이하로 가열했을 때 활성유리기의 결합에 의해 나타나는 중합 반응이다.

② 열중합 반응

유지를 진공이나 산소가 없는 상태에서 200~300℃의 고온으로 가열하면 이량체, 삼량체 등의 중합체가 형성된다.

③ 열산화 중합

유지를 산소의 존재 하에 200~300℃의 고온으로 가열하였을 때 열산화 중합이 일어난다. 튀김유의 중합이 그 예이며, 아마민유, 동유 등의 건성유가 가장 중합이 쉽고, 대두유, 참기름 등의 반건성유, 올리브유, 땅콩기름 등의 불건성유의 순서로 중합이 어렵다.

④ 열분해반응

유지를 150℃ 이상의 고온으로 가열하면 유리지방산이 급격히 증가하고, 그 외에도 지방산의 무수물, 알데히드 및 케톤류 등의 휘발성물질들이 급격히 증가한다.

표 4-16 옥수수유의 가열산화에 대한 가열시간의 영향(200°C)

이화학적 성질	가열시간(시간)				
	0	8	16	24	48
요오드가	122	115	108	102	90.0
과산화물가	1.1	1.6	1.7	2.0	
산가	0.20	0.42	1.23	1.44	1.60
굴절률	1.4730	1.4760	1.4788	1.4797	1.4814
점도	0.65	0.85	1.25	3.00	7.55

CHAPTER

05 비타민(Vitamins)

01 지용성 비타민이란 무엇일까요?

02 수용성 비타민이란 무엇일까요?

비타민은 미량으로 동물의 영양을 지배하고 생체 내에서 대사나 생리 기능에 대하여 촉매적으로 작용하는 유기 화합물로서 체내에서는 합성되지 않거나 또는 충분한 양이 합성되지 않기 때문에 식품으로 섭취하지 않으면 안 되는 필수 성분이라 할 수 있다.

비타민은 가역 반응에 의하여 같은 분자가 여러 번 이용되므로 미량으로 충분하며, 극히 일부가 분해 손실되므로 그만큼만 항상 보충하면 된다.

비타민은 일반적으로 용해성에 따라 비타민 A, D, E, K 같은 지용성 비타민과 B_1, B_2, B_6, 니코틴산(nicotinic acid), 판토텐산(pantothenic acid), 비오틴(biotin), 엽산(folic acid), 비타민 C 같은 수용성 비타민으로 분류된다.

또 체내에서 쉽게 비타민으로 변화하는 화합물을 프로비타민(provitamin)이라고 한다.

비타민은 극히 미량으로 취급되기 때문에 중량으로는 mg, μg 등의 단위가 널리 사용되나 효력이 다른 여러 가지 작용 물질이 존재하는 일부의 것에 대해서는 효과의 기준을 정한 국제단위(international unit, I.U.)가 사용되고 있다.

01 지용성 비타민이란 무엇일까요?

1. 비타민 A(Axerophthol)

비타민 A는 β-이오논(ionone)핵과 아이소프렌 사슬로 되어 악세로프톨(axerophthol, 항건조안염성 알코올이라는 뜻)이라고도 하며, 천연에는 비타민 A_1(레티놀, retinol) 및 A_2(3-dehydroretinol)가 있다. 비타민 A_1은 해산물의 간유에, A_2는 민물고기의 간유에 주로 많이 들어 있다.

비타민 A가 동물에게 부족하거나 결핍되면 정상적인 뼈대의 성장이 되지 않고 야맹증, 안구 건조증, 각막 연화증 등이 생긴다.

1) 화학 구조 및 성질

비타민 A(axerophtol)는 β-이오논 핵과 아이소프레노이드(isoprenoids)로 구성되어 있으며, 동물성 식품에서 얻어지는 레티노이드(retinoids)와 식물성 식품에서 공급되는 카로티노이드(carotenoids)로 구분된다. 레티노이드의 활성은 레티놀(retinol), 레티날(retinal, retinaldehyde), 레티놀산(retinoic acid)으로 형태에 따라 다양하다[그림 5-1].

비타민 A는 시각, 성장, 세포분열 및 증식, 생식, 면역 체제에 중요하여 부족하면 야맹증, 각막건조증 등 눈과 관련된 질환이 주로 발생한다.

비타민 A는 물에 녹지 않으나 기름 및 유기 용매에 잘 녹는 황색의 침상 결정으로 상온에서 점조성을 가진 수지상태를 띤다.

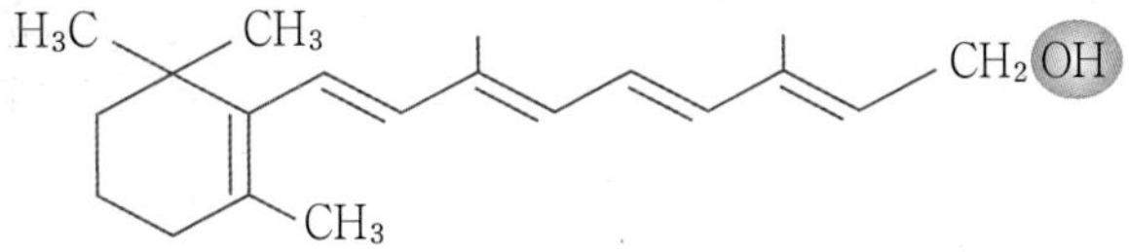

레티놀

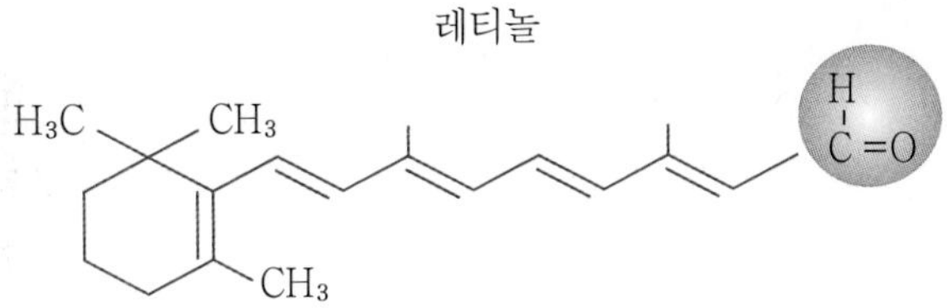

레티날

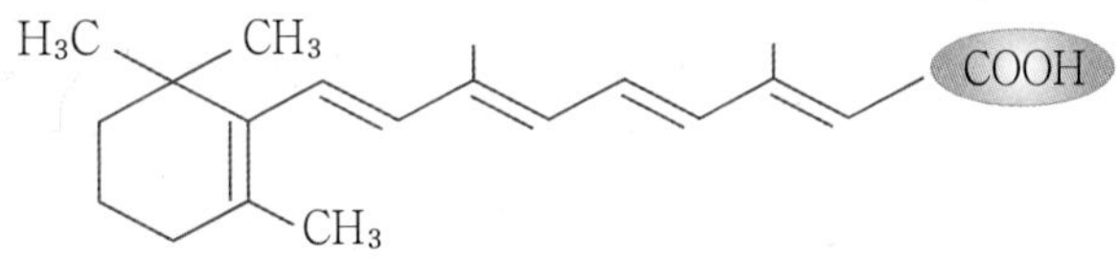

레티놀산

[그림 5-1] 레티놀, 레티날, 레티놀산의 구조

2) 프로비타민 A

카로티노이드(Carotenoid)계 색소 중의 어떤 것은 그 구조가 비타민 A와는 다르나 이것을 섭취하면 체내에서 비타민 A로 변하므로 프로비타민 A라고 한다.

카로티노이드계 색소 중에서 프로비타민이 되는 것은 구조상 β-이오논핵을 가진 α-카로틴(carotene), β-카로틴, γ-카로틴 및 β-크립토잔틴(cryptoxanthin)이며 이 중 가장 중요한 것은 β-카로틴이다. 라이코펜(lycopene), 루테인(luteine), 제아잔틴(zeaxanthin), 아스타잔틴(astaxanthin) 등은 비타민 A로 전환되지 않는다[그림 5-2].

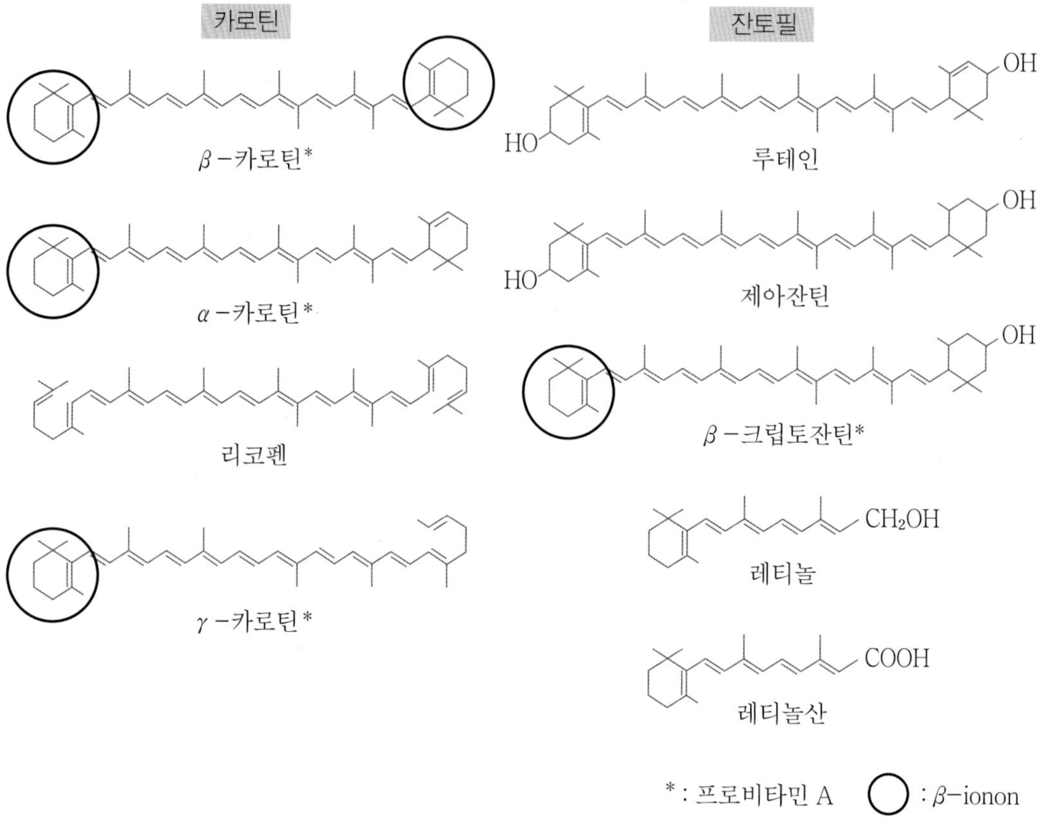

[그림 5-2] **카로틴과 잔토필**

3) 비타민 A의 단위 및 소요량

비타민 A 함량은 레티놀활성당량(retinol activity equivalent, ㎍ RAE)로 사용하며, 다음과 같이 계산된다.

1 레티놀활성당량(retinol activity equivalent, ㎍ RAE)
= 1μg(트랜스)레티놀(all-*trans*0-retinol)
= 2μg(트랜스)베타-카로틴 보충제(supplemental all-*trans*-β-carotene)
= 12μg 식이(트랜스)베타-카로틴(dietary all-*trans*-β-carotene)
= 24μg 기타 식이 비타민 A 전구체 카로티노이드(other dietary provitamin A carotenoids)

4) 식품 중의 비타민 A의 분포

비타민 A는 동물성 식품에만 있고 식물성 식품에는 카로틴의 형태로 있다. 동물성 식품 중의 비타민 A도 식물 중의 카로틴이 동물체 내에 들어가서 변화된 것이다. 비타민 A는 물고기의 간유 및 난황에 많이 들어 있고 일반적으로 고기의 살에는 거의 들어 있지 않으나 조개류 및 뱀장어 등에는 다소 들어 있다.

식물성 식품의 카로틴 함유량은 당근에 가장 많이 들어 있으며 시금치, 무 등의 녹색채소에도 비교적 많다. 김 등에도 카로틴을 많이 함유하고 있으나 흡수율이 나쁘다.

5) 비타민 A의 변화

비타민 A는 열에는 비교적 안정하나, 이중결합이 있어 가공, 저장 중에 빛이나 산소에 의해 산화되며, 알칼리성에서는 비교적 안정하다. 비타민 A의 산화는 지방의 산패와 병행해서 일어난다. 또한 비타민 A는 산소의 존재하에 가열할 때도 현저히 파괴된다.

2. 비타민 D(칼시페롤류)

비타민 D는 석회화(calcification)와 관계가 있어 칼시페롤이라고도 한다. 비타민 D에서 중요한 것은 D_2(ergocalciferol)와 D_3(cholecalciferol)이다.

비타민 D는 동물체 내의 인산과 칼슘을 결합시켜서 인산칼슘($Ca_3(PO_4)_2$)을 만들어 뼈에 침착시킨다. 따라서 비타민 D가 부족하면 동물체 내에 석회화가 잘 안 되어 구루병(rickets), 골연화증(osteomalacia), 골다공증(osteoporosis)에 걸리며 임산부나 수유부에 있어서는 뼈나 치아의 탈회현상이 나타난다.

1) 화학 구조 및 성질

효모와 식물스테롤인 에르고스테롤로부터 비타민 D_2(ergocalciferol)가 생성된다[그림 5-3].

피부에서는 7-데히드로콜레스테롤이 자외선의 조사에 의해 비타민 D_3(cholecalciferol)로 변화하고 간에서 25-히드록시콜레칼시페롤

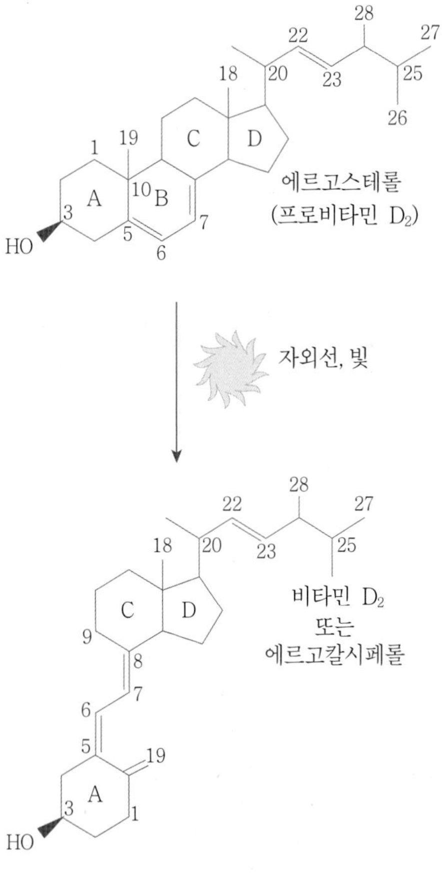

[그림 5-3] 비타민 D_2의 변화

(hydroxycholecalciferol)로 전환된 후 신장에서 생물학적 활성이 있는 1,25-디히드록시콜레칼시페롤(dihydroxycholecalciferol)로 전환된다[그림 5-4].

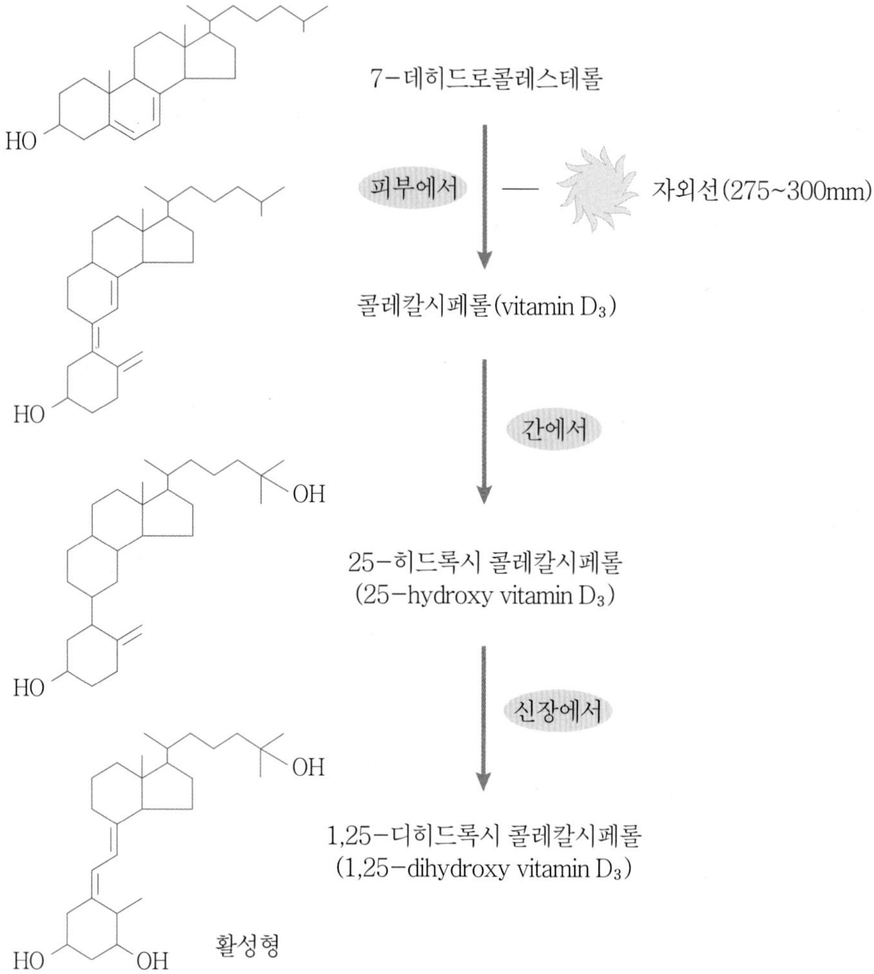

[그림 5-4] 프로비타민 D_3의 변화

2) 비타민 D의 단위 및 소요량

비타민 D는 ㎍ 단위를 사용하며, 우리나라에서는 성인 남녀에게 1일 10㎍을 권장한다.

3) 식품 중의 비타민 D의 분포

식물성 식품에는 비타민 D가 들어 있지 않다. 그러나 프로비타민 D인 에르고스테롤은 버섯, 효모 등의 식물계에 함유되어 있다.

비타민 D_2는 효모나 버섯에 소량 들어 있다. D_3는 어간유, 기름진 생선, 난황에 다량 들어 있으며 동물체에 널리 분포하지만 우유, 달걀, 버터 및 치즈에는 비교적 적다. 비타민 D가 많은 식품이 적으므로 다른 비타민에 비해서 결핍증이 많다. 마가린과 우유와 같은 일부 식품에 이 비타민을 강화하기도 한다.

4) 비타민 D의 안정성

비타민 D는 열에는 안정하나 알칼리성에서는 불안정하여 쉽게 분해되며 산성에서도 서서히 분해된다. 그러나 식품 중에서는 비교적 안정한 편이다.

3. 비타민 E(토코페롤류)

비타민 E는 출산(tocos)과 관계가 있다고 하여 토코페롤(tocopherol)이라고도 한다. 비타민 E의 주된 기능은 세포막의 불포화 지방산들 사이에 존재하면서 불포화 지방산의 과산화 작용이 진전되는 것을 막는 항산화 물질(antioxidant)로 작용하는 것이다. 흰쥐에 있어서 비타민 E가 결핍되면 수놈에서는 고환의 퇴화, 암놈에서는 유산 및 태아 흡수가 일어난다. 이와 같은 현상을 토끼, 실험용 쥐, 개, 닭에서도 볼 수 있으나 성인의 경우 비타민 E의 결핍증이 흔치 않다.

1) 화학구조 및 성질

비타민 E는 토콜(tocol)의 유도체로서 크로만(chroman)핵에 결합하는 메틸기의 수와 위치에 따라 α, β, γ, δ-토코페롤로 구분하며 비타민 E 효력은 $\alpha > \beta > \gamma > \delta$의 순으로 감소한다[그림 5-5]. 비타민 E는 물에는 녹지 않으나 에테르, 벤젠 등에 잘 녹는다.

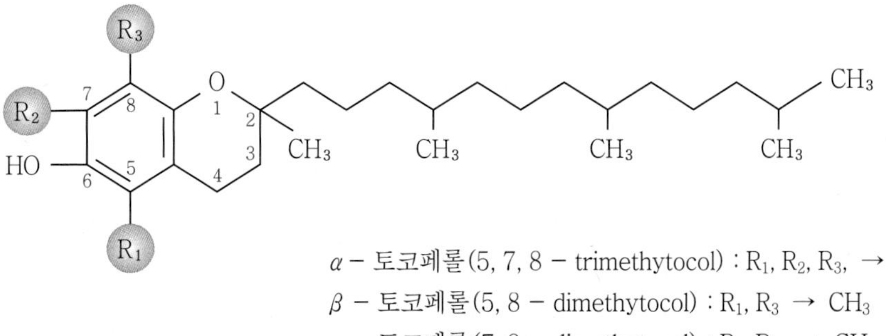

α − 토코페롤(5, 7, 8 − trimethytocol) : R_1, R_2, R_3, → CH_3
β − 토코페롤(5, 8 − dimethytocol) : R_1, R_3 → CH_3
γ − 토코페롤(7, 8 − dimethytocol) : R_2, R_3, → CH_3
δ − 토코페롤(8 − monomethytocol) : R_3, → CH_3

[그림 5-5] 비타민 E의 화학구조

2) 비타민 E의 단위

비타민 E의 단위는 mg α−TE(tocopherol equivalent)을 사용한다.

3) 비타민 E의 안정성

순수한 비타민 E는 공기 중의 산소, 열 및 광선에 비교적 안정하지만, 불포화 지방산과 공존할 때는 생체 내에서 쉽게 산화된다.

4) 식품 중의 비타민 E의 분포

비타민 E는 일반 동·식물성 식품에 광범위하게 분포되어 있으며, 특히 식물유와 배유에 많이 들어있다.

4. 비타민 F(Essential fatty acid)

흰쥐를 지질이 없는 사료로 사육하면 성장이 정지되고 탈모증이 생기며 피부염 등이 나타난다. 이와 같은 증상은 불포화 지방산을 급여하여 줌으로써 치료할 수 있었는데, 이 인자가 바로 필수 지방산인 것이 밝혀졌으며 지질(fat)에서 연유하여 비타민 F로 명명하였다.

비타민 F로 작용하는 것은 리놀레산, 리놀렌산 및 아라키돈산(arachidonic acid)이며, 이들의 소요량은 다른 비타민보다 많으므로 현재 보통 필수 지방산이라고도 부르는 경우가 많다.

1) 화학 구조 및 성질

비타민 F, 즉 필수 지방산인 리놀레산, 리놀렌산 및 아라키돈산의 구조는 다음과 같다[그림 5-6].

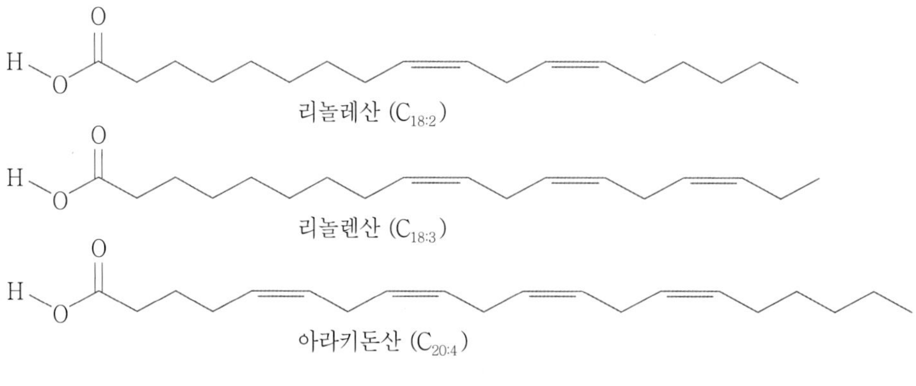

[그림 5-6] 필수지방산의 구조

이들 3개의 지방산은 모두 CH_3측으로부터 6번과 9번의 탄소가 이중결합을 이루고 있으며, 어느 것이나 레시틴의 구성성분이다. 이들 지방산의 에스터나 글리세리드도 마찬가지로 유효하지만, 기타의 불포화 지방산은 효력이 없다.

2) 비타민 F의 소요량 및 분포

사람에 있어서 하루의 소요량은 비교적 많아서 1~2g이다. 결핍증으로는 습진, 기관지염 등이 나타나지만 비타민 F는 보통 식사를 통하여 하루에 유지를 30g 정도 섭취하면 그 필요량은 충분하다.

대부분의 식물성 유지에는 리놀레산, 리놀렌산이 주성분으로 들어 있으나 동물성 유지에는 적게 들어 있다. 그리고 우유에는 모유의 약 1/10정도 밖에 들어 있지 않다.

5. 비타민 K

비타민 K는 혈액 응고(koagulation)와 관계가 있어 그 첫자를 따서 비타민 K라고 이름이 붙여졌으며 식물성 식품에 함유되어 있는 필로퀴논(phylloquinone, K_1)과 어육류에 함유된 메나퀴논(menaquinone, K_2)을 총칭하며, 그 외 수용성을 띤 여러 가지 메나디온(menadione) 화합물도 합성되었다.

메나퀴논은 사람의 장내세균에 의해서도 합성될 수 있다.

비타민 K가 결핍되면 피부에 출혈 증상이 나타나고 혈액 응고가 잘 일어나지 않는다. 한편 비타민 K는 소장 내에서 칼슘(Ca)의 흡수를 높이는 효과가 있다.

1) 화학 구조 및 성질

비타민 K는 K_1~K_7이 있고, K_3~K_7은 모두 합성 화합물이며, 나프토퀴논(naphthoquinone)의 유도체이다. K_1은 2-메틸-나프토퀴논기에 피틸(phytyl)기가 축합되었으며 K_2는 2-메틸-나프토퀴논기에 파네실(farnesyl)기가 축합되어 있다.

2) 비타민 K의 함유식품 및 함량

주요 식품 중에는 주로 K_1의 형태로 있다.

표 5-1 지용성 비타민의 기능 및 급원식품

종류	주요기능 및 안정성	결핍증	과잉증	급원식품
비타민 A	–시각, 성장, 세포분열 및 증식, 면역체계 –열에 비교적 안정하나 빛이나 공기 중의 산소에 의해 산화	야맹증, 각막건조증	두통, 구토, 탈모, 식욕부진, 피부질환, 간비대, 관절통	물고기의 간유, 난황, 당근, 녹색채소, 김
비타민 D	–뼈의 성장과 석회화 촉진, 칼슘과 인의 흡수 촉진 –열에 안정, 알칼리에서 쉽게 분해, 산에서 서서히 분해	구루병, 골다공증, 골연화증	성장지연, 구토, 설사, 연조직 칼슘 축적, 체중감소	어간유, 버섯, 효모, 난황
비타민 E	–항산화, 동물의 생식 –산소, 열, 광선에 비교적 안정, 불포화 지방산과 공존할 때 쉽게 산화	동물의 불임	근육허약, 두통, 피로, 오심, 비타민 K 대사 방해	식물성 기름, 배유
비타민 K	–혈액응고에 관여	피부출혈, 혈액응고 방해	빈혈, 황달	녹황색 채소, 간
비타민 F	–필수지방산	습진, 기관지염	–	식물성 유지

02 수용성 비타민이란 무엇일까요?

1. 티아민(비타민 B_1)

티아민(thiamin, 함유황성 아민의 뜻)은 비타민 중에서 가장 먼저 발견된 것으로서(1919년) 비타민 B_1 또는 아네우린(aneurin, 항다발성 신경염의 뜻)이라고도 한다. 티아민은 티아민 피로포스페이트(thiamin pyrophosphate, TPP), 피루베이트 데히드로게네이스(pyruvate dehydrogenase), 트랜스케톨레이스(transketolase), 포스포케톨레이스(phosphoketolase) 및 α–케토글루타레이트 데히드로게네이스(ketoglutarate dehydrogenase) 같은 몇몇 효소의 조효소로 작용한다.

티아민이 결핍되면 사람에 있어서는 각기(beriberi)가 되고 동물에서는 신경염 증상(polyneu-ritis)에 걸리며 피부 및 수족이 마비되고 부종을 일으킨다.

1) 화학 구조 및 성질

티올(Thiol)형의 티아민이 마늘의 매운맛 성분인 알리신(allicin, $CH_2=CH-CH_2-S-S-O-CH_2-CH=CH_2$)과 결합한 것이 알리티아민(allithiamin)으로, 이것은 마늘 속에 있는 유효한 티아민이다.

2) 티아민의 소요량 및 분포

티아민은 조효소인 TPP(Thiamin Pyrophosphate)의 형태로 탄수화물 및 에너지대사에 관여하므로 티아민의 소요량은 열량소모량에 영향을 받는다. 우리나라 사람의 경우 탄수화물로부터 섭취하는 에너지 비율이 높아 티아민의 필요량이 높다.

티아민은 동·식물계에 널리 분포되어 있으며 일반적으로 동물성 식품보다 식물성 식품에 많이 들어있다. 식물성 식품에는 두류, 곡류, 감자류에 비교적 많고 동물성 식품에는 돼지고기를 포함한 육류, 어패류 등에 많다.

3) 티아민의 안정성

티아민은 수용액에서 매우 불안정하며, pH, 온도, 이온강도, 금속이온의 존재에 영향을 받는다. 티아민은 광선만으로는 분해되지 않는다. 그러나 산성용액에서는 광선 및 가열에도 안정하나 중성 및 알칼리성에서는 가열에 의해 파괴된다. 또한 조개류, 민물고기 내장, 고사리, 장내세균 등에 존재하는 티아미네이스(thiaminase) 또는 아뉴리네이스(aneurinase)에 의해 분해된다.

2. 리보플라빈(비타민 B_2)

리보플라빈(riboflavin)은 비타민 B_2라고도 부르며 생체 내의 산화환원효소에 관여하는 FAD, FMN과 같은 조효소의 본체로서 결핍되면 구순염, 구각염, 설염, 피부염 등의 증상을 나타낸다.

1) 화학 구조 및 성질

리보플라빈은 아이소알록사진(isoalloxazine)핵에 당알코올인 리비톨이 결합한 구조를 가지고 있으며, 화학적으로는 6,7-디메틸-9-D-리비틸-아이소알록사진(6,7-dimethyl-9-D-ribityl-isoalloxazine)이다.

2) 리보플라빈의 소요량 및 분포

리보플라빈의 소요량은 티아민과 같이 체중, 식사의 종류, 근육 활동의 정도 등에 따라 달라진다. 예를 들면 지질을 많이 섭취하면 리보플라빈의 소요량이 많아진다. 이것은 지질 과다 시에 장내세균에 의한 리보플라빈의 합성이 방해되기 때문이다.

리보플라빈은 동·식물계에 널리 분포하고 있으며, 간, 어류에 특히 많고 효모, 우유, 달걀, 채소 등에도 많으나 해조류에는 적다.

3) 리보플라빈의 안정성

리보플라빈은 수용성 황색 결정으로 알코올에 약간 녹고, 에테르, 아세톤, 클로로포름 등의 유기 용매에도 잘 녹지 않는다. 산성 또는 중성에서는 열에 대하여 안정하여 보통 가열 조리의 경우 대부분이 그대로 남게 된다. 그러나 광선에 대해서는 매우 불안정하여 분해되기 쉬운데 중성 또는 산성에서는 루미크롬(lumichrome)이 되고 알칼리성에서는 루미플라빈(lumiflavin)으로 변화한다.

3. 나이아신(비타민 B_3)

나이아신(Niacin)은 니코틴산(nicotinic acid)이라고 하며 자연계에는 니코틴산 아미드(nicotinic acid amide), 즉 나이아신 아미드로서 존재한다. 나이아신이 결핍되면 특수한 피부염인 펠라그라가 발생되어 설사, 소화 장애, 지능 저하 등이 나타나고 개에서는 흑설병(black tongue)이 발생된다.

1) 화학 구조 및 성질

나이아신(니코틴산)은 피리딘-3-카복시산(pyridine-3-carboxylic acid)이며, 나이아신 아미드(니코틴 아미드)는 피리독신-3-카복실릭 아미드(pyridoxine-3-carboxlic amide)로서 이들의 구조는 [그림 5-7]과 같이 비타민 중에서 가장 간단하다.

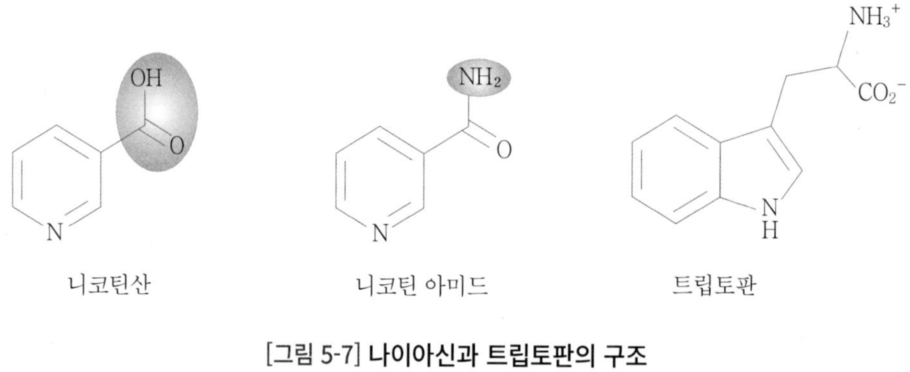

[그림 5-7] 나이아신과 트립토판의 구조

나이아신은 백색의 결정으로서 물이나 알코올에 잘 녹는다. 그리고 열, 산, 알칼리, 산화제, 광선 등에 안정하므로 가열 조리 중에 파괴로 인한 손실은 거의 없다. 그러나 물에 의한 용출 손실이 크다. 예를 들면, 채소 가공 중 데칠 때 나이아신은 약 15%가 손실되며, 이때 소금물을 사용하면 30%의 손실을 가져온다고 한다.

나이아신은 동물과 미생물에서 트립토판으로부터 생합성되므로 트립토판을 많이 섭취하면 나이아신을 섭취하지 않아도 되리라고 생각되나 그 전환율은 매우 낮다. 즉, 60mg의 트립토판으로부터 1mg의 나이아신이 합성된다. 나이아신은 에너지 대사에 필수적인 NAD 및 NADP의 구성성분으로서 체내에서 산화 환원 반응에 중요한 역할을 한다.

2) 나이아신의 소요량 및 분포

나이아신은 체내에서 장내 세균에 의하여 합성되나 그 양만으로는 부족하므로 식품을 통하여 섭취하지 않으면 안 된다.

나이아신은 일반식품 중에 널리 분포되어 있으며, 특히 효모, 간, 육류, 땅콩, 곡류 등에 많이 들어있다. 우유나 달걀에는 나이아신은 적으나 트립토판이 많이 들어 있으므로 펠라그라 방지에 효과적이다.

4. 비타민 B_6(피리독신)

비타민 B_6는 피리딘(pyridine) 유도체라는 뜻의 피리독신(pyridoxine) 또는 항피부염의 뜻을 지닌 아데민(adermine)이라고도 한다. 비타민 B_6는 PLP(pyridoxal phosphate)의 구성원소로 아미노산과 단백질대사에 관여한다. 비타민 B_6가 부족하면 흰쥐에는 피부염, 펠라그라(pellagra)와 같은 증상이 가장 심하고 사람에게는 구각염, 설염, 피부염 등 리보플라빈의 결핍과 유사한 증상을 나타낸다.

1) 화학 구조 및 성질

천연에 존재하는 비타민 B_6는 피리독신(pyridoxine), 피리독살(pyridoxal), 피리독사민(pyridoxamine)의 3가지 종류로서 모두 피리딘 유도체이며, 자연계에서는 서로 평형 상태로 있으며 동물 체내에서는 상호 전환이 가능하다고 생각되고 있다[그림 5-8].

[그림 5-8] 피리독신 유도체의 종류

산성에서는 가열에 대하여 안정하나 중성 또는 알칼리성에서는 광선에 의하여 분해되며 산화제에 약하다. 비타민 B_6의 인산염은 아미노산 대사에 관여하는 조효소이다.

2) 비타민 B_6의 소요량 및 분포

비타민 B_6는 일반식품에 널리 분포되어 있고, 인체 내의 장내 세균에 의하여 합성되므로 실제로 결핍증은 나타나지 않는다.

비타민 B_6는 동·식물계에 널리 분포되어 있으며 동물성 식품과 효모 중에는 피리독살, 피리독사민의 형태가 많고 식물성 식품 중에는 피리독신의 3종류가 혼합되어 함유되어 있다. 특히 육류, 간, 어육 등에 많고 우유 및 채소 등에는 적다.

5. 판토텐산(비타민 B_5)

판토텐산(Pantothenic acid)은 그 이름 판토텐(pantothen, 어느 곳에서 존재한다는 의미)이 뜻하듯이 모든 동·식물 식품 중에 널리 분포되어 있다. 아직 사람에게는 결핍증이 발견되지 않고 있으나 동물에서 이 비타민이 결핍되면 닭은 피부염을 일으키고 쥐는 털이 회백색으로 변하며 성장 정지, 간 지방 변성 등이 나타난다.

판토텐산은 물에 잘 녹고 산성 백토에 잘 흡착되지 않아 이노시톨 및 비오틴과 함께 여과성 인자(filtrate factor)라고 한다.

1) 화학 구조 및 성질

판토텐산은 체내에서 코엔자임 A(CoA, CoASH)를 형성한다. 이 CoA는 생체 내에서 중요한 조효소이며 아세틸 CoA로 되어 여러 가지 당질 및 지질 대사에 관여한다.

2) 판토텐산의 소요량 및 분포

판토텐산은 자연계에 널리 분포되어 있으며, 특히 효소, 간, 두류 등에 비교적 많이 들어 있으며 보통 식사로 충분하게 섭취된다.

6. 비오틴(비타민 H)

비오틴(Biotin)은 Boss(1927)가 항 난백장해 인자(anti-egg white injury factor)로서 발견하였으며, 피부염과 관계가 있는 항피부염 인자(haupto factor)라고 하며 비타민 H라고도 한다.

비오틴이 결핍되면 사람, 닭, 쥐에서 피부염, 신경염, 탈모, 식욕 감퇴 등이 나타난다.

7. 엽산(Folic acid, folacin)

엽산(Folic acid)은 Mitchell(1941)이 유산균(Lactobacillus casei)의 증식에 유효한 것이 식물의 잎(folium)에 들어있다는 뜻에서 엽산이라는 이름이 붙어졌으며, Day(1938)가 인공 사육한 원숭이(monkey)에 나타나는 빈혈에 유효한 간, 또는 효모 중의 성분이라는 의미에서 원숭이의 첫 자를 따서 비타민 M이라고도 하였다.

엽산이 결핍되면 악성 빈혈, 임산부의 빈혈(macrocytic anemia), 성장 불량 등의 증상이 나타난다.

8. 비타민 B_{12}(Cobalamine)

비타민 B_{12}는 항악성 빈혈 인자, 동물 성장 인자, 동물 단백질 인자(animal protein factor, APF) 또는 유산균(Lactobacillus lactis Dorner)의 발육을 촉진시키는 효과가 있으므로 LLD인자라고도 하며 또한 분자 중에 Co를 함유하고 있으므로 보통 코발아민(cobalamine)이라고 부른다.

비타민 B_{12}가 결핍되면 악성 빈혈을 가져온다. 비타민 B_{12}는 매우 미량으로 유효하기 때문에 흡수에 장해가 없는 건강한 사람에게 결핍증은 거의 없으나 위를 절제한 사람이나 노인은 내인자(intrinsic factor)의 공급이 불충분하여 결핍되는 수가 있다.

1) 비타민 B_{12}의 소요량과 분포

비타민 B_{12}는 장내 세균에 의하여 합성되고 보통 식사를 통하여 충분히 섭취할 수 있으므로 사람에게는 결핍증이 잘 나타나지 않았다.

비타민 B_{12}는 동물성 식품에 주로 많으며 특히 소, 돼지 등의 간에 많이 들어있다. 그러나 식물성 식품에는 해조류 등에 소량이 들어 있고 그 외에는 거의 없다.

9. 그 밖의 비타민 B군(Vitamin B-complex)

콜린(choline), 이노시톨(inositol), 파라-아미노벤조산(ρ -aminobenzoic acid) 등도 비타민 B군에 속한다[그림 5-9].

콜린은 Griffith(1939)가 지방간(fatty liver)을 방지하는 인자로서 발견한 것이며, 이것이 결핍되면 지방간, 빈혈 등이 생긴다. 유리 상태로 난황, 간장, 콩 등에 많이 들어있는 콜린은 인지질인 레시틴의 성분으로 식품 중에 널리 분포되어 있어 실제로 결핍되지 않는다. 콜린은 강한 염기성 물질로서 물에 잘 녹는 안정한 화합물이나 알칼리에는 불안정하다.

이노시톨은 쥐의 탈모, 성장 정지 그리고 미생물의 생육에 필요한 인자로서 동·식물계 및 미생물계에 널리 분포되어 있으며 수용성으로서 대단히 안정하다.

파라-아미노벤조산(PABA)은 모발의 착색에 관여한다고 하여 항회발성인자(antigray hair factor)라고 하기도 하며, 엽산의 전구체로서 중요하다. 파라-아미노벤조산은 자연계에 널리 분포되어 있고 장내 세균에 의하여 합성되므로 사람에게는 결핍증이 나타나지 않는다. 그러나 병아리의 발육에 유효하며 특히 미생물의 생육에 필요하다.

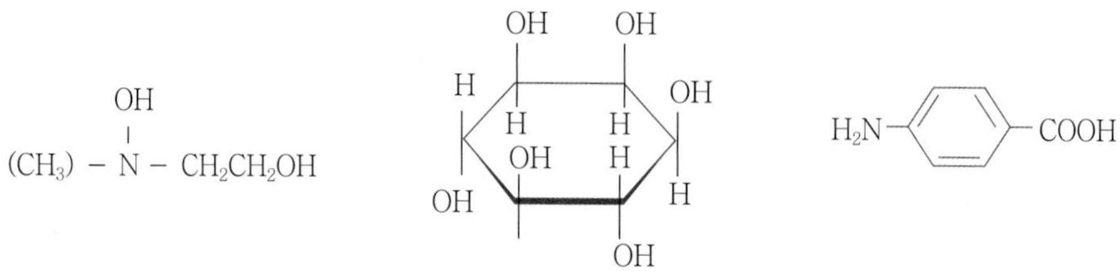

콜린　　　　이노시톨　　　　ρ-아미노벤조산

[그림 5-9] **비타민 B군의 구조**

10. 비타민 C(아스코르브산, Ascorbic acid)

비타민 C는 항괴혈병성 비타민(antiscorbutic vitamin)이라는 뜻에서 아스코르브산(ascorbic acid)이라고도 부른다. 비타민 C는 수용성 환경에서 강력한 환원제로 작용하여, 결핍되면 빈혈이 일어나고 치근, 점막, 피부의 출혈, 체중감소, 면역기능감소, 상처회복지연, 고지혈증, 괴혈병 등이 생긴다.

1) 화학 구조 및 성질

비타민 C, 즉 아스코르브산은 식품 중에서 환원형(L-아스코르브산, ascorbic acid)과 산화형(데히드로아스코브산, dehydroascorbic acid)으로 존재한다[그림 5-10]. 환원형은 비타민 C의 작용을 강하게 나타내나 산화형은 2,3-디케토글루콘산(2,3-diketogluconic acid)으로 변화되므로 1/2의 활성만 나타낸다.

2) 비타민 C의 소요량 및 분포

성인의 비타민 C의 권장량은 비타민 C 교체율과 소모율, 소변으로 배설되기 시작하는 섭취량, 비타민 C의 흡수율(85%), 식품조리시의 손실 등을 고려해서 설정된다. 우리나라에서는 성인 남녀 모두 하루에 100mg을 권장하고 있다. 그러나 임산부, 수유부는 더 많은 양이 필요하다.

비타민 C는 풋고추, 피망 등 신선한 채소 및 유자, 딸기, 감귤류 등의 과일에 많이 들어있다. 또 채소에는 담색 부분보다 녹색 부분에 많다. 반면에 곡류, 두류와 일반 동물성 식품에는 적게 들어있다.

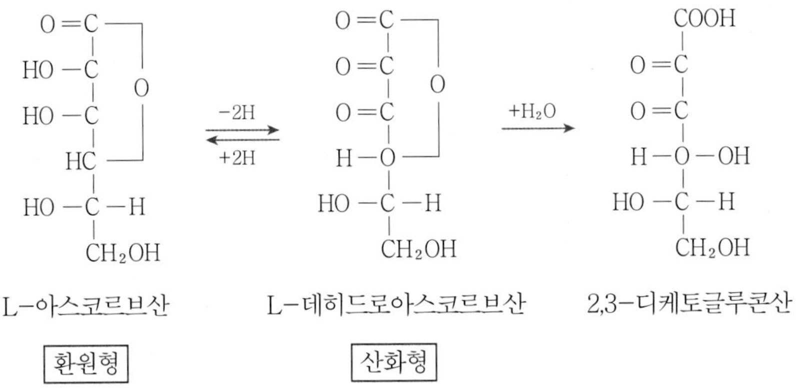

[그림 5-10] **비타민 C의 산화 및 환원형**

3) 비타민 C의 안정성

비타민 C는 건조된 결정 상태에서는 광선을 조사하여도 약간 착색될 뿐 분해되지 않으나 수용액 상태에서 광선을 조사하면 분해된다. 이것은 비타민 C가 수용액 중에서 공기에 의하여 산화되는 것을 촉진하는 것으로 생각된다.

비타민 C는 산소가 없는 상태에서는 가열하여도 열 자체에 대하여는 비교적 안정하나 산소가 있거나 또는 수용액 상태에서는 불안정하다. 약한 산화나 환원제에 의해서도 쉽게 산화와 환원이 된다.

또한 식품 중의 비타민 C는 식물조직 중에 널리 들어있는 아스코르브네이스(ascorbinase, ascorbate oxidase)에 의하여 산화되어 데히드로아스코르브산이 된다.

아스코르브네이스는 호박, 양배추, 당근, 오이, 가지, 사과, 감, 바나나, 포도, 배 등 식물성 식품에 존재하지만 무, 파, 밀감, 복숭아 등에는 거의 함유되어 있지 않다. 따라서 토마토, 무, 밀감 등은 혼합처리를 하여도 비타민 C가 0~1.4%만 산화되지만 오이, 당근, 사과 등은 조직이 파괴됨에 따라 산화 효소가 작용하여 비타민 C가 거의 산화되고 만다. 그러므로 무즙에 당근 즙액을 가하면 당근의 아스코르브네이스에 의해 비타민 C의 파괴가 현저하게 일어난다.

식품 중의 비타민 C는 수용액 상태에서와 같이 급속히 산화되어 감소하지는 않는다. 이것은 식품에 공존하는 당류, 아미노산, 유기산류, 단백질, 전분 등에 의하여 산화가 억제되기 때문이다. 또 가공식품에 첨가하는 소금도 산화를 억제하는 효과가 있다.

한편, 비타민 C가 산화될 때 철이나 구리가 함께 있으면 산화가 촉진된다. 특히 구리이온(Cu^{2+})은 비타민 C의 산화를 가장 현저하게 촉진시키므로 식품을 구리로 만든 그릇에 넣기만 하여도 산화가 촉진된다.

11. 비타민 L

이 비타민은 젖의 분비(lactation)에 관여한다는 뜻에서 비타민 L이라고 명명되었으며 비타민 L_1과 L_2의 두 가지 종류가 있다. 비타민 L_1은 파라-아미노벤조산의 이성체인 안트라닐산(anthranilic acid)이며, L_2는 뉴크레오티드의 티오메틸(thiomethyl) 유도체인 아데닌 티오메틸 펜토스(adenine thiomethyl pentose)이다.

비타민 L은 뇌하수체 전엽을 비대시켜 젖의 분비 호르몬인 프로락틴(prolactin)의 생성을 촉진시켜서 젖의 분비를 촉진시킨다.

12. 비타민 P

비타민 P는 모세혈관의 침투성(permeability)을 조절한다는 뜻에서 명명되었으며, 시트린(citrin)이라고도 한다. 비타민 P의 작용을 가진 것으로 현재 알려져 있는 것은 헤스페리딘, 에리오딕틴(eriodictin), 루틴, 케르세틴 등이다. 이 비타민은 플라보노이드에 이당류인 루티노스가 결합한 배당체이다.

비타민 P가 결핍되면 혈관의 침투성이 커져서 혈액이 침투되어 피부에 반점이 생긴다. 비타민 P는 비타민 C와 협동하여 모세관의 기능을 정상적으로 유지하는 작용이 있다.

비타민 P는 그 소요량은 분명하지 않으나 비타민 C와 같이 비교적 많은 양이 요구되는 것으로 생각된다. 비타민 P는 일반적으로 메밀, 엽채류에 널리 분포되어 있으며 특히 감귤류의 껍질에 많이 들어 있다.

표 5-2 수용성 비타민의 주요작용과 급원식품

종류	주요기능 및 안정성	결핍증	급여식품
티아민	–TPP 등의 조효소, 당질대사에 관여 –수용액에서 불안정, 산성에서는 안정, 중성 및 알칼리에서 가열에 의해 파괴, 티아미네이스에 의해 파괴	각기병	두류, 곡류, 육류, 어패류
리보플라빈	–FMN, FAD 같은 산화환원효소 –광선에 불안정 광선+중성 또는 산성 → 루미크롬 광선+알칼리 → 루미플라빈	구순구각염, 설염, 성장정지	간, 어류, 우유 및 유제품
나이아신	–에너지 대사에 관여하는 NAD, NADP 공급 –60mg 트립토판 → 1mg 나이아신 –열, 산, 알칼리, 산화제, 광선에 안정	펠라그라, 개의 흑설병	효모, 간, 육류, 땅콩, 곡류
비타민 B_6	–PLP의 구성원소로 아미노산과 단백질 대사에 관여 –산성에서는 가열에 안정, 중성이나 알칼리에서는 광선에 분해, 산화제에 약함	구각염, 설염, 피부염	육류, 간, 어육
판토텐산	–당질 및 지질 대사에 필수적인 코엔자임A의 구성성분	–	효소, 간, 두류
비오틴	–항피부염 인자	피부염, 신경염, 탈모, 식욕감퇴	난황, 간, 땅콩, 치즈
엽산	–비타민 B_{12}와 유사한 기능	악성빈혈, 임산부빈혈	녹색채소
비타민 B_{12}	–항악성빈혈인자	악성빈혈	소, 돼지의 간
비타민 C	–포도당에서 합성가능 –산성에서는 안정, 수용액에서는 열, 알칼리 등에 쉽게 파괴 –아스코르브네이스에 의해 파괴 –산화형은 환원형의 $\frac{1}{2}$의 활성	괴혈병	갓, 풋고추, 딸기, 시금치
비타민 L	–젖의 분비에 관여	–	쇠간, 효모
비타민 P	–모세혈관의 침투성 강화	–	메밀, 감귤류 껍질

CHAPTER

06

무기질(Minerals)

01 알칼리성 식품과 산성 식품은 어떻게 구분될까요?

02 다량 무기질에는 어떤 것들이 있을까요?

03 미량 무기질에는 어떤 것들이 있을까요?

04 식품의 가공 조리 중에 무기질은 어떤 변화가 생길까요?

식품 및 생물체를 완전히 태우면 탄소(C), 수소(H), 산소(O), 질소(N)는 모두 휘발되고 무기질은 각종 원소들의 산화물로서 남는데 이것이 재(ash)이다. 식품 분석에서는 식품을 회화하여 얻어지는 재의 중량을 회분이라고 부르며 무기질의 총량과 회분량은 반드시 일치하지는 않는다. 식품 중에 비교적 많이 함유되어 있는 주요 무기질 성분으로서는 나트륨(Na), 칼륨(K), 칼슘(Ca), 마그네슘(Mg), 인(P), 황(S), 염소(Cl) 등의 원소가 있으며 그 외에 철(Fe), 구리(Cu), 망간(Mn), 아연(Zn), 코발트(Co), 요오드(I) 등이 미량으로 존재한다.

01 알칼리성 식품과 산성 식품은 어떻게 구분될까요?

식품 중에 함유되어 있는 무기질 중에서 나트륨(Na), 칼륨(K), 칼슘(Ca), 마그네슘(Mg), 철(Fe), 구리(Cu), 망간(Mn), 코발트(Co), 아연(Zn) 등은 각각 Na^+, K^+, Ca^{2+}, Mg^{2+}, Fe^{2+}, Cu^{2+}, Mn^{2+}, Co^{2+}, Zn^{2+}을 만들어 양이온이 되므로 알칼리 생성 원소라고 하며, 인(P), 황(S), 염소(Cl), 브롬(Br), 요오드(I) 등은 PO_4^{3-}, SO_4^{2-}, Cl^-, Br^-, I^-을 만들어 음이온이 되므로 산생성 원소라고 부른다. 또 탄소가 잔존하는 경우 이것은 이산화탄소를 만들고 체내에서 탄산(H_2CO_3)으로 존재하기 때문에 산성물질이다.

모든 식품은 그것에 함유되어 있는 알칼리 생성 원소와 산 생성 원소의 어느 쪽의 성질이 큰가에 따라서 알칼리성 식품과 산성 식품으로 구분된다.

해조류, 과일류, 채소류는 알칼리성 식품이며 곡류, 육류는 산성 식품이다.

식품의 산성 및 알칼리성의 정도를 각각 산도(acidity) 및 알칼리도(alkalinity)로 나타낸다. 즉, 식품 100g을 연소시켜 얻은 회분의 수용액을 중화하는 데 필요한 0.1N-염산(HCl)의 ml 수를 알칼리도로 0.1N-수산화나트륨(NaOH)의 ml수를 산도로 나타낸다.

주요 식품을 산성 식품과 알칼리성 식품으로 구분하여 산도 및 알칼리도를 표시하면 [표 6-1]과 같다.

표 6-1 주요 식품의 알칼리도 및 산도

알칼리성 식품	알칼리도	산성 식품	산성도
다시마	40	백미	3~5
대두	9~10	현미	9~14
고구마	6~10	보리	10

감자	5~9	밀가루	3~5
무류	6~10	귀리	15
당근	9~15	옥수수	5
시금치	5~12	쌀밥	1
양파	1~2	흰빵	2~3
토마토	3~5	잠두	5~10
사과	1~3	달걀	10~20
감귤류	5~10	육류	10~20
흑설탕	15	뱀장어	7
우유	2	어류(오징어, 문어류)	10~20
혈액(정상)	3	버터	4

02 다량 무기질에는 어떤 것들이 있을까요?

1. 칼슘(Calcium ; Ca)

체중 50kg인 성인의 칼슘 함량은 약 1kg으로서 그중 약 99%는 뼈대와 치아에 인산염($Ca_3(PO_4)_2$) 또는 탄산염($CaCO_3$)의 형태로 존재하고 나머지는 혈액과 근육 중에 분포되어 있다.

칼슘은 뼈대의 형성, 신경의 흥분성 억제, 효소의 활성화, 혈액응고 촉진, 혈액의 pH 조절, 근육수축 작용 등 중요한 역할을 한다. 칼슘은 뼈째 먹는 어류와 우유 및 해조류에 많이 함유되어 있으나 우리 일상 식품 중에는 비교적 적게 들어 있는 성분이다. 또 칼슘의 흡수는 식품 속에 있는 다른 성분의 영향을 받게 되므로 흡수율은 식품의 종류에 따라 현저한 차이가 있다. 식품 중에는 시금치의 수산(oxalic acid)이나 쌀겨 속의 피틴산과 섬유소 등은 칼슘의 흡수를 저해하는 물질을 함유하므로 이들을 함유하는 식품은 칼슘의 이용을 방해하게 된다. 그러나 단백질, 젖당, 비타민 C와 비타민 D가 있으면 칼슘은 흡수가 좋아진다.

한편, 식품 중의 칼슘과 인의 비율도 흡수에 영향을 주며 칼슘 : 인=1 : 1 정도일 때가 가장 좋다고 한다. 일반적으로 동물성 식품의 칼슘이 식물성 식품의 칼슘보다 흡수가 좋으며, 보통의 식사에서 흡수율은 약 40%이다. 즉, 칼슘의 흡수는 식품에 존재하는 칼슘의 형태와 다른 영양소 함량의 비에 따라 달라진다.

2. 인(Phosphorus ; P)

체내의 인은 75%가 뼈대에 있고 나머지는 각 조직 중에 광범위하게 분포되어 있으며, 체액의 완충작용, 조효소의 구성성분이 되어 생화학 반응에 관여하므로 생명에 대하여 가장 본질적인 역할을 하는 원소의 하나이다.

식품 중의 인은 모두 인산의 형태로 함유되어 있으며 일반 식품 중에 널리 분포한다. 곡류, 어패류, 육류 등에 특히 풍부하게 함유되어 있으므로 인의 섭취량이 부족되는 경우는 없다.

3. 나트륨(Sodium ; Na)과 염소(Chlorine ; Cl)

나트륨은 체내에 약 50g 함유되어 있으며 주로 세포 외액에 염화물(NaCl), 인산염(Na_2HPO_4), 탄산염(Na_2CO_3, $NaHCO_3$)으로 존재한다. 나트륨은 칼륨과 같이 체액의 산, 알칼리 평형 및 삼투압을 조절하는 데 관여한다. 염소는 나트륨과 칼륨의 생리작용을 보조하여 준다.

나트륨의 성인 목표섭취량은 2,000mg/일 이하이며, 식염으로 환산하여 1일 5g 이하의 섭취를 권장하고 있다. 우리나라 사람의 소금 섭취량은 하루에 약 12~20g 정도로 필요량보다 상당히 많은 양이다.

식품에 함유되어 있는 식염량을 식물성 식품과 동물성 식품으로 나누어 표시하면 [표 6-2]와 같다.

표 6-2 식품(식염가공품 제외) 중의 소금(NaCl) 함량 (g/100g)

식물성 식품	함량	동물성 식품	함량
미역	5.7	새우류	10.7
김	2.2	대구	8.2
아스파라거스	0.9	꽁치	2.2
셀러리	0.5	해삼	1.9
파슬리	0.4	청어	1.1
귤	0.2	오징어	1.0
사과	0.1	다랑어	0.5
당근	0.1	닭고기	0.1

4. 칼륨(Potassium ; K)

칼륨은 인체 내에 약 100g 정도 함유되어 있으며 나트륨(Na)과 대조적으로 주로 세포 내액 중에 염화물(KCl), 인산염(K_2HPO_4), 탄산염(K_2CO_3, $KHCO_3$)으로 존재한다. 칼륨도 나트륨(Na)과 같이 체액의 산, 알칼리 평형과 세포의 삼투압을 조절하고 근육의 수축과 신경의 자극 전달에도 관여한다.

칼륨은 동·식물성의 식품에 널리 함유되어 있으며 그중에서도 채소류, 감자류, 두류 등에 특히 많다.

5. 마그네슘(Magnesium ; Mg)

마그네슘은 인체 내에 약 25g 함유되어 있으며, 이의 대부분은 인산마그네슘($Mg_3(PO_4)_2$)으로서 골격에 존재하며 나머지는 혈액과 근육 중에 있다. 마그네슘(Mg)은 칼슘(Ca)과 같이 신경의 흥분을 억제하고 효소의 작용을 촉진시키는 작용이 있다. 근육이나 신경의 기능은 마그네슘과 칼슘의 길항적인 작용에 의해서 유지되는 등 칼슘과 마그네슘도 여러 가지 길항작용이 있다.

6. 황(Sulfur ; S)

황은 인체에 약 100g 함유되어 있으며, 시스테인, 시스틴, 메싸이오닌 등의 아미노산, 단백질의 구성성분으로도 존재한다. 또 비타민류(티아민, 리포익산, 비오틴), 담즙산, 당지질, 콘드로이틴황산, 황산 뮤코이틴 등에 함유되어 있다. 일반 식품의 단백질 중에 광범위하게 분포되어 있으며 무의 메틸 메르캅탄, 파의 알릴설피드(allyl sulfide), 겨자의 시니그린 등에 함유되어 있어 황의 결핍은 일어나지 않는다.

표 6-3 다량무기질의 기능 및 급원식품

종류	주요기능	급원식품
칼슘	뼈대의 형성, 신경흥분성 억제, 효소 활성화 혈액응고 촉진, 혈액의 pH 조절, 근육수축 작용	우유 및 유제품, 뼈째 먹는 생선, 녹색채소
인	체액의 완충작용, 조효소의 구성성분	유제품, 어육류, 제빵류, 곡류, 탄산음료
나트륨	세포 외액의 양이온, 체액의 산/알칼리 평형, 삼투압 조절	소금, 양념, 베이킹파우더, 가공식품
칼륨	새포 내액의 양이온, 체액의 산·알칼리 평형, 삼투압 조절, 근육 수축, 신경자극 전달	채소, 감자, 두류
마그네슘	골격과 치아 구성, 신경흥분 억제, 효소작용 촉진	녹황색채소, 전곡, 견과류, 초콜릿, 콩류
황	세포단백질, 비타민, 담즙산의 구성성분	단백질 식품
염소	세포외액의 음이온, 위액 형성, 신경자극전달	식탁염, 가공식품

7. 염소(Choride, Cl)

염소는 세포외액에 존재하는 음이온으로 체액의 삼투압 유지와 산, 염기 및 수분평형에 관여하고, 수소이온과 결합하여 위의 벽세포에서 분비되는 위액을 만들고, 신경자극을 전달하며, 타액 아밀로스 분해 효소를 활성화시킨다.

03 미량 무기질에는 어떤 것들이 있을까요?

1. 철(Iron ; Fe)

철은 체내에 약 3g 정도 함유되어 있는데, 그중 2/3는 혈액 중의 혈색소(hemoglobin)에 있고 나머지는 근육 중의 마이오글로빈(myoglobin), 간, 내장의 페리틴(ferritin)에 함유되어 있으며, 일부는 철효소(치토크롬, 카탈레이스, 과산화효소)에 존재한다.

철은 동 · 식물성 식품에 널리 분포되어 있으며, 식품에 함유되어 있는 철은 제1철(Fe^{2+}) 또는 제2철(Fe^{3+}) 화합물로서 존재한다. 그러나 사람이 흡수할 수 있는 것은 제1철뿐이며 제2철은 거의 흡수되지 않는다.

2. 구리(Copper ; Cu)

인체 내의 구리의 양은 매우 적어 100~150mg 함유되어 있으며, 간 속에 2mg%로 가장 많고 혈액 속에 0.05~0.25mg% 존재한다. 연체 동물이나 갑각류의 혈색소인 헤모시아닌, 생물체의 여러 효소인 비타민 C 산화효소, 폴리페놀 산화효소 등은 구리(Cu)를 가지고 있는 단백질이다. 구리(Cu)는 체내에서 헤모글로빈이나 치토크롬 등 철단백질이 새로 만들어질 때의 촉매작용에 관여하므로 구리(Cu)가 결핍되면 빈혈이 된다.

구리(Cu)는 여러 가지 식품에 널리 분포하며, 특히 간, 조개류, 두류, 어육, 달걀 및 채소에 많이 들어 있다.

3. 아연(Zinc ; Zn)

아연은 동 · 식물체에 널리 분포되어 있다. 인체에서는 췌장의 호르몬인 인슐린 생성에 관여한다. 또한 성장, 면역, 생체 구조와 정상 기능의 유지에 관여한다. 패류, 육류, 우유, 요구르트 등에 함유되어 있다.

4. 코발트(Cobalt ; Co)

코발트는 항빈혈 비타민인 비타민 B_{12}의 구성성분으로 존재하며 동물성 식물에 널리 분포한다. 식물체에는 별로 존재하지 않기 때문에 소나 양 등의 초식 동물은 소화관 내의 미생물이 비타민 B_{12}를 합성하고 이것을 흡수 이용하고 있다. 따라서 토양 중에 코발트가 부족되어 있는 지대에서 사는 동물이 빈혈에 걸리는 일이 있다.

5. 요오드(Iodine ; I_2)

요오드는 갑상선 호르몬인 티록신의 구성성분으로서 대부분이 갑상선에 존재한다. 요오드는 해조류에 다량으로 함유되어 있어 한국인의 식생활에서는 해조류 등 해산물의 이용이 많아서 부족될 염려는 없다.

6. 망간(Manganese ; Mn)

망간은 피루베이트 카복실레이스(pyruvate carboxylase), 아르지네이스(arginase), 글루타민 합성효소(glutamine synthetase)와 SOD의 보조 인자로 작용한다. 또한 망간은 가수분해효소, 인산화효소, 탈카르복시화효소 및 전이효소를 활성화시켜 당질, 단백질, 지질대사에 관여하고, 뼈나 연골 조직의 형성에 관여한다. 망간은 호도, 땅콩 등의 견과류, 도정하지 않은 곡류로 만든 시리얼, 콩류 등 식물성 식품에 비교적 많이 함유되어 있다.

7. 몰리브덴(Molibdenum ; Mo)

몰리브덴은 인체의 정상적인 성장에 필요한 미량원소로 잔틴 탈수소효소나 잔틴 산화효소, 알데히드 산화효소 등 여러 효소의 보조 인자로서 대사 작용에 관여한다. 밀배아, 전곡류, 말린 콩, 간 등의 내장육, 우유 및 유제품에 다량 함유되어 있다.

8. 셀레늄(Selenium ; Se)

셀레늄은 인체의 간, 심장, 신장, 비장에 주로 분포되어 있으며 글루타치온 과산화효소(gluta-thione peroxidase)의 성분으로 작용하여 항산화 작용 및 비타민 E 절약작용을 하고, 암을 예방하는데도 도움이 될 것으로 연구되고 있다. 셀레늄은 육, 어류, 내장류, 패류, 전밀, 밀배아, 종실류, 견과류 등에 많이 함유되어 있다.

9. 불소(Floride ; F)

불소는 체내의 95% 정도가 뼈와 치아에 존재하여, 골다공증 방지에 기여하고 충치 발생을 억제하는 작용을 하므로 우리나라의 일부 지역에서는 식수에 불소를 첨가하고 있다. 불소는 해조류, 고등어, 정어리, 연어 등의 어류 및 불소가 첨가된 식수와 차 등에 함유되어 있다.

10. 크롬(Chrominium ; Cr)

크롬은 당내성인자의 필수성분으로 인슐린 작용을 강화하여 탄수화물, 지질, 단백질 대사에 관여한다. 크롬 보충 시 혈청콜레스테롤이 감소하고 HDL 콜레스테롤이 약간 증가하고, 핵산의 구조를 안정화시키기도 한다. 크롬은 계란, 간, 전곡, 견과류 등에 많이 함유되어 있다.

표 6-4 미량 무기질의 종류와 특성

종류	주요기능	급원식품
철	헤모글로빈, 마이오글로빈의 성분, 효소의 구성성분	육류, 어패류, 가금류, 콩류, 녹색채소
구리	철분의 흡수를 도움, 효소의 구성성분	간, 조개류, 두류, 어육, 달걀 및 채소
아연	인슐린의 구성성분, 성장, 면역, 생체막 구조와 정상기능 유지	패류, 육류, 우유, 요구르트
코발트	비타민 B_{12}의 구성성분, 적혈구 생성에 관여	동물성 식품
요오드	갑상선호르몬의 구성성분	해조류, 해산물
망간	효소의 구성원소	견과류, 전곡류로 만든 시리얼, 콩류
몰리브덴	효소의 구성성분	밀배아, 전곡류, 말린콩, 내장육, 유제품
셀레늄	글루타치온 과산화효소 구성성분, 항산화작용, 비타민 E 절약 사용	육·어류, 내장류, 패류, 전밀, 밀배아, 종실류, 견과류
불소	뼈와 치아에 존재, 충치 발생 억제, 골다공증 방지에 기여	해조류, 어류, 불소첨가 식수와 차
크롬	당내성인자의 성분 인슐린작용 및 당질 대사에 관여	계란, 간, 전곡, 견과류

04 식품의 가공 조리 중에 무기질은 어떤 변화가 생길까요?

1. 물리적 변화

일반 채소를 조리할 때에는 세포 내외의 삼투압(osmotic pressure)의 차이에 의하여 무기질 및 수분의 용출이 일어난다. 이 현상은 온도가 높을수록 빨리 일어난다. 세포 내의 삼투압이 높을 때 세포 내의 무기질은 세포 외로 용출되고 세포 외의 수분은 세포 내로 침투하여 세포 내외의 삼투압이 같아지려고 한다.

반면에, 세포 외의 삼투압이 높을 때 세포 내의 수분은 세포 외로 빠져 나오고 세포 외의 성분은 세포 내로 침투하여 세포 내외의 삼투압이 서로 같아지려고 한다. 따라서 세포는 탈수·수축하고 세포 외액은 수분이 많아진다. 예를 들어 채소에 소금을 넣으면 채소 중의 수분이 빠져나와 원형질 분리를 일으켜 숨이 죽게 되며, 전골 조리 시 간장을 넣으면 채소나 고기 속의 수분이 빠져나와 빨리 끓게 된다.

소금물은 물과 달리 0℃보다 더 낮은 온도에서 얼고 100℃보다 더 높은 온도에서 끓기 시작하는데 이러한 현상을 각각 어는점 내림, 끓는점 오름이라고 한다.

이렇듯 순수한 물은 100℃에서 끓지만 소금물과 같이 용질이 함유된 용액은 끓는점이 순수한 물에 비해 높아지는데 이를 끓는점 오름이라고 하며, 라면을 끓일 때 수프를 넣으면 끓던 물이 잠잠해지는 것이나 끓는 라면 국물에 덴 화상이 더 심한 것은 모두 용액의 끓는점이 순수한 용매보다 더 높기 때문에 나타나는 현상이다.

또한 순수한 물의 어는점은 0℃이지만 소금물의 어는점은 순수한 물보다 낮아지는데 이를 어는점 내림이라고 하며, 그 예는 바닷물이 겨울에도 잘 얼지 않는 것에서 볼 수 있다. 이러한 끓는점 오름과 어는점 내림은 용질의 몰수와 관계가 있으며, 물 1kg에 용질 1몰을 녹인 용질의 몰수와 관련용액의 끓는점과 어는점의 경우는 [표 6-5]와 같다.

표 6-5 용액의 끓는점과 어는점

종류	설탕물	NaCl(aq)	$CaCl_2$(aq)	$Al_2(SO_4)_3$
끓는점 오름(℃)	0.52	1.04	1.56	2.60
끓는점(℃)	100.52	101.04	101.56	102.60
어는점 내림(℃)	1.86	3.72	5.58	9.30
어는점(℃	−1.86	−3.72	−5.58	−9.30

2. 화학적 변화

식품 중 무기질의 화학적 변화는 pH 이동에 의한 염류와 이온의 가역 반응 및 효소에 의한 유기태와 무기태의 가역 반응이 약간 일어날 뿐이고 본질적인 화학 변화는 거의 일어나지 않는다.

한편, 무기질은 식물성 색소를 고정하고 변색을 방지하기도 한다. 예를 들면, 철과 알루미늄은 가지의 안토시아닌(anthocyanin) 색소를 고정하므로 색의 고정에 철과 명반이 쓰이기도 한다. 또 완두콩으로 통조림을 만들 때에 클로로필(chlorophyll)의 고정을 위하여 황산구리($CuSO_4$) 용액을 소량 넣거나 오이 김치를 담글 때에 놋그릇 닦은 수세미를 넣기도 한다.

또한 무기질에 의하여 단백질을 응고시키는 경우가 있다. 채소나 과일의 설탕 조림에 명반을 사용하면 알루미늄 이온(Al^{3+})이 단백질을 응고하여 그의 모양을 유지하는 효과를 갖는다. 두부제조에 칼슘 이온(Ca^{2+})이나 마그네슘 이온(Mg^{2+})이 이용되는 것도 이 원리이다.

3. 금속이온의 용출

금속은 이온화 경향을 가지며 물에 담그거나 수분에 접하면 금속의 표면에서부터 이온으로 되어 물속에 녹아 나온다. 즉, 가공 기계, 조리 기구, 냄비, 칼 등의 표면에서 용출하는 금속 이온이 식품의 맛, 색, 영양가에 크게 영향을 미친다. 예를 들면, 물속의 구리이온(Cu^{2+})은 비타민 C의 산화를 촉진하며, 철 이온(Fe^{2+})나 구리 이온(Cu^{2+})은 산화 효소의 작용을 촉진하므로 과일이나 채소를 자를 때 철제를 사용하면 갈변이 심하다.

한편 은(Ag^{+}), 구리(Cu^{2+})는 살균 작용도 갖는다.

4. 조리에 의한 무기질의 손실

조리에 의한 무기질의 손실은 식품의 종류, 조리 방법, 무기질의 종류에 따라 손실량이 각각 다르며 일반적으로 그 손실은 다른 영양소보다 훨씬 크다.

무기질은 구울 때는 거의 변화가 없으나 찔 때는 0~50%가 손실되며, 삶을 때는 25~50%가 손실되는데, 철은 10%~40%, 구리는 30~80%, 요오드는 23~80%가 손실된다.

5. 무기질과 수질

물속에 녹아 있는 무기질의 양에 따라 연수(단물) 또는 경수(센물)로 구분한다. 칼슘과 마그네슘 등의 무기질이 많이 녹아 있는 물을 경수(硬水, 센물)라 하며, 적게 녹아 있는 물을 연수(軟水, 단물)라 한다. 경수와 연수는 빗물이 지하에 침투하면서 그 지역 토양 속 무기질의 녹는 양에 따라 결정된다.

대체로 칼슘, 마그네슘의 농도가 높은 물을 오랫동안 마시면 요도 결석을 유발하는 것으로 알려져 있다. 연수는 급수 파이프의 부식을 초래하여 구리, 아연, 납, 카드뮴 등의 금속이 용출된다.

물의 경도(hardness)는 물 1000ml에 산화칼슘(CaO) 1ml 또는 산화마그네슘(MgO)이 1mg 함유되어 있는 경우 경도 1(1° H)이라 하며, 경도 20 이상이 경수이고 경도 10 이하의 것을 연수라 한다. 물의 경도는 [표 6-6]과 같다.

증류수, 빗물, 수돗물은 연수에 해당하며, 연수는 멸치 국물 우릴 때, 밥 지을 때, 차 끓일 때 좋다고 한다. 반면에 지하수, 우물물 등은 경수에 속하는데, 식물은 약간의 경수를 사용해야 맛이 좋다. 경수를 연화시키기 위해서는 끓이는 법, 이온교환수지처리법 등이 있다.

표 6-6 물의 경도

경도 단위(dH)	물속의 무기질의 양	수질
0~4	0~70ppm	아주 단물
4~8	70~140ppm	단물
8~12	140~210ppm	약간 센물
12~18	210~320ppm	제법 센물
18~30	320~530ppm	센물

* dH : degree of hardness.
* 1dH=17.8($CaCO_3$) 양
* 1ppm : 1mg/kg인데 물의 경우는 1ppm=1mg/ℓ
* 경도는 Ca^{2+}과 Mg^{2+}와의 합계량을 이에 대응하는 탄산칼슘($CaCO_3$) 양으로 환산한 값으로 ml/ℓ(=ppm)로 나타낸다.

CHAPTER

07

효소(Enzymes)

01 효소는 화학적으로 어떤 모형일까요?

효소(Enzyme)는 생물체 내에서 일어나는 여러 생명 활동을 촉진하거나 지연하는 물질이다. 효소는 주로 상온, 상압의 조건에서 촉매작용을 갖는데, 기질 특이성이 있기 때문에 특정한 성분에만 관여하여 분해하거나 합성하는 역할을 한다.

생체 촉매제(catalyst)의 역할을 하는 효소는 단백질로 구성되어 있으며, 종류에 따라서 비단백질(보결분자단, prosthetic group)이 결합된 복합 단백질의 형태도 있다.

단백질로만 이루어진 효소에는 단백질 분자 내부에 기질 특이성 부분과 활성기가 함께 존재하여 그 자체로 효소 작용이 가능하다. 복합 단백질로 이루어진 효소에는 기질 특이성 부분은 단백질 부분(아포엔자임, apoenzyme)이고, 활성기는 비단백질 부분(보결 분자단, prosthetic group)에 존재한다. 따라서 복합 단백질로 이루어진 효소는 아포엔자임과 보결분자단이 함께 결합되어 있어야 비로소 효소로서 작용이 가능하며 이를 홀로엔자임(holoenzyme)이라고 부른다. 복합 단백질의 비단백질 부분은 보결분자단 외에 조효소(coenzyme), 금속이온(metal ion) 등이 결합될 수도 있다[그림 7-1].

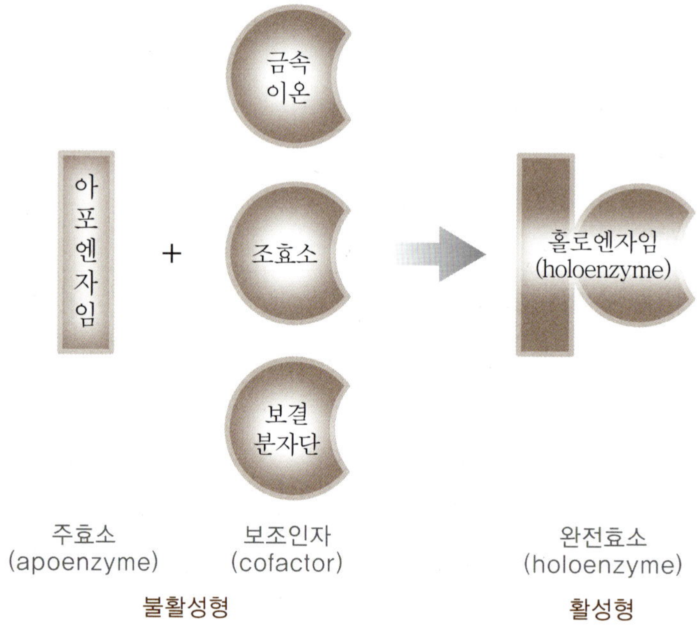

[그림 7-1] 홀로엔자임의 모형

02 효소는 어떻게 작용할까요?

1. 효소의 특이성

효소는 특정한 하나의 물질 또는 특정한 물질 그룹에만 반응하는 독특한 특성을 갖는다. 효소가 작용하는 물질은 기질(substrate)이라고 하며, 효소가 하나의 기질에만 작용할 경우를 절대 기질특이성(absolute specificity), 특정한 물질 그룹에 작용하는 경우를 그룹 기질특이성(group specificity)이라 한다. 또한 하나의 효소는 한 종류의 화학 반응에만 촉매작용을 하며 특정한 생산물을 형성하기 때문에 효소반응 특이성을 갖고 있다.

효소의 반응과정에서 가장 먼저 일어나는 반응은 효소가 기질과 결합하여 효소-기질 복합체를 만드는 과정이다. 효소-기질 복합체가 만들어진 이후에는 효소-생성물 복합체가 형성되고 마지막으로 생성물이 효소에서 분리되어 효소작용이 완료된다. 이때 효소 표면의 형태와 기질의 형태가 열쇠-자물쇠처럼 일치하지 않으면 효소-기질 복합체는 형성되지 않으며, 이후의 효소 촉매반응은 일어나지 않는다.

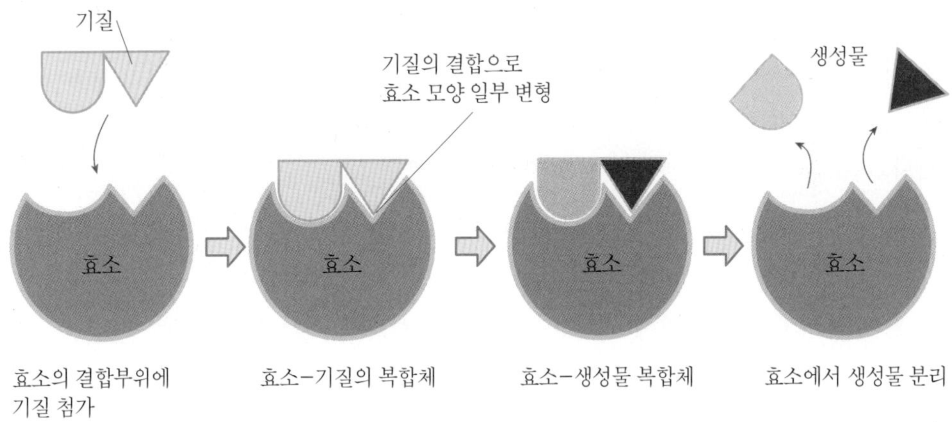

[그림 7-2] **효소-기질 작용 모델**

효소와 무관하게 일어나는 화학반응의 경우에는 반응이 개시되기 위해 충분한 활성화 에너지(⊿EA)를 필요로 하지만, 효소가 존재하는 경우에는 효소-기질 복합체가 만들어지므로 훨씬 더 적은 활성화 에너지(⊿H)만 있어도 반응이 일어날 수 있다. 즉, 효소의 존재는 활성화 에너지 필요량을 낮추어 일반 화학반응을 촉진할 수 있기 때문에 효소를 반응 촉매제라 한다[그림 7-3].

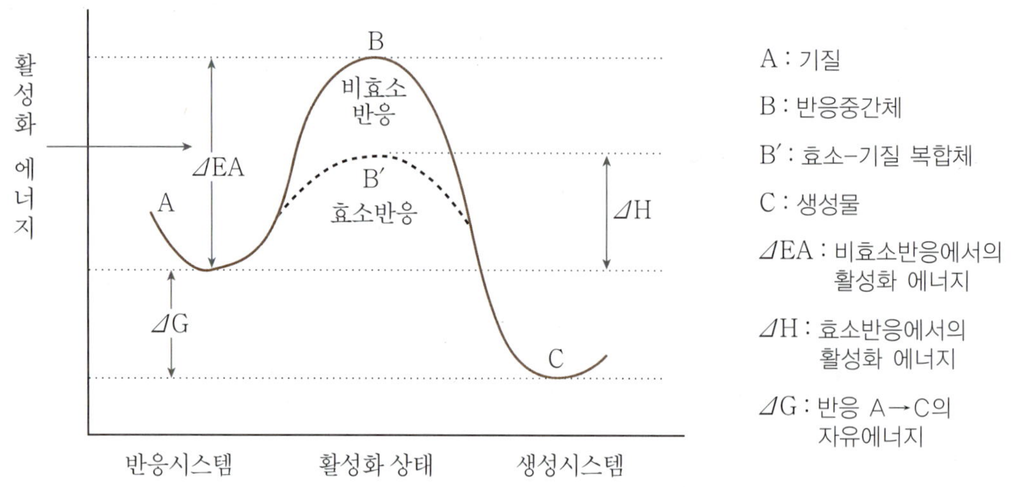

[그림 7-3] 비효소 반응과 효소 반응의 에너지 변화

03 효소 활성에 영향을 주는 요인은 무엇일까요?

효소 활성에 영향을 미치는 인자는 온도, pH, 기질의 농도를 들 수 있으며, 온도와 pH는 효소의 종류에 따라 최적의 반응 구간이 정해지고, 기질 농도가 높을수록 효소 반응이 쉽게 일어난다.

1. 온도

효소 반응은 온도가 올라감에 따라 반응 속도가 빨라지고 온도가 감소하면 반응 속도도 느려진다. 그러나 너무 높은 온도에서는 효소 단백질의 입체구조가 파괴되기 때문에 높은 온도는 효소의 불활성화를 초래할 수 있다. 효소가 최대로 활성화 되는 온도는 효소 종류에 따라 조금씩 달라서 일반적인 효소는 30~40℃ 온도에서 최적으로 활성화되며, 그 이상의 온도에서는 점차 불활성화된다. 전분 분해 효소인 α-아밀레이스는 60~70℃ 범위에서 최적으로 활성화되고, β-아밀레이스는 60℃ 부근에서 최적의 활성화를 나타내지만 70℃ 이상에서는 대부분의 효소가 불활성화 된다. 이와 같이 효소가 최적으로 활성화되어 최대 반응 속도를 나타내는 온도를 최적 온도(optimum temperature)라 한다[그림 7-4].

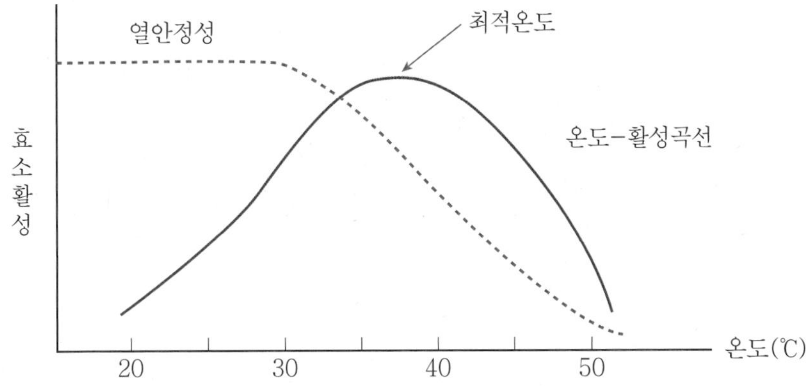

[그림 7-4] 온도와 효소활성

2. pH

효소 활성은 pH에 의해 영향을 받으며 효소의 종류에 따라 최대 활성을 나타내는 pH가 다르다. 대부분의 효소는 pH 4.5~8.0의 범위에서 최대의 활성을 나타낸다. 단백질 분해효소인 펩신은 pH 1.5~2.0의 범위에서, 트립신은 pH 7.7~8.0에서, 아르지네이스(arginase)는 pH 9.7~10.0에서 최대 활성을 나타낸다. 전분 분해효소인 아밀레이스는 pH 6.5~7.0에서 최대 활성을 나타낸다. 이와 같이 효소가 최대 활성을 나타내는 pH를 최적 pH(optimum pH)라고 하며[그림 7-5], 최적 pH 보다 낮거나 높은 pH에서는 효소 반응 속도가 급격히 감소하며 pH가 강산 또는 강알칼리로 갈수록 효소가 변성되어 활성을 잃어버린다.

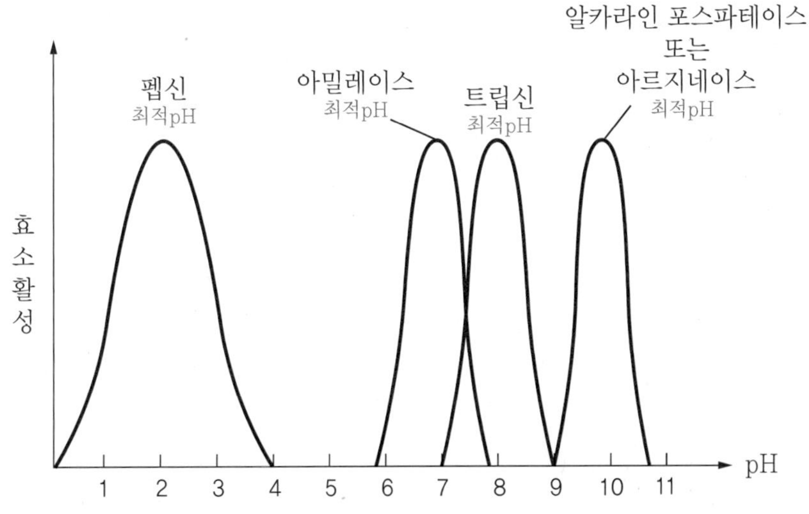

[그림 7-5] pH와 효소활성

3. 기질 농도

효소 반응에서 기질의 농도가 증가할수록 반응 속도는 빨라진다. 그러나 일정한 농도에 도달하면 기질 농도가 증가하더라도 반응속도는 일정하게 유지된다. 모든 효소가 기질과 반응하여 효소-기질 복합체가 되었기 때문에 더 이상 반응 속도가 증가하지 않는 것이다. 이와 같이 더 이상 반응 속도가 증가하지 않는 속도를 최대반응 속도라 하고 V 또는 Vmax로 나타낸다.

미카엘리스(Michaelis)와 멘텐(Menten)은 효소-기질 복합체 형성을 고려하여 효소 반응속도와 기질 농도와의 관계를 미카엘리스-멘텐(Michaelis-Menten)식으로 표현하였다[그림 7-6].

$$v_o = \frac{Vmax[S]}{Km+[S]}$$

단, v_o=기질 농도[S]에서 초기 반응 속도
Vmax=최대 반응 속도,
[S]=기질의 농도
Km=Michaelis 상수

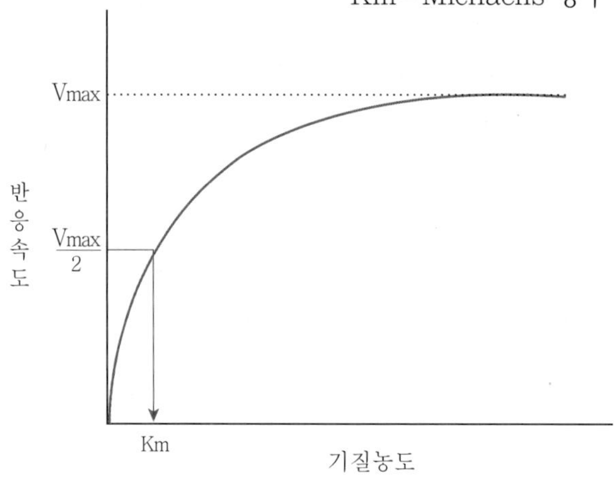

[그림 7-6] **기질 농도와 반응 속도와의 관계곡선**

효소 최대 반응 속도의 1/2 지점에 이를 때 기질 농도를 Km(Michaelis 상수)으로 표현하였고, Km의 농도에서는 효소-기질 복합체가 1/2정도 형성되어 있음을 의미한다. 따라서 Km값이 작다는 것은 낮은 기질 농도에서도 이미 효소-기질 복합체가 1/2이 형성된 것이므로 효소와 기질 친화력이 크다는 것을 의미한다. 반대로 Km값이 크다는 것은 효소-기질 복합체가 1/2이 형성되려면 기질의 농도가 높아야 된다는 것을 의미하므로 효소와 기질 친화력이 작다는 것을 의미한다.

일반적으로 Km값은 10^{-2}~10^{-5}M 범위에 있다.

4. 활성제와 저해제

효소 반응의 속도는 외부의 영향에 의해 빨라지거나 느려질 수 있는데, 효소 반응 속도를 빨라지도록 하는 물질을 활성제(activator), 효소반응 속도를 느려지도록 하는 물질을 저해제(inhibitor)라고 한다.

저해제는 효소가 기질과 결합하기 전에 먼저 효소와 결합하여 효소 반응을 억제하는 역할을 하는데 경쟁적 저해제(competitive inhibitor)와 비경쟁적 저해제(noncompetitive inhibitor)로 분류된다.

경쟁적 저해제는 기질과 구조가 매우 유사하여 효소와 쉽게 결합할 수 있는 물질로서 효소-기질 복합체 대신 효소-저해제 복합체를 생성하여 효소의 작용을 억제하는 물질이다.

비경쟁적 저해제는 효소-기질 복합체가 형성되는 부위가 아닌 효소의 다른 부위에 결합하여 효소-저해제 또는 저해제-효소-기질 복합체를 생성하므로 효소의 작용을 억제하는 물질이다. 이러한 경우는 기질의 결합이 관여하지 못하는 부위에 저해제가 결합하는 것이므로 기질의 농도를 증가시켜도 효소의 활성은 개선되지 않는다.

	효소 반응			저해제 반응		
경쟁적 저해제	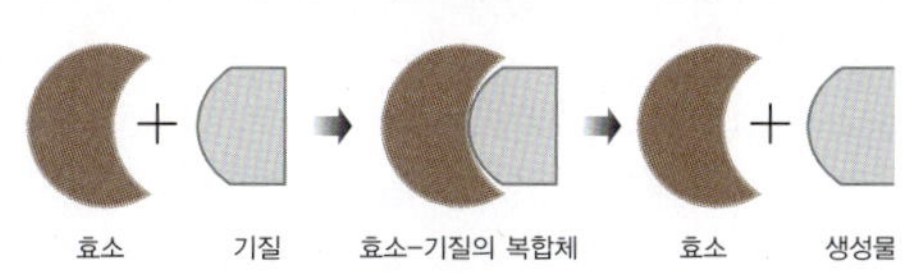			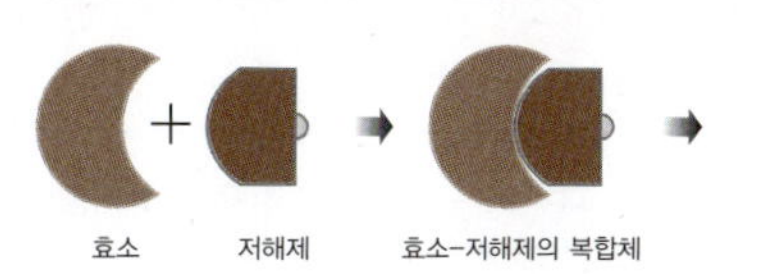		생성물 없음
	효소, 기질	효소-기질복합체	효소에서 생성물 분리	효소, 저해제	효소-저해제복합체	효소에서 생성물 분리 안 됨
비경쟁적 저해제	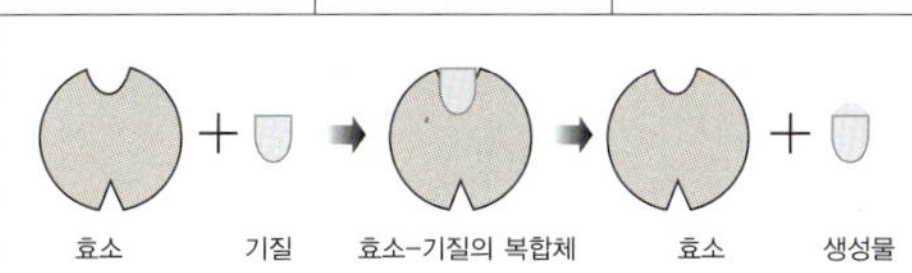			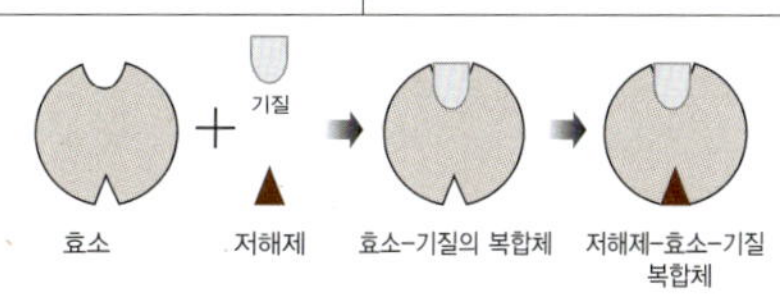		생성물 없음
	효소, 기질	효소-기질복합체	효소에서 생성물 분리	효소, 기질, 저해제	효소-기질복합체 효소-저해제복합체	효소에서 생성물 분리 안 됨

[그림 7-7] 효소 저해제의 작용

04 효소는 어떻게 분류될까요?

효소 명칭은 일반적으로 어미에 ~에이스 또는 ~아제(ase)를 붙여서 사용하지만, 일부의 경우 트립신, 펩신과 같이 ~인(in)을 붙이는 경우도 있다. 이와 같이 여러 가지 명칭으로 사용되다보니, 동일한 효소임에도 다른 것으로 오인될 우려가 있기 때문에 국제생화학연합(International Union of Biochemistry) 효소위원회(Commission on Enzymes)에서는 효소를 그 반응 형식에 따라 6가지로 분류하고 계통명(systematic name)과 EC number를 함께 사용하도록 권고하였다[표 7-1].

표 7-1 반응 특징에 따른 효소의 분류

EC number 첫 번째 자리	계통적 효소 분류	반응 특징	예
1	산화환원효소 (oxidoreductase)	산화반응 및 환원반응에 관여하는 효소	락테이스 디하이드로제네이스 (lactase dehydrogenase) (EC 1.1.1.27)
2	전이효소 (transferase)	한 기질에서 다른 기질로 원자 또는 원자단을 전이하는 효소	헥소키네이스(hexokinase) (EC 2.7.1.1)
3	가수분해효소 (hydrolase)	공유결합을 가수분해하는 반응	알파-글루코시데이스 (α-glucosidase) (EC 3.2.1.20)
4	분해효소 (lyase)	기질에서 비가수분해적으로 원자단을 제거하는 반응	히스티딘 디카복실레이스 (histidin decarboxylase) (EC 4.1.1.22)
5	이성화효소 (isomerase)	분자구조를 바꾸어 이성체로 전환시키는 반응	자일로스 아이소머레이스 (xylose isomerage) (EC 5.3.1.5)
6	연결효소 (ligase, synthetase)	ATP의 인산을 떼어내면서 그 에너지로 두 분자를 결합시키는 반응	아세틸-CoA-합성효소 (acetyl-CoA synthetase) (EC 6.2.1.1)

1) 산화 환원 효소(Oxidoreductase, EC1)

산화 환원 효소는 수소 또는 산소의 원자나 전자를 이동시킴으로 산화환원 반응을 촉진하는 효소이다. 이 그룹에 속하는 효소에는 산화효소(oxidase), 환원 효소(reductase), 탈수소 효소(dehydrogenase), 카탈레이스(catalase) 등이 있다[그림 7-8].

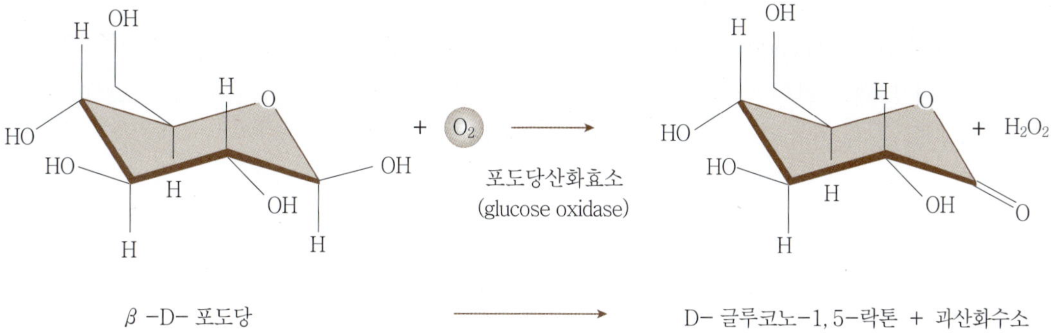

[그림 7-8] 포도당산화효소의 작용

2) 전이효소(Transferase, EC2)

전이효소는 기질에 있는 원자단이나 작용기를 다른 기질로 전달할 수 있도록 반응 촉매의 역할을 하는 효소로서 아미노 트랜스퍼레이스(amino transferase) 등이 대표적이다. 그림과 같이 아스파테이트의 아미노기를 α -keto-글루타레이트에 전달하면 L-글루타메이트가 형성되며 아스파테이트는 옥살로아세테이트를 형성하게 되는데 이러한 반응이 일어나기 위해서는 아미노기 전이 효소인 아스파테이트 아미노 트랜스퍼레이스가 반드시 필요하다[그림 7-9].

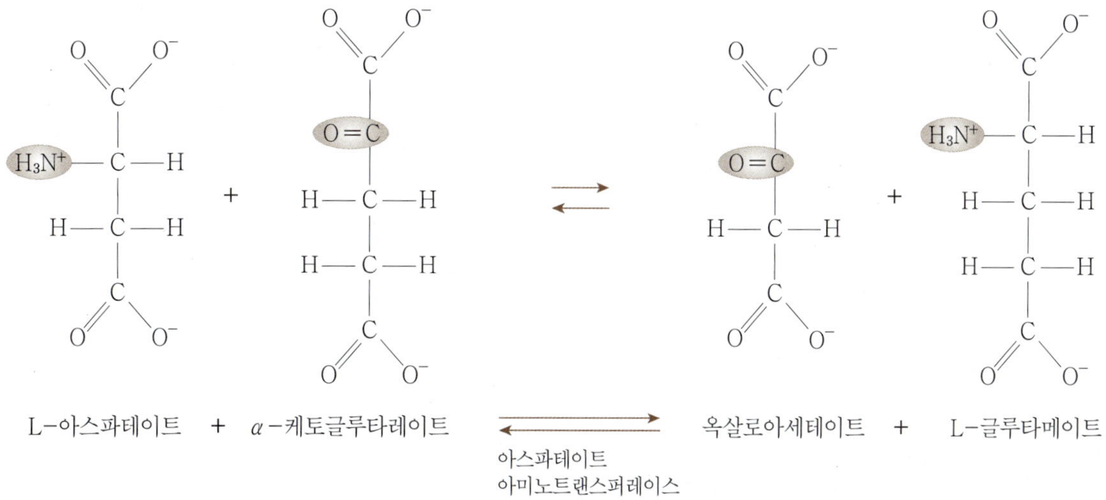

[그림 7-9] 아스파테이트 아미노 트랜스퍼레이스

3) 가수분해 효소(Hydrolase, EC3)

가수분해 효소는 물을 첨가했을 때, 화합물의 공유결합을 끊고, 그 자리에 물분자의 −OH, $-H_2$ 또는 =O를 첨가하는 효소로서 에스터(ester)결합, 에테르(ether)결합, 당결합(glycosidic bond), 펩타이드결합(peptide bond)등의 생성에 관여한다. 가수분해 효소는 탄수화물, 지방, 단백질 등의 분해에 관여 할 수 있으며 아밀레이스(amylase), 라이페이스(lipase), 프로테이스(protease), 레닌(rennin) 등 그 종류가 매우 다양하다[그림 7-10].

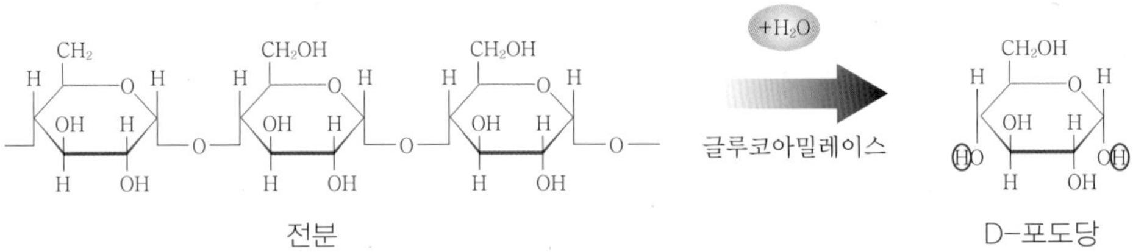

글루코아밀레이스의 효소 반응

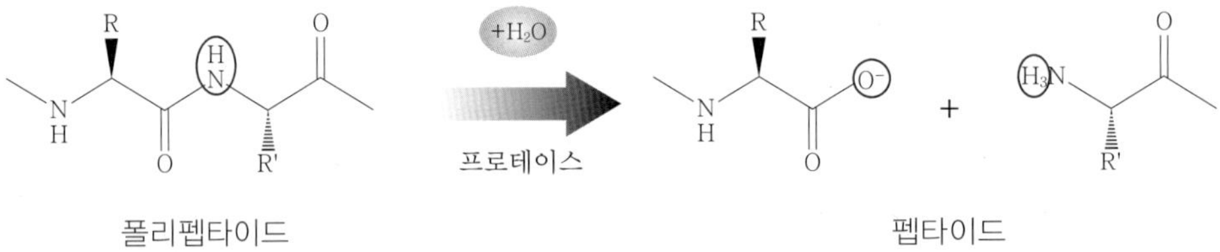

단백질 가수분해 효소의 반응

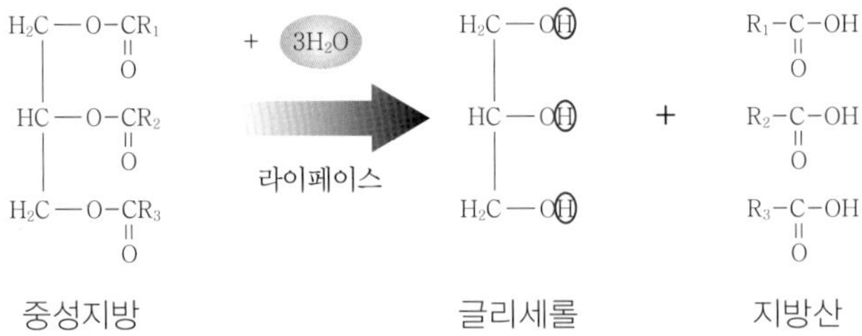

지질 가수분해 효소의 반응

[그림 7-10] 가수분해 효소 반응식

4) 제거 효소 또는 분해효소(Lyase, EC4)

제거 효소는 물을 첨가하지 않고 기질에 결합된 카복실기, 물, 알데히드기, 암모니아 등을 제거하는 효소를 일컫는다. 예를 들면 히스티딘 암모니아 리에이스(histidine ammonia lyase)는 히스티딘에 결합된 암모니아기를 제거하여 우로카네이트를 생성하는 반응을 촉진하는 효소이다[그림 7-11].

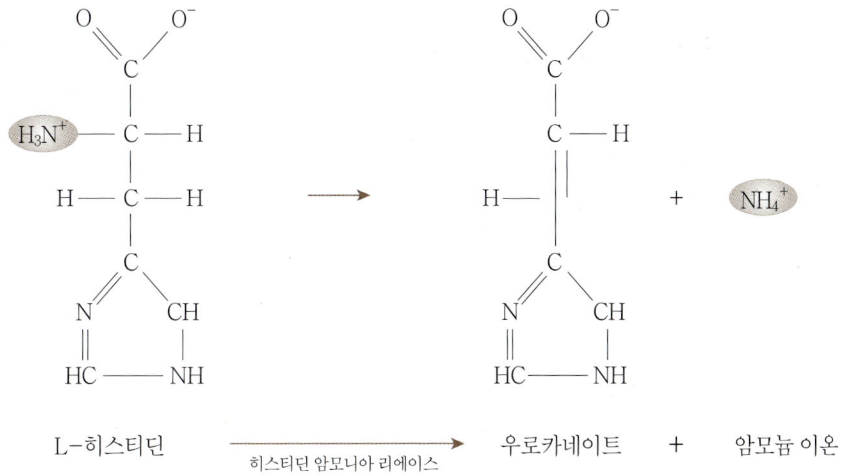

[그림 7-11] 히스티딘 암모니아 리에이스의 작용

5) 이성화 효소(Isomerase, EC5)

이성화 효소는 기질 분자 내 관능기의 위치변환 또는 구조적 전환을 촉진하는 효소로서 이성체가 존재하는 기질의 경우 이성체 A에서 이성체 B로 전환시키는 반응에 관여한다. 에피머레이스(epimerase), 라세메이스(racemase), 뮤테이스(mutase), 이성질화효소(isomerase) 등의 종류가 있다. 포도당으로부터 과당을 생산하는 포도당이성질화효소(glucose isomerase)의 작용은 [그림 7-12]와 같다.

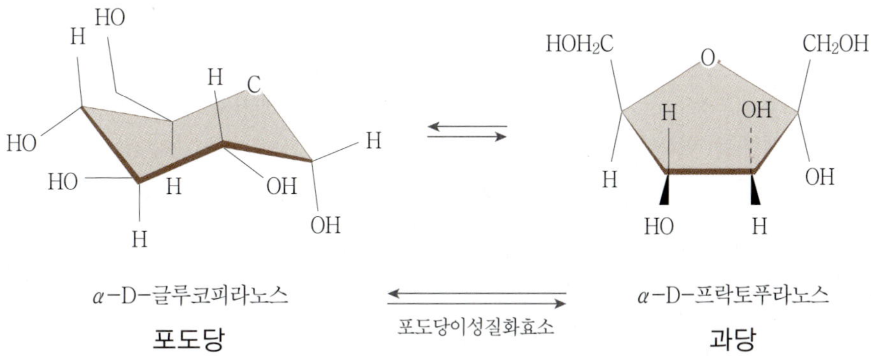

[그림 7-12] 포도당이성질화효소의 작용

6) 연결 효소(Ligase) 또는 합성 효소(synthetase, EC6)

연결 효소 또는 합성 효소는 두 화합물이 서로 결합할 수 있도록 촉매 작용을 하는 효소로서 ATP 등의 고인산 화합물이 관여하는 기질간의 결합 반응이 대표적이다[그림 7-13].

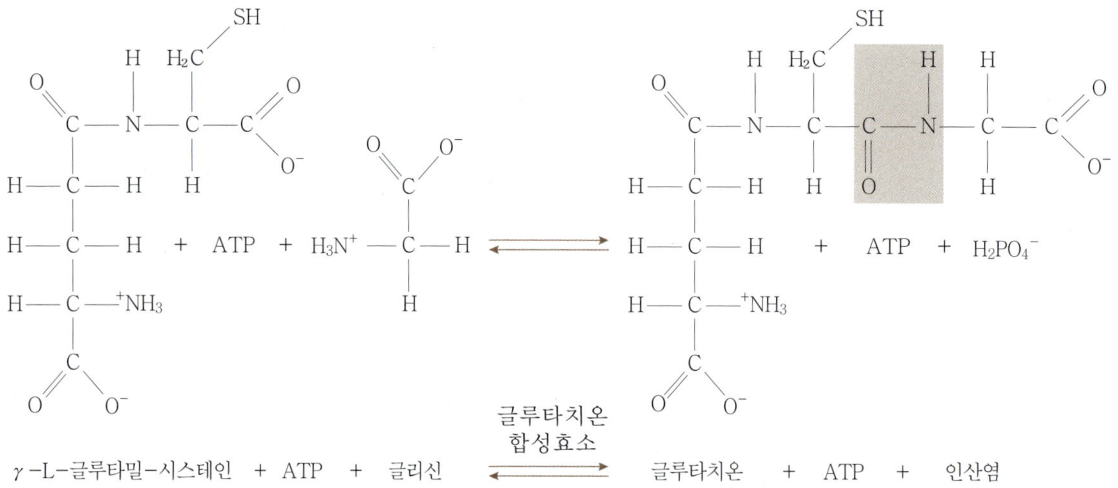

[그림 7-13] 합성 효소의 작용

05 식품에는 어떤 효소가 있으며 어떻게 작용할까요?

식품에는 각종 효소가 함유되어 있으며, 이 효소의 작용으로 식품의 품질 저하가 일어날 수 있다. 그러나 효소 반응을 잘 활용하면 식품 가공을 위한 매우 중요한 수단이 될 수도 있다. 아밀레이스는 전분을 분해시킬 수 있기 때문에 물엿 제조에 이용할 수 있고, 레닌은 우유 단백질을 응고할 수 있기 때문에 치즈 제조에 이용된다. 맑은 과일 주스를 제조하기 위해서는 과일속의 펙틴을 효과적으로 제거할 수 있는 펙틴 분해효소가 활용되고, 간장, 된장, 절임식품 등의 제조를 위해선 미생물이 생산하는 효소를 이용할 수 있다.

식품 속에서 반응하는 효소는 대부분 산화환원효소와 가수분해효소이며, 이를 잘 활용하면 식품의 품질 저하를 막고, 가공특성을 부여할 수 있기 때문에 효소 반응 매커니즘과 최적 조건에 대한 철저한 고찰이 필요하다.

1) 산화환원효소

(1) 리폭시게네이스(Lipoxygenase, linoleate : oxygen oxidoreductase, EC 1.13.11.12)

리폭시게네이스는 산화환원 효소에 속하며 리폭시데이스(lipoxidase)로도 일컫는다. 콩, 강낭콩, 완두 등의 두류에 가장 많이 함유되어 있으며 두류 중에 함유된 불포화 지방산의 산화를 촉진한다. 생콩과 물을 섞어서 분쇄할 경우 두유에서 비린내가 나거나 뚜껑을 열고 콩나물을 삶을 때 콩 비린내가 나는 것은 바로 콩에 함유된 리폭시게네이스가 활성화되어 콩 속의 불포화지방산을 산화시키기 때문에 생성되는 불쾌취이다[표 7-1].

(2) 폴리페놀 산화효소(Polyphenoloxidase, EC 1.10.3.1), 타이로시네이스(tyrosinase, EC 1.14.18.1)

폴리페놀 산화효소는 폴리페놀이 산소와 결합하여 퀴논(quinone) 및 산화물을 생성할 수 있도록 촉매작용을 하는 효소이다. 폴리페놀을 함유하고 있는 식품으로는 감자, 사과, 복숭아, 바나나, 녹차 카테킨 등이 있으며, 이러한 식품에 함유된 폴리페놀이 산화효소의 작용으로 산소와 결합하면 갈색의 퀴논을 형성하게 된다.

타이로시네이스도 페놀의 일종이며 감자, 버섯, 과일류에 함유되어 있다. 타이로시네이스는 페놀계 아미노산인 타이로신의 산화반응을 촉진시켜 갈색의 퀴논을 형성하도록 한다. 폴리페놀 산화효소와 타이로시네이스는 식품의 갈변현상과 밀접한 관련이 있다.

(3) 아스코르브산 산화효소(Ascorbic acid oxidase, EC 1.10.3.3)

아스코르브산 산화효소는 식품에 함유된 비타민 C와 산소의 결합을 촉진하여 데히드로아스코르브산(dehydroascorbic acid)을 생성하는 효소로 배, 사과, 감, 바나나, 포도, 호박, 오이, 양배추, 당근, 가지 등에 함유되어 있다[표 7-2].

표 7-2 식품과 산화 환원 효소

효소	식품	긍정적 작용	부정적 작용
리폭시게네이스 (Lipoxygenase)	두류, 채소류		두류의 필수지방산과 비타민 A의 파괴 콩나물 조리 시 비린내 생성
폴리페놀 산화효소 (Polyphenol oxidase)	포도당 정량 차, 커피, 담배	포도당 정량, 과산화효소와 병용 성숙, 발효, 숙성 중 갈변	과일, 채소류의 갈변 불쾌취 발생 비타민 손실

효소	식품	긍정적 작용	부정적 작용
포도당 산화효소 (Glucosidase)	맥주, 치즈, 탄산음료, 건조달걀, 과일주스, 육어류, 분유, 포도주 등	산소 및 포도당을 제거하여 산화, 또는 갈변방지, 카탈레이스와 함께 사용	
과산화효소 (Peroxidase)	채소류 포도당 정량	데치기 효과의 검정 포도당 산화효소와 혼용	불쾌취 갈변반응 촉진
아스코르브산 산화효소 (Ascorbic acid oxidase)	채소류, 과일류		비타민 C 파괴
카탈레이스 (Catalase)	우유 각종 제품	냉살균 시 과산화수소 파괴 포도당이나 산소를 제거하여 갈변 또는 산화 억제, 포도당 산화효소와 함께 사용	

2) 가수분해효소

(1) 프로테이스(Proteases)

프로테이스는 단백질의 펩타이드 결합을 가수분해하는 효소로서 일반적으로 프로테이스로 총칭하지만 펩타이드 결합 작용 위치에 따라 단백질 내부 펩타이드 결합을 가수분해하는 효소는 엔도펩티데이스(endopeptidase), 단백질 N-말단 또는 C-말단의 펩타이드 결합을 가수분해하는 효소는 엑소펩티데이스(exopeptidase)로 구분하기도 한다.

프로테이스의 종류는 동물성과 식물성의 유래에 따라 구분되며, 동물의 위장에서 분비되는 것으로는 펩신, 트립신, 레닌 등이 있다. 트립신은 아미노산의 R_1이 아르지닌이나 리신 잔기 일 때, 펩신은 R_2가 페닐알라닌 잔기 일 때 펩타이드 결합을 가수분해 하고, 레닌은 K-casein을 부분적으로 가수분해 하여 casein을 응고시키는 작용을 한다.

식물의 열매에 주로 함유되어 있는 것으로는 프로테이스(protease, 배에 함유), 브로멜린(bromelain, 파인애플에 함유), 파파인(papain, 파파야에 함유), 피신(ficin, 무화과에 함유), 액티니딘(actinidin, 키위에 함유) 등이 있다.

프로테이스는 식품 가공의 분야에서 육류의 연화, 빵 반죽의 연화, 치즈 생산, 맥주의 혼탁방지를 위해 주로 사용된다[표 7-3].

표 7-3 식품과 분해효소

효소	식품	긍정적 작용	부정적 작용
프로테이스 (Protease)	빵 · 과자류 맥주 곡류 치즈	빵 반죽의 연화 및 신장도 증가, 여과청징 촉진, 냉각혼탁 방지 단백질 변성으로 건조속도 단축, 된장 · 간장 제조 카세인 응고, 숙성 중 특유향 생성	– 달걀, 게류 빨리 불활성화하지 않으면 과도한 연화 촉진
아밀레이스 (Amylase)	빵, 과자 맥주 곡류 시럽, 당류	효모 발효성 당 증가 전분의 혼탁제거 전분 → 저분자 덱스트린(콘시럽) → 소화율 향상	
라이페이스 (Lipase)	치즈 유지	치즈 숙성 생체 내에서 지질을 글리세롤과 지방산으로 분해하는 소화에 관여	곡류, 우유, 유제품, 유지의 과도한 갈변, 유지식품의 가수분해적 산패
락테이스 (Lactase)	아이스크림	젖당의 결정화 방지로 아이스크림 질감 유지	
펙틴 분해 효소 (Pectic enzymes)	과일주스류 포도주류	주스 착즙수율 증진, 혼탁방지, 농축 개선 포도주스 청징	과도한 연화작용
셀룰로스 가수분해효소 (Cellulase)	맥주 과일, 채소	복합탄수화물 분해 배의 촉감 개선, 살구, 토마토의 박피 촉진	

(2) 에스터레이스(Esterases)

에스터레이스는 에스터 결합을 하고 있는 각종 화합물의 결합을 가수분해하여 산과 알코올을 생성하는 효소이다. 대표적인 에스터레이스로는 지방의 가수분해 효소인 라이페이스(lipase)가 있으며 지방은 라이페이스의 작용으로 글리세롤과 유리지방산으로 가수분해 된다. 튀김옷을 입은 재료를 기름에 튀길 경우 지방의 가수분해가 촉진되어 유리지방산이 생성되고 지방 산패가 이루어진다. 이 외에도 인지질을 가수분해하는 포스포라이페이스(phospholipase), 콜레스테롤을 가수분해하는 콜레스테롤 에스터레이스 등이 있다.

(3) 아밀레이스(Amylase)

아밀레이스는 탄수화물을 가수분해하는 효소로 관여하는 아밀레이스의 종류에 따라 α-아밀레이스, β-아밀레이스, γ-아밀레이스, β-갈락토시데이스 등으로 구분된다.

α-아밀레이스(1,4-α-D-glucan glucanohydrolase)는 아밀로스와 아밀로펙틴의 α-1,4 결합을 불규칙하게 가수분해하는 효소이다. 전분은 이 효소의 작용에 의해 액상의 말토덱스트린(maltodextrin)으로 분해될 수 있기 때문에 액화형 아밀레이스라고도 한다. 주로 동물의 타액과 췌장에서 분비되며, 식물 중에서는 보리싹(맥아), 미생물 중에서는 곰팡이와 세균에 의해 생산될 수 있다.

β-아밀레이스(1,4-α-D-maltohydrolase)는 아밀로스와 아밀로펙틴의 α-1,4 결합을 비환원성 말단에서 부터 엿당 단위로 차례로 분해하는 효소로 최종적으로 덱스트린과 엿당을 생성시키는 효소이다. 이와 같이 전분이 덱스트린 또는 엿당의 소분자로 분해되면 단맛이 상승하기 때문에 이 효소를 당화형 아밀레이스라고도 한다. 주로 맥아(보리싹), 고구마에 함유되어 있고 맥주가공 또는 식혜 제조에 사용된다.

γ-아밀레이스(Glucan 1,4-α-glucosidase, glucoamylase)는 아밀로스와 아밀로펙틴의 α-1,4 결합을 비환원성 말단에서 포도당 단위로 차례로 가수분해하여 전분을 모두 포도당으로 분해하는 효소이다. 아밀로스와 아밀로펙틴의 α-1,4 결합을 모두 분해한 이후에는 남아있는 아밀로펙틴 분지의 α-1,6 결합도 서서히 분해하여 포도당을 생성한다.

β-갈락토시데이스(β-D-galactoside galactohydrolase)는 젖당의 β-갈락토사이드 결합을 가수분해하여 α-D-포도당과 β-D-갈락토스를 생성하는 효소이다. 대표적으로 락테이스(lactase)가 있다.

(4) 펙틴 분해 효소(Pectin enzymes)

펙틴 분해 효소로는 펙틴 에스터레이스(pectin esterase)와 폴리갈락투로네이스(polygalac-turonase)가 있다. 펙틴 분해효소는 식물 또는 미생물에 주로 들어있으며, 달팽이를 제외한 고등 동물에는 들어있지 않다.

펙틴 에스터레이스는 펙틴의 메톡실기(-OCH_3)를 제거하여 펙트산과 메탄올을 생성하는 효소로 펙틴 메톡시레이스(pectin methoxylase) 또는 펙틴 메틸에스터레이스(pectin methyl esterase)로도 불린다. 펙틴을 분해하여 주로 과일 주스의 탁도를 청징하기 위해 사용되며 감귤류, 토마토, 세균, 곰팡이에서 발견된다.

폴리갈락투로네이스는 펙틴 분자 내의 α-1,4 결합을 가수분해하는 효소이며, 펙티네이스(pectinase)라고도 한다. 메톡실 펙틴의 α-1,4 결합을 가수분해하는 효소는 폴리메틸갈락투로네이스(polymethylgalacturonase)이며 이 두 효소의 작용으로 고분자 화합물인 펙틴의 분자량은 작은 단위로 감소될 수 있다. 폴리갈락투로네이스는 주스 가공 시에 펙틴에스터레이스와 함께 청징 작용을 위해 사용된다.

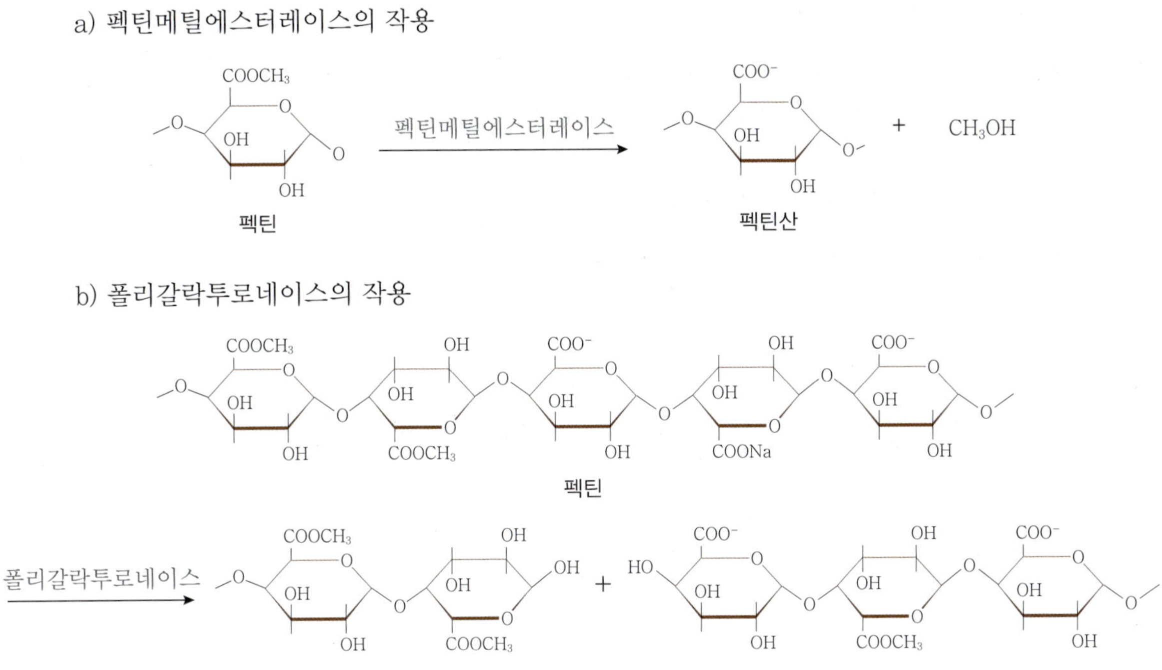

[그림 7-14] 펙틴 분해효소

3) 기타

(1) 인버테이스(Invertase, β-fructofuranosidase)

인버테이스는 슈크로스를 가수분해하는 효소로 슈크레이스(sucrase)라고도 불린다. 슈크로스에 인버테이스를 첨가한 후 60℃의 열을 가하면 α-D-포도당과 β-D-과당이 가장 잘 생성된다. 이때 포도당과 과당이 동일한 분자량만큼 생성된 등량 혼합물을 전화당(invert sugar)이라고 하며 슈크로스에 비해 단맛이 증가한다[표 7-4].

표 7-4 식품과 기타 효소

효소	식품	긍정적 작용	부정적 작용
인버테이스(Invertase)	인조꿀	슈크로스 → 포도당 + 과당	
나린지네이스(Naringinase)	감귤류	감귤류의 쓴맛 성분인 나린진 제거	
미로시네이스(Myrosinase)	겨자류	매운맛 성분인 알릴아이소티오시아네이트 생성	
티아미네이스(Thiaminase)	육류, 어류, 고사리		티아민 파괴

(2) 나린지네이스(Naringinase)

나린지네이스는 감귤 과피에 존재하는 나린진을 분해하는 효소이다. 나린진은 쓴맛을 갖는 성분이지만 나린지네이스에 의해 분해되면 쓴맛이 감소된다.

(3) 미로시네이스(Myrosinase, thio glucoside glucohydrolase)

미로시네이스는 겨자과 식물의 매운맛 성분인 시니그린(sinigrin)을 분해하여 알릴아이소티오시아네이트(allyl isothiocyanate)를 생성하는 효소이다. 알릴아이소티오시아네이트는 최루성분의 강한 매운맛을 낸다.

(4) 티아미네이스(Thiaminase)

티아미네이스는 티아민(비타민 B_1)을 분해하여 피리미딘(pyrimidine)과 티아졸(thiazole)을 생성하는 효소로 아뉴리네이스(aneurinase)라고도 불린다. 고사리에 주로 들어있으며, 패류 및 동·식물계 또는 장내 세균에 의해서도 생산될 수 있다.

CHAPTER

08

식품의 색(Food colors)

01 식품 색소는 어떻게 분류될까요?

02 식물성 식품에 존재하는 색소는 어떤 특성이 있을까요?

03 동물성 식품에 존재하는 색소는 어떤 특성이 있을까요?

식품은 고유의 색을 갖고 있으며 식품의 신선도 또는 품질 판단에 주요 기준으로 이용된다. 식품이 색을 나타내는 이유는 발색단(chromophore)과 발색단의 기능을 돕는 조색단(auxochrome)이 있기 때문이다. 발색단은 발색의 기본이 되는 원자단으로 카보닐기(>C=O), 아조(azo)기(−N=N−), 에틸렌기(−C=C−), 니트로(nitro)기($-NO_2$), 니트로소(nitroso)기(−NO), 티오카보닐(thiocarbonyl)기(>C=S) 등과 같은 원자단을 말하며, 이 발색단을 가진 물질을 색소원(chromogen)이라 한다. 색소원은 광선의 자외선 부분만을 흡수하게 되어 선명한 색을 나타내지 않으나 이것에 조색단인 수산기(−OH), 아미노기($-NH_2$) 등의 원자단이 결합하면 비로소 발색하거나 더욱 선명한 색이 된다[그림 8-1].

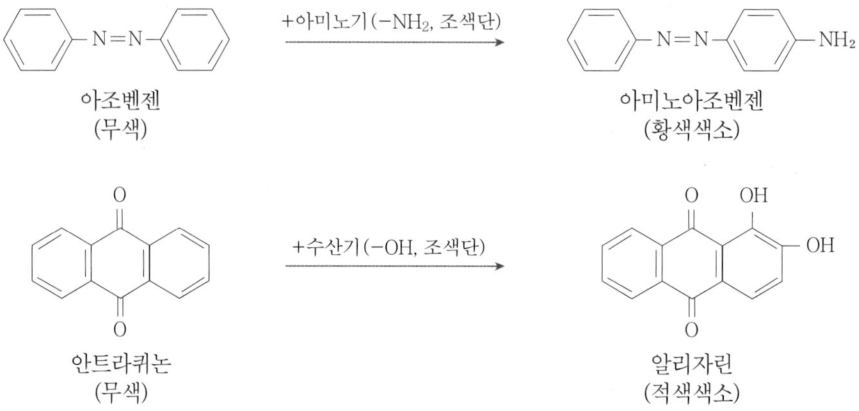

[그림 8-1] **조색단 결합에 의한 색소원의 발색**

01 식품 색소는 어떻게 분류될까요?

식품의 색은 식품 소재에 따라 식물성 색소(plant pigment)와 동물성 색소(animal pigment)로 분류된다.

식물성 색소는 물에 녹는 수용성 색소와 물에 녹지 않고 유지 용매에 녹는 지용성 색소로 나뉜다. 수용성 색소는 세포액(vacuole)에 존재하며 플라보노이드, 안토시아닌, 베타레인, 탄닌 등이 있고, 지용성 색소는 원형질(protoplasts), 색소체(plastids)에 존재하며 클로로필, 카로티노이드 등이 있다.

동물성 색소는 동물의 혈액에 존재하는 헤모글로빈과 근육 조직에 존재하는 마이오글로빈이 있고, 새우, 게, 우유, 달걀 등에 카로티노이드 색소가 있다.

02 식물성 식품에 존재하는 색소는 어떤 특성이 있을까요?

1. 클로로필(Chlorophyll)

클로로필은 식물의 광합성 작용에 중요한 역할을 하는 지용성 색소로서, 식물의 잎이나 줄기의 세포 속에 있는 엽록체(chloroplast)에 단백질 또는 지단백질(lipoprotein) 등이 결합하고 있다.

나뭇잎에는 클로로필과 카로티노이드가 함께 존재하므로, 클로로필 함량이 많아지는 봄과 가을에는 녹색을 띠고, 가을에는 카로티노이드인해 황색을 띠게 된다.

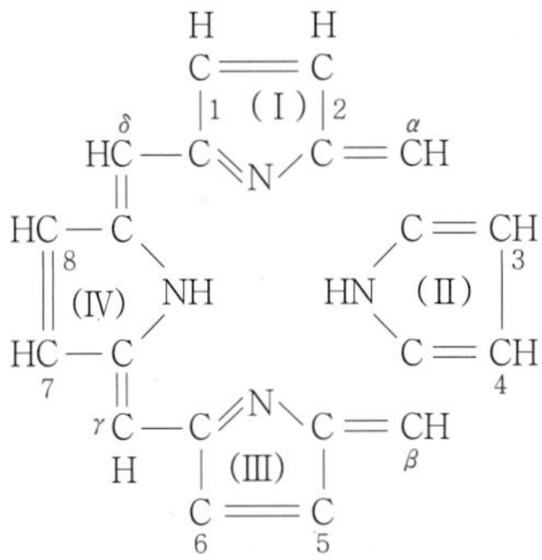

포르피린

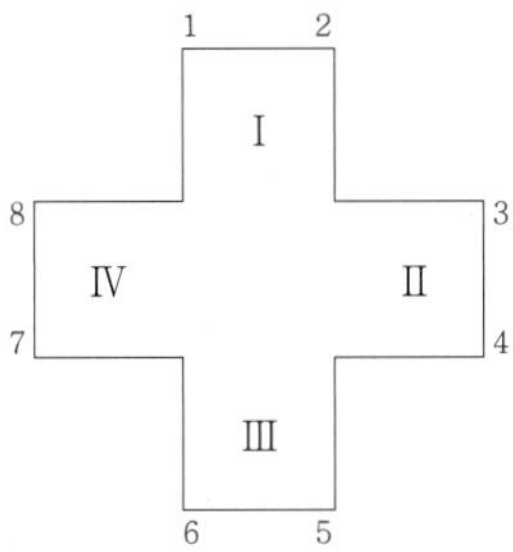

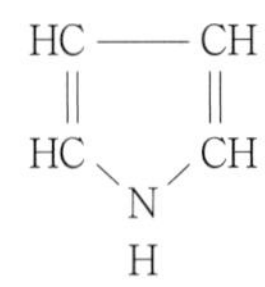

피롤

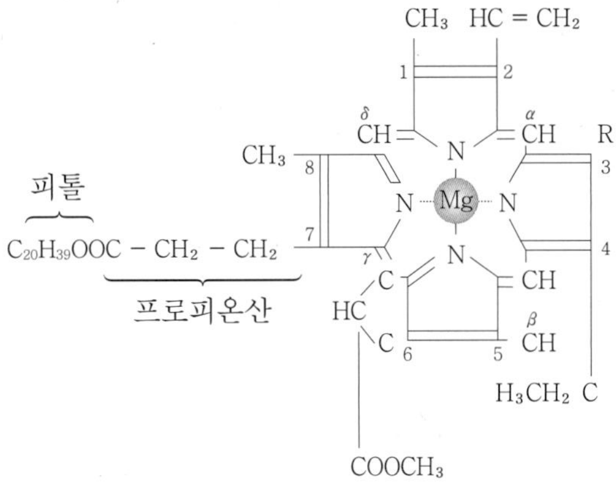

클로로필

R = CH_3 : 클로로필 a(청녹색)
R = CHO : 클로로필 b(황녹색)

[그림 8-2] 클로로필의 구조

1) 클로로필의 구조

녹색식물의 클로로필은 피롤(pyrrole) 유도체 4개가 메틴 브릿지(maethine bridge, -CH=CH-)를 이루며 환 구조(포피린환, porphyrin ring)를 하고 그 중앙에 마그네슘 원자가 2개의 공유결합과 2개의 배위결합을 하고 있다. 이를 간단히 마그네슘포피린(magnesium porphyrin) 구조라고 하며, 동물의 혈액 색소를 이루는 헴(heme)구조와 유사하다.

클로로필에는 청록색을 띠는 클로로필 a와 황녹색을 띠는 클로로필 b가 약 3:1의 비율로 함유되어 있는데, 클로로필 a와 b는 포피린 외곽의 치환기만 다를 뿐 화학적 성질은 별 차이가 없다.

2) 화학적 성질

클로로필 색소는 불안정하기 때문에 산, 알칼리, 금속 등 여러 가지 조건에 의하여 변화를 받는다. 따라서 녹색 식품을 조리하거나 가공할 때 클로로필의 고유한 녹색을 유지하기 위해서는 클로로필의 화학적 성질을 이해할 필요가 있다.

(1) 산과의 반응

클로로필은 산과 반응하게 되면 포피린 환에 결합되어 있는 마그네슘 이온(Mg^{2+})이 산의 수소 이온(H^+)과 치환되어 비가역적으로 갈색의 페오피틴(pheophytin)을 형성한다.

오이김치(오이지)가 점차 숙성되면서 갈색을 띠게 되는 것은 발효에 의하여 생성된 젖산(lactic acid)이나 초산(acetic acid)이 클로로필에 작용하여 페오피틴(pheophytin)을 형성하기 때문이다. 이때, 클로로필 a는 b보다 페오피틴으로 변화되는 속도가 빠르다.

녹색 채소에 산과 함께 가열이 계속되면 클로로필 분자 중의 파이톨(phytol)이 분해되어 갈색의 페오포르바이드(pheophorbide)가 형성되며, 이는 비가역적으로 일어나기 때문에 녹색채소의 가공 시 주의해야 한다.

(2) 알칼리와의 반응

클로로필을 알칼리로 처리하면 먼저 파이톨(phytol)이 분해되어 선명한 녹색의 클로로필라이드(chlorophyllide)가 형성되며, 다시 메틸기(methyl)가 분해되어 선명한 녹색의 클로로필린(chlorophylline)을 형성한다. 클로로필이 알칼리와 반응하여 생성되는 클로로필라이드 및 클로로필린은 모두 수용성이므로 조리수가 푸르게 착색된다. 이때, 알칼리의 농도가 높으면 클로로필이 나트륨-클로로필과 같은 염으로 형성되며, 이것 역시 선명한 녹색을 띤다. 그러나 클로로필의 알칼리에 의한 반응은 클로로필에 알칼리 물질을 첨가하지 않는다면 저절로 일어나기는 어렵다. 녹색 채소 가열 시에 중조($NaHCO_3$)와 같은 알칼리를 가하여 녹색을 유지할 수 있으나, 이 경우 채소에 함유된 수용성 비타민류(비타민 B군과 비타민 C)가 파괴되고 채소 조직이 지나치게 연화되기 때문에 바람직한 방법은 아니다.

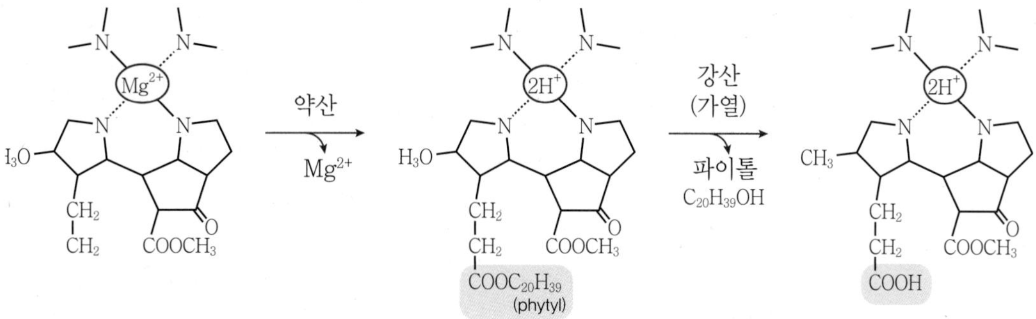

클로로필
(chlorophyll, 녹색)

페오파이틴
(pheophytin, 갈색)

페오포바이드
(pheophorbide, 갈색)

[그림 8-3] **클로로필의 산과의 반응**

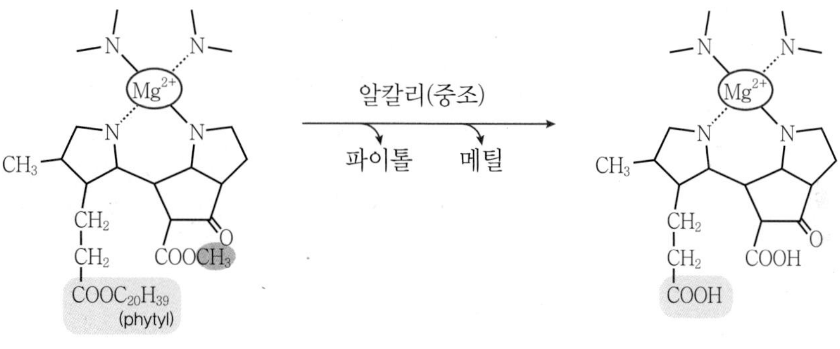

클로로필
(chlorophyll, 녹색–지용성)

클로로필린
(chlorophyllin, 짙은 녹색–수용성)

[그림 8-4] **클로로필의 알칼리와의 반응**

(3) 클로로필레이스(chlorophyllase)에 의한 가수분해

클로로필레이스는 클로로필 분자 중의 파이톨을 가수분해하여 선명한 녹색인 클로로필라이드(chlorophyllide)를 생성시킨다. 이때 알칼리가 존재하면 클로로필라이드는 다시 클로로필린을 생성하게 된다.

클로로필레이스는 식물 조직 중에 널리 분포되어 있으며 식물 조직이 파괴될 때 유리되어 활성을 띤다. 이 클로로필레이스의 작용은 실질적으로 채소의 색깔에는 큰 변화를 주지 않으나 물에 녹지 않는 클로로필을 수용성인 클로로필라이드로 전환시켜 조리수 중에 용출시킴으로써 클로로필의 손실을 가져오게 된다. 클로로필의 손실을 방지하기 위해서는 100℃ 끓는 물에 단시간 가열하는 것이 좋다.

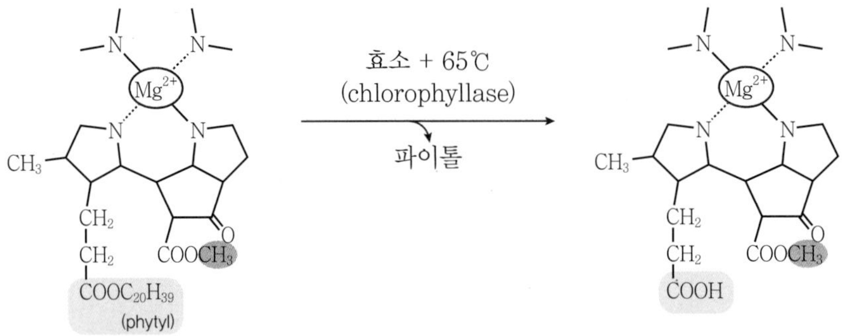

클로로필
(chlorophyll, 녹색-지용성)

클로로필라이드
(chlorophyllide, 선명한 녹색-수용성)

[그림 8-5] **클로로필의 효소와의 반응**

(4) 금속과의 반응

클로로필은 구리(Cu), 아연(Zn), 철(Fe) 등과 함께 가열하면 클로로필 분자 중의 마그네슘 이온(Mg^{2+})이 이들의 금속이온과 치환되어 선명한 녹색의 구리-클로로필, 아연-클로로필과 연한 녹갈색의 철-클로로필을 형성하여 가열 시에도 색깔이 그대로 유지되는 안정한 금속-클로로필이 된다.

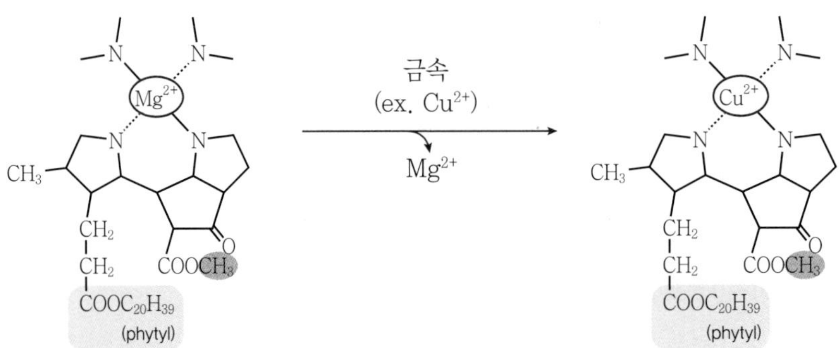

클로로필
(chlorophyll, 녹색-지용성)

구리-클로로필
(Cu-chlorophyll, 선명한 녹색)

[그림 8-6] **클로로필의 금속과의 반응**

한편, 녹색 채소가 조리 가공 시 산과 반응하여 갈색의 페오피틴으로 변화한 경우에도 구리(Cu)를 첨가하면 페오피틴의 수소이온(H^+)이 구리 이온(Cu^{2+})과 치환되어 선명한 녹색을 유지할 수 있다. 다시마 가공 및 완두콩 통조림 가공 시에 녹색 유지를 위해 구리(Cu)가 응용되기도 한다.

2. 카로티노이드(Carotenoids)

카로티노이드 색소는 오렌지색, 황색 또는 적색을 띠며, 물에 녹지 않고 유지 또는 유기용매에 녹는 비슷한 구조를 가진 지용성 색소군이다.

1) 카로티노이드의 구조

자연에 존재하는 대부분의 카로티노이드는 아이소프렌(isoprene, C_5H_8)이 8개 결합한 테트라테르펜(tetraterpene)의 기본 구조를 가지고 있으며, 분자 내에 공액 이중 결합(conjugated double bond)을 여러 개 가지고 있다. 공액 이중 결합의 수에 따라 황색에서 적색 사이의 색을 나타내게 되는데, 황색을 나타내기 위해서는 최소 10개(α-카로틴)의 공액 이중결합이 필요하며 이중 결합의 수가 많을수록 적색을 나타낸다.

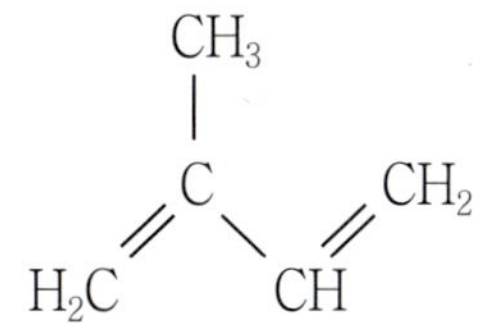

아이소프렌

2) 카로티노이드의 분류

카로티노이드는 그 구조에 따라 카로틴(carotenes)과 잔토필(xanthophylls)로 크게 분류된다. 카로틴은 탄소와 수소만으로 구성된 탄화수소의 카로티노이드이며, 잔토필은 히드록실(hydroxyl), 메톡실(methoxyl), 카복실(carboxyl), 케토(keto) 또는 에폭시(epoxy)기의 형태로 산소를 함유하는 카로틴의 산소 유도체이다.

(1) 카로틴(Carotenes)

카로틴 중에서 대표적인 것으로는 α-, β-, γ-카로틴과 라이코펜(lycopene) 등이 있으며, 색소가 함유되어 있는 식품 소재는 [표 8-1]과 같다.

α-, β-, γ-카로틴은 분자 내에 β-이오논(ionone)핵을 가지고 있기 때문에 체내에서 산화분해되어 비타민 A로 전환될 수 있으므로 프로비타민 A이다. 특히 β-카로틴은 1분자에서 2분자의 비타민 A를 만들어 낼 수 있는 효율이 좋은 프로비타민 A이다. 그러나 라이코펜은 두 개의 슈도 이오논(pseudo ionone)핵만을 가지고 있기 때문에 비타민 A의 효력이 없다.

표 8-1 식품 중에 함유된 카로틴류 색소

색소	명칭 및 구조	소재 및 특징
황등색계	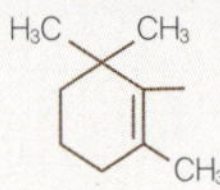 β-이오논핵 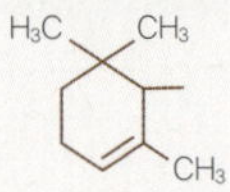 α-이오논핵 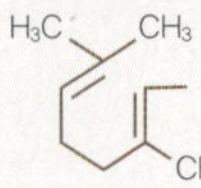 슈도 이오논핵	
	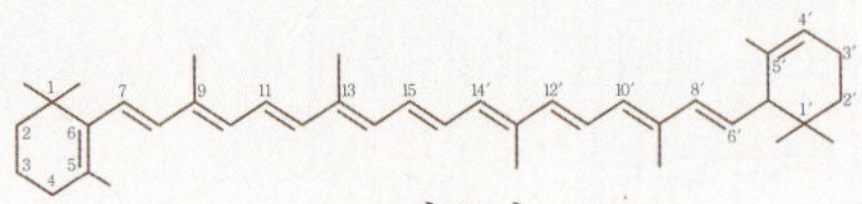 α-카로틴	당근, 차, 밤, 수박, 대두유
	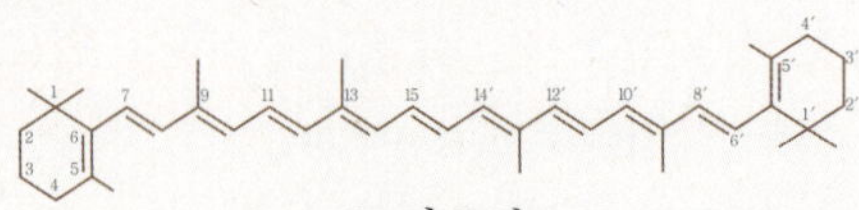 β-카로틴	당근, 감자, 녹색식물, 고추, 토마토, 오렌지
적색계	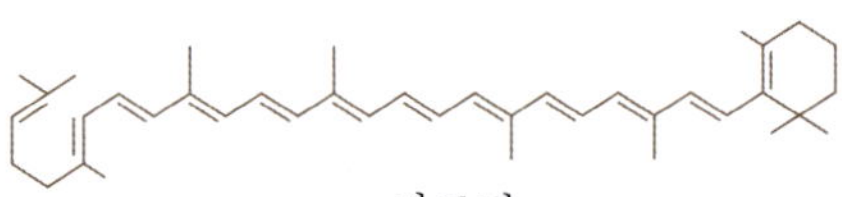 γ-카로틴	당근, 살구, 야자유
	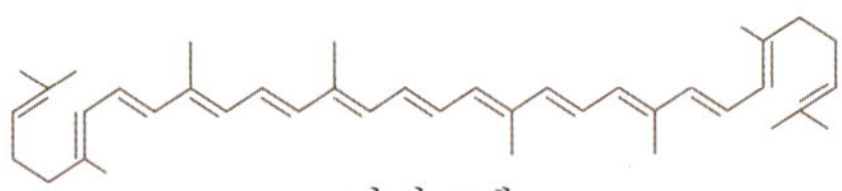 라이코펜	토마토, 수박, 감, 자몽, 석류

(2) 잔토필(Xanthophylls)

카로틴의 산화 생성물로 볼 수 있는 잔토필의 종류는 매우 다양하지만 그 대표적인 것으로는 옥수수, 오렌지 껍질의 크립토잔틴(cryptoxanthin), 난황, 녹색 잎의 루테인(lutein), 송이버섯의 칸타잔틴(canthaxanthin), 고추의 캡산틴(capsanthin), 갈조류의 푸코잔틴(fucoxanthin) 등이 있다. 이들의 구조 및 소재는 [표 8-2]와 같다.

크립토잔틴은 분자 내에 β-이오논핵을 가지고 있기 때문에 체내에서 산화 분해되어 비타민 A로 전환될 수 있으므로 프로비타민 A이지만, 다른 잔토필은 β-이오논핵이 없으므로 비타민 A의 효력이 없다.

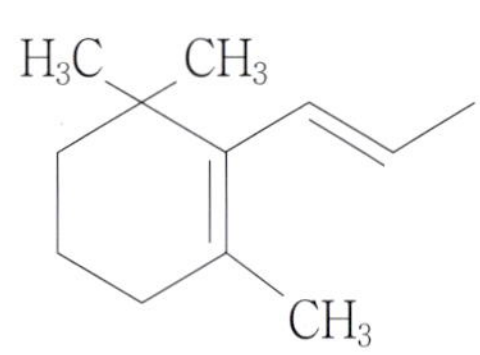

β-이오논핵

표 8-2 식품 중에 함유된 잔토필류 색소

색소	명칭 및 구조	소재 및 특징
황등색계	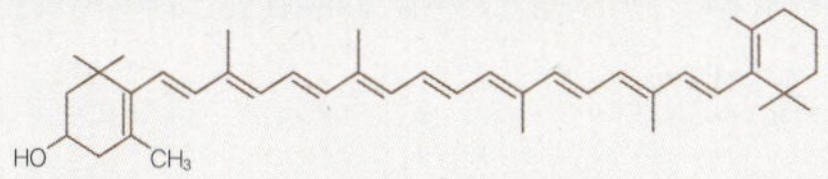 크립토잔틴(cryptoxanthin, 3−hydroxy−β−carotene)	옥수수, 감, 오렌지 비타민 A의 효력이 있다.
	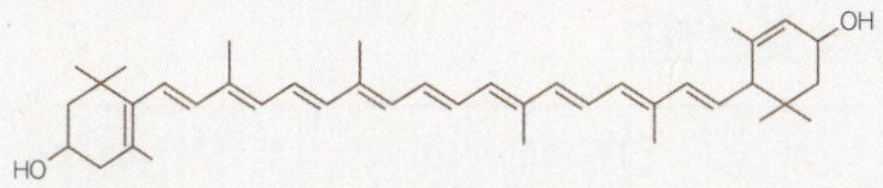 루테인(lutein, 3.3'−dihydroxy−α−cartene)	난황, 시금치, 케일 등 녹색 잎, 오렌지, 호박 잔토필류로 비타민 A의 효력은 없다.
	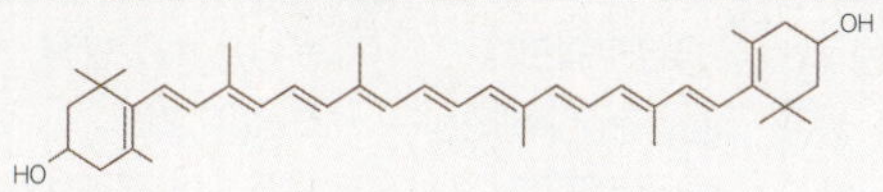 제아잔틴(zeaxanthin, 3.3'−dihydroxy−β−carotene)a	난황, 간, 옥수수, 오렌지, 식용색소로 사용 비타민 A의 효력은 없다.
적색계	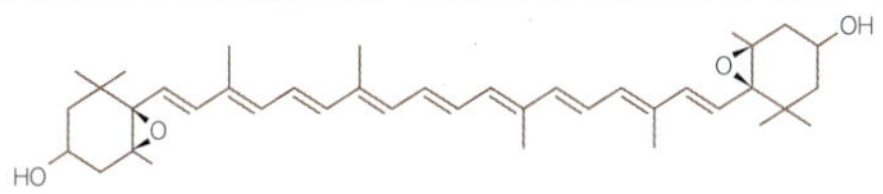 바이올라잔틴(violaxanthin)	자두, 고추 에폭시드(epoxide) 구조를 갖는다.
	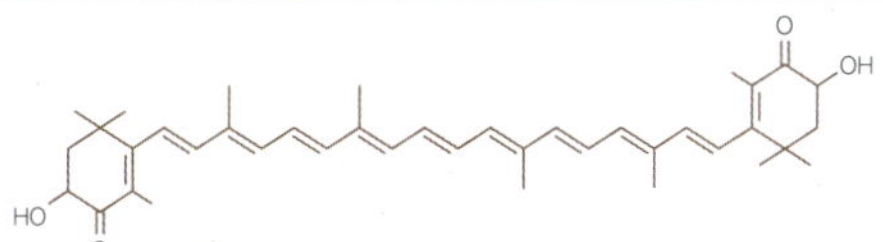 아스타잔틴(astaxanthin)	게, 새우, 연어, 송어
	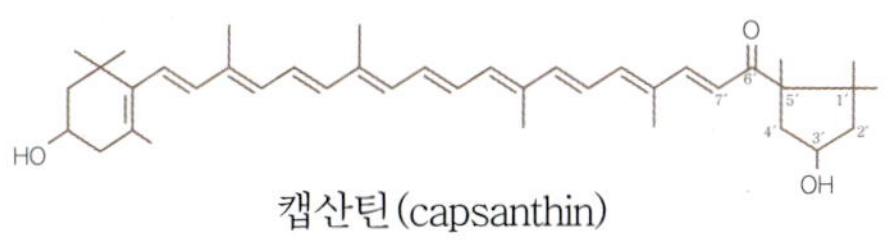 캡산틴(capsanthin)	고추류
	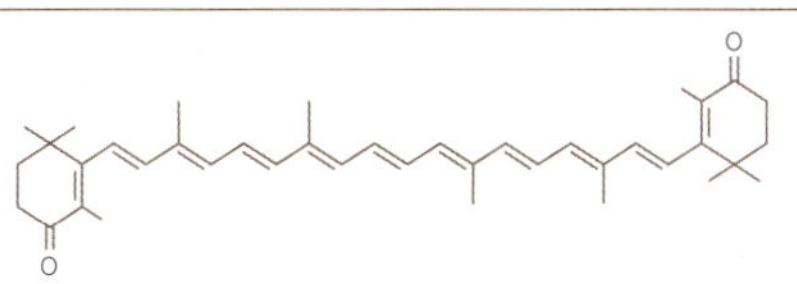 칸타잔틴(canthaxanthin, 4,4'−diketo−β−carotene)	송이버섯
	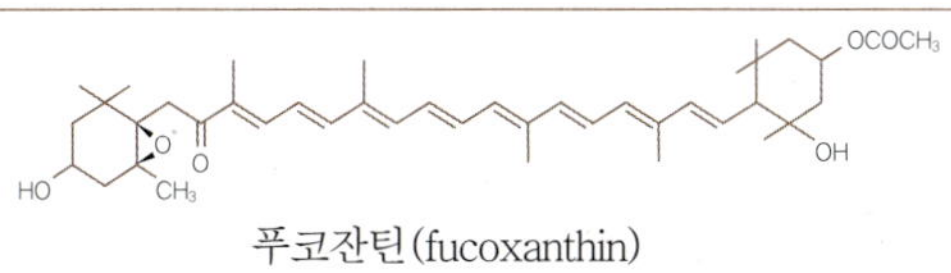 푸코잔틴(fucoxanthin)	갈조류(미역, 다시마)

3) 화학적 성질

카로티노이드에 속하는 색소는 다수의 공액 이중 결합을 가지고 있으므로 산소와 쉽게 결합할 수 있다. 카로티노이드 색소는 열에 안정하므로 가열 시 색변화가 거의 없지만, 산소 존재 하에 가열하면 쉽게 산화되어 색깔을 잃게 된다. 카로티노이드가 산소와 결합하는 예는 인체 내에서도 볼 수 있는데, 인체 내에 활성산소(일중항산소)가 생성될 경우, 카로티노이드가 존재하면 이 활성산소와 쉽게 결합하여 결과적으로 활성산소를 제거하는 역할을 하게 된다. 따라서 카로티노이드는 천연항산화제로 인정되며 라이코펜, 아스타잔틴, α-카로틴, β-카로틴의 순으로 천연항산화제 역할이 뚜렷하다.

표 8-3 식물성 식품에 함유된 색소의 특성 및 안전성

색소명	급원식품	산에서의 변화	알칼리에서의 변화	조리과정에서의 변화	금속과의 변화
클로로필(Chlorophyll, Mg^{2+} 함유, porphrin 구조)	일반적인 녹색채소	Mg↔H 페오피틴(pheophytin)의 생성으로 갈변 페오피틴→페오포비드(pheophorbide, 갈색)(김치가 발효하여 시어지면 누렇게 변함)	클로로필리드(chlorophyllide)→클로로필린(chloropphylline)이 생성되어 선명한 녹색을 띰 조직연화, 비타민 B, C 파괴	100℃에서 짧게 데치는 것이 엽록소의 색 유지에 효과적	Fe, Cu, Zn 등의 금속과 복합물을 형성하여 녹색 유지(완두콩 통조림에 황산 구리를 첨가하면 녹색 유지)
카로티노이드(Carotenoid) 8개의 isoprene 단위가 결합한 테트라터펜(tetraterpene) 구조	당근, 호박, 고추, 토마토 등 녹황색 채소의 황색, 오렌지색, 적색	-	-	이중결합의 함유로 산화에 매우 약함	

3. 플라보노이드계(Flavonoid, anthoxanthin)

수용성 색소인 플라보노이드는 좁은 의미에서는 안토잔틴(anthoxanthins)을 의미하며, 넓은 의미에서는 안토잔틴(anthoxanthins), 안토시아닌(anthocyans), 카테킨(catechin), 루코안토시아닌(leucoanthocyanin) 등으로 구분된다. 카테킨과 루코안토시아닌은 색을 띠지 않으나, 산화되어 흑갈색으로 변하므로 탄닌류의 색소로 분류된다[그림 8-7].

1) 안토잔틴의 구조

안토잔틴은 식물에서 황색을 띠므로 화황소라고도 부르며 담색 채소나 밀감류의 껍질에 많이 존재한다.

안토잔틴의 구조는 아이소플라본(isoflavone)을 제외하고는 모두 벤조피론(1,4-benzopyrone, chromone)의 C_2에 페닐(phenyl)기(B)를 가진 2-페닐 벤조피론(2-phenyl benzopyrone, flavone)의 기본 구조를 가진다.

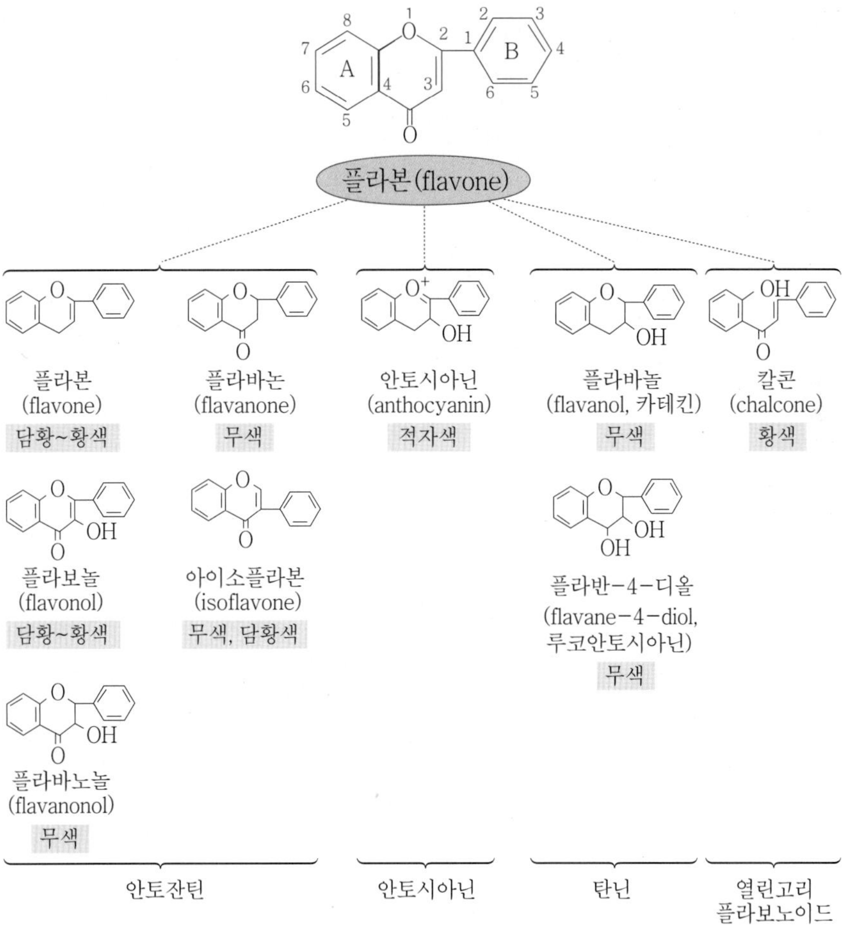

[그림 8-7] 플라보노이드류의 화학구조에 따른 분류와 상호관계

안토잔틴은 기본 구조인 플라본의 C_3의 H가 OH로 치환된 플라보놀(황색), C_2와 C_3 사이의 이중 결합이 포화된 플라바논(무색), 플라바논의 C_3 위치의 H가 OH로 치환된 플라바노놀(무색), C_3에 페닐기를 가진 아이소플라본(황색) 등으로 세분되나 이들의 구조는 모두 $C_6-C_3-C_6$의 골격상의 특징을 갖고 있다.

일부 식품 중에 함유된 대표적인 안토잔틴 색소의 명칭과 구조 그리고 그 소재를 보면 [표 8-4]와 같다.

표 8-4 식품 중에 함유된 안토잔틴계 색소

색소	구조	소재 및 색
플라본계 아피제닌(apigenin) 아피인(apiin) 트리틴(tritin) 노빌레틴(nobiletin)	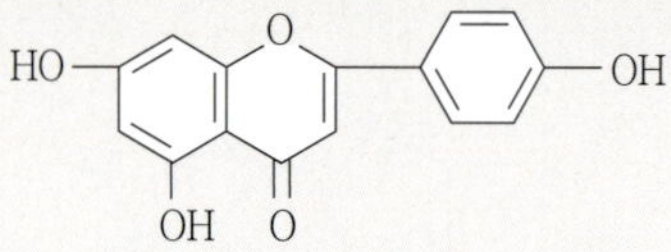 아피제닌	옥수수, 황색 셀러리, 파슬리, 무색 밀, 아스파라거스, 담황색 감귤의 과피, 담황색
플라보놀계 케르세틴(quercetin) 루틴(rutin)	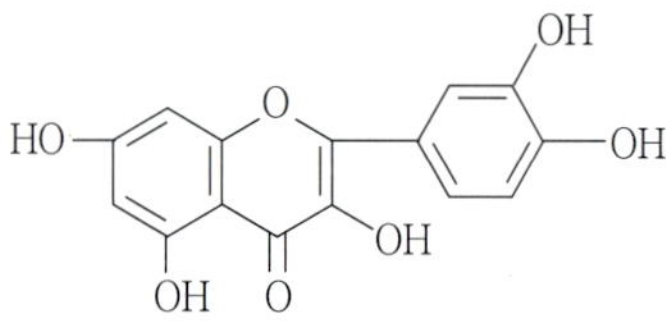 케르세틴	양파의 외피, 황색 메밀, 토마토, 차, 무색
플라바논계 헤스페리틴(hesperitin) 헤스페리딘(hesperidin) 에리오딕티올(eriodictyol) 에리오딕틴(eriodictin) 나린제닌(naringenin) 나린진(naringin)	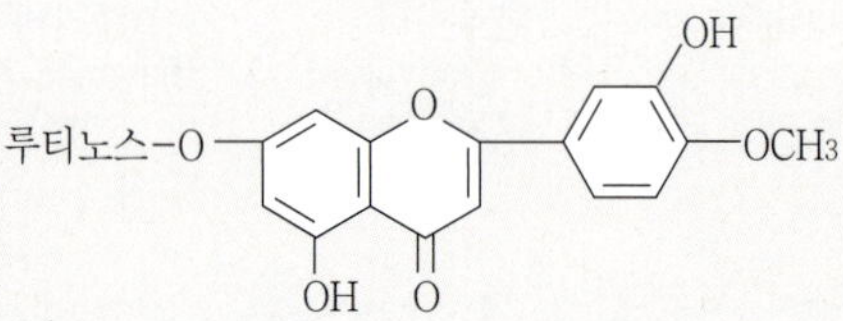 헤스페리딘	감귤의 과피, 무색 감귤의 과피, 무색(비타민 P의 작용) 감귤의 과피, 무색 감귤의 과피, 무색(비타민 P의 작용) 감귤의 과피, 무색(쓴맛 성분) 감귤의 과피, 포도, 무색
아이소플라본계 다이드제인(daidzein) 다이드진(daizin)	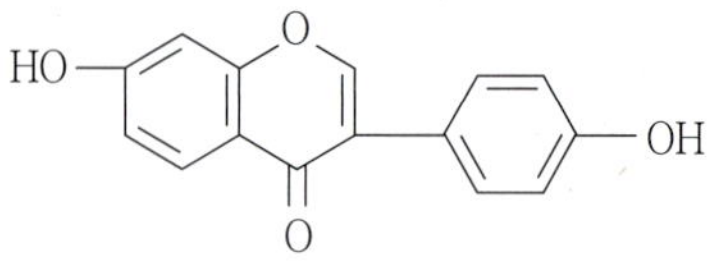 다이드제인	콩, 무색 콩, 무색

2) 화학적 성질

(1) 산, 알칼리와의 반응

안토잔틴 배당체들은 일반적으로 산에 대해서는 안정하고 알칼리에 대해서는 불안정하다. 예를 들면, 밀가루에 중조($NaHCO_3$)를 넣어 만든 빵이 황색으로 변한다든가 또 식물체를 절단한 것에 수산화나트륨($NaOH$) 용액이나 암모니아(NH_3) 용액을 한 방울 떨어뜨리면 황색으로 변하는 것은 이 때문이다.

(2) 조리 과정에서의 변화

안토잔틴을 함유한 식품을 가열 조리할 때 그 배당체들은 가수분해를 일으켜 식품의 노란 색깔이 더 짙어진다. 또한 가열 조리할 때 사용되는 물이 알칼리염의 함량이 큰 경수(hard water)인 경우에 식품의 색깔은 더욱 선명한 노란색을 갖게 된다.

(3) 금속과의 반응

안토잔틴은 많은 페놀성 수산기(-OH)를 가지고 있으므로 금속 이온과 반응하여 독특한 색깔을 가진 불용성의 복합체를 형성한다. 특히 철이온(Fe^{2+})과 반응하면 분자 중의 수산기(-OH)의 수와 위치에 따라 녹색, 청갈색, 암청색의 복합체를 형성한다. 예를 들면, 감자 등을 철제의 칼로 썰었을 때 칼에 닿은 자리가 청녹색 또는 흑갈색으로 변색되는 것은 이와 같은 변화가 그 원인의 하나일 수 있다. 한편, 주석(Sn)과도 복합체를 형성하지만 뚜렷한 색깔의 변화는 없다.

(4) 안토잔틴의 산화

일반적으로 안토잔틴에 속하는 색소들은 다른 폴리페놀 화합물과 마찬가지로 쉽게 산화되며 그 산화 과정도 이들 화합물과 대체로 비슷하다.

4. 안토시아닌(Anthocyanins)

수용성 색소인 안토시아닌은 적색, 자색 또는 청색의 수용성 색소들로 화청소라고도 부른다.

자연계에는 수백 종에 달하는 안토시아닌에 속하는 색소들이 존재하며, 하나의 과일 중에도 수십 종의 안토시아닌에 속하는 색소가 검출되기도 한다. 이 색소들은 과일 등에 특유한 선명한 색깔을 나타내나 그 반면에 가공 처리 과정 중 산화 또는 다른 성분과 상호 작용에 의하여 그 색깔은 쉽게 탈색(decolorization)을 일으킨다.

1) 안토시아닌의 구조

안토시아닌은 보통 배당체로 존재하며, 이 배당체는 산, 알칼리, 효소 등에 의해서 쉽게 가수분해되어 아글리콘인 안토시아니딘(anthocyanidin)과 당류로 분리된다. 안토시아니딘과 결합하여 안토시아닌을 형성하는 당류로는 포도당, 갈락토스, 람노스, 오탄당 등이 있다.

안토시아닌(글리코사이드) —(산, 알칼리, 효소)→ 안토시아니딘(아글리콘)+당

안토시아닌 + 안토시아니딘 ——→ 안토시안(화청소)

한편, 안토시아니딘은 그 기본 구조에서 R_2의 위치에 있는 페닐기에 수산기(-OH)가 1개 있는 것을 페랄고니딘(pelargonidins), R_1과 R_2의 위치에 수산기가 2개 있는 것을 시아니딘(cyanidins), R_1, R_2, R_3의 위치에 수산기가 3개 있는 것을 델피니딘(delphinidins) 등으로 분류

된다. 그리고 페닐기 중의 1위치의 수산기(-OH)가 메톡실기($-OCH_3$)로 치환된 것으로 페오니딘(peonidin), 페투니딘(petunidin), 말비딘(malvidin) 등으로 구분된다[그림 8-8].

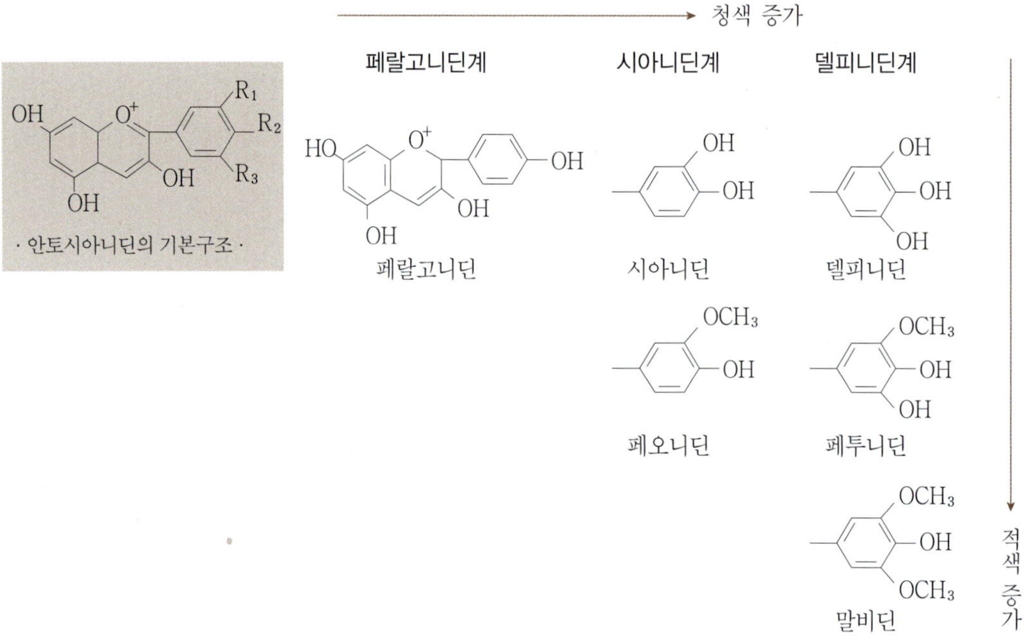

[그림 8-8] 안토시아니딘의 기본구조 및 화학구조에 따른 분류

일반적으로 페닐기 중의 수산기(-OH)가 증가하면 청색이 짙어지고 메톡실기가 증가하면 적색이 짙어지는 경향이 있다.

일부 과일과 채소 중에 있는 대표적인 안토시아닌 색소의 명칭과 구조 그리고 그 소재를 보면 [표 8-5]와 같다.

표 8-5 식품 중에 함유된 안토시아닌계 색소

색소	구조	소재 및 색
페랄고니딘계 칼리스테핀(callistephin) 프라가린(fragarin) 페랄고닌(pelargonin)	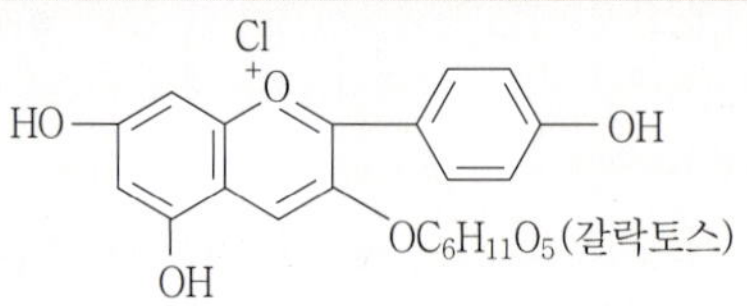 프라가린	양딸기, 적색 야생딸기, 적색 석류, 나팔꽃, 적색

시아니딘계 크리산테민(chrysanthemin) 시아닌(cyanin) 케라시아닌(keracyanin) 시소닌(shisonin)	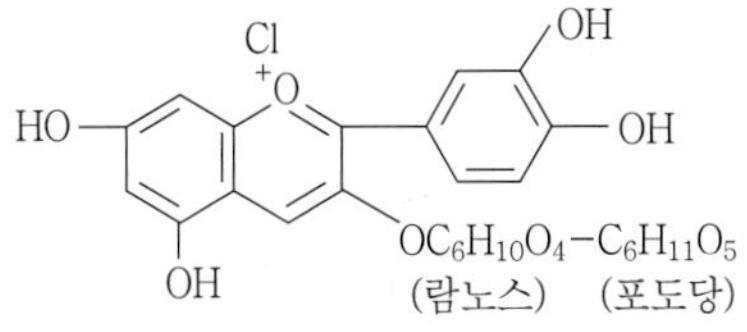 케라시아닌	검정콩, 팥, 암적색 자소(紫蘇), 홍당무, 적색 버찌, 암적갈색 자소, 적자색
페오니딘계 페오닌(peonin)	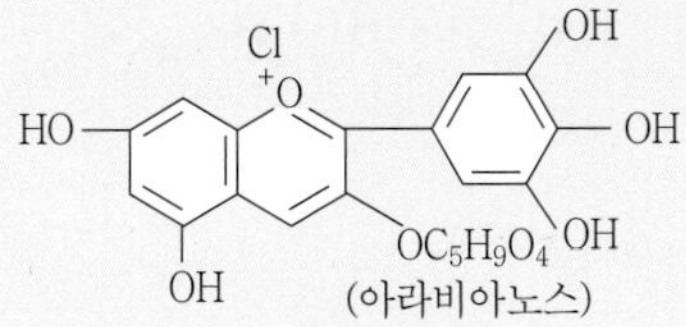 페오닌	자색 양파, 작약, 자색
델피니딘계 델피닌(delphinin) 히아신(hyacin) 나스닌(nasunin)	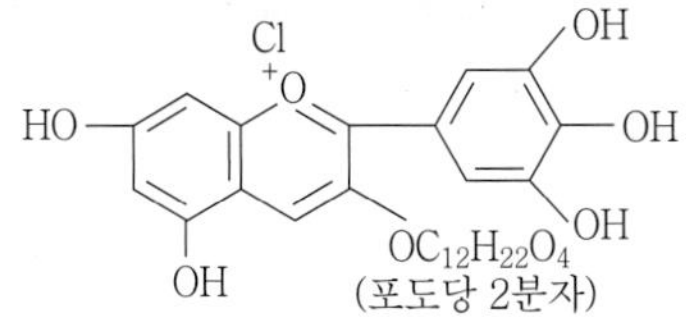 히아신	포도, 적색 가지, 청색 가지의 과피, 적색
페투니딘계 페투닌(petunin)	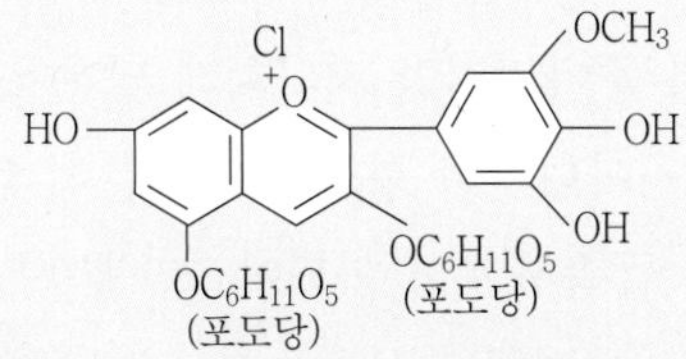 페투신	포도, 적색
말비딘계 말빈(malvin) 에닌(oenin) 네그레틴(negretin)	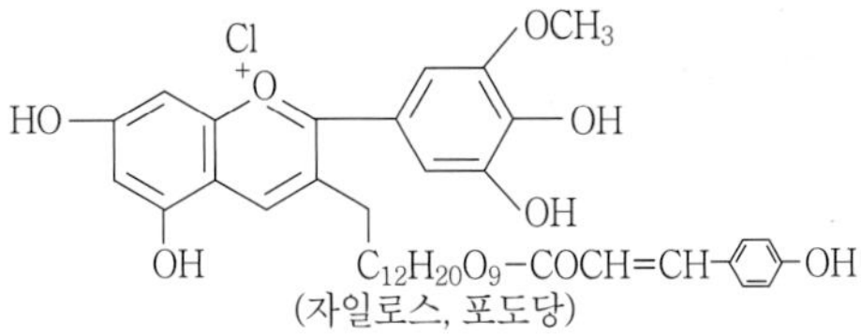 네그레틴	포도, 적색 포도, 진홍색 자주감자, 적색

2) 화학적 성질

(1) pH 등에 따른 색깔의 변화

안토시아닌은 산성에서는 보통 양이온, 알칼리성에서는 음이온으로 존재할 수 있는 양성 물질의 하나이며 그 색깔은 pH에 따라 크게 달라진다. 일반적으로 산성에서는 적색, 중성에서는 자색, 알칼리성에서는 청색 또는 청녹색을 나타낸다. 예를 들면, 검정콩의 색소는 크리산테민(chrysanthemin)인데 산성 용액에서 아름다운 적색으로 변한다.

안토시아닌에 속하는 색소 중 대표적인 시아닌(cyanin)의 pH에 따른 구조 및 색깔의 변화를 보면 [그림 8-9]와 같다.

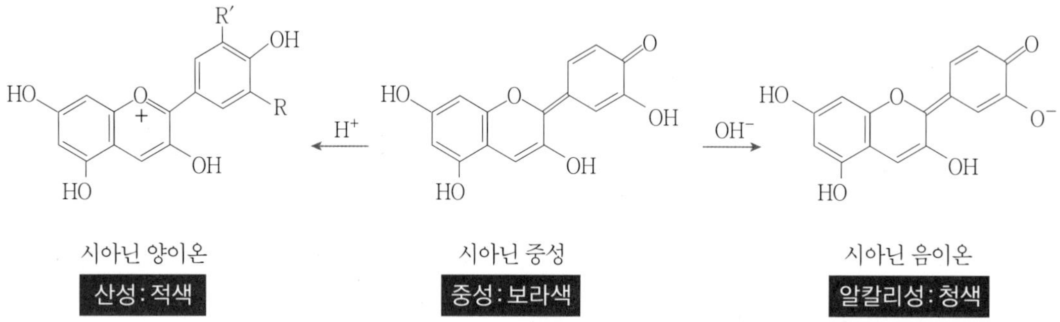

[그림 8-9] **시아닌 분자의 pH에 따른 색깔과 분자구조의 변화**

(2) 조리 가공 중 색소의 안정성

조리 가공 중 안토시아닌 색소에 대한 pH의 영향을 보면, 일반적으로 한계 pH 1.8까지는 pH가 산성일수록 안정성이 더 좋아지지만 지나치게 낮은 pH에서는 안토시아닌 자체가 산에 의하여 가수분해되어 안토시아니딘이 형성되기 때문에 안정성이 오히려 감소된다. 안토시아닌 색소는 산소에 의해서 급속하게 산화되어 그 색깔을 잃는다. 예를 들면, 과즙 또는 과일 중에서 산화되면 갈색으로 변한다.

또한 슈크로스, 포도당, 과당, 자일로스 등의 당류와 이들 당류의 가열 분해에 의해서 생성된 당류 분해물이 색소의 분해를 촉진한다.

한편, 안토시아닌은 아스코르브네이스의 작용을 억제하는 능력을 가지고 있다. 또 리보플라빈, 비타민 C와 안토시아닌이 공존하게 되면 안토시아닌의 색이 퇴색하면서 비타민 C가 급속히 감소된다.

(3) 금속과의 반응

안토시아닌은 각종 금속 이온들과 여러 가지 색깔의 복합체를 형성한다. 이들 복합체의 색깔은 청색, 자색, 회색, 갈색 등으로 원래의 안토시아닌과는 다른 색깔로 변색된다. 특히 구리(Cu^{2+})나 산화철(Fe^{3+}) 등의 금속은 안토시아닌의 변색을 촉진시킨다. 주석(Sn)은 안토시아닌과 결합하여 회색 또는 자색을 나타낸다. 알미늄(Al)은 다른 금속에 비하여 안토시아닌의 파괴를 덜 가져오며 복합체의 색깔도 연하다.

예를 들면, 시아니딘에 속하는 안토시아닌 색소를 갖는 과일이나 채소의 통조림에서 청변

(靑變)현상을 볼 수 있는데 이것은 깡통에서 용출되는 주석 또는 철 이온에 의한 것이다. 그러므로 안토시아닌 색소를 함유한 식품을 통조림할 때는 내부가 코팅된 통을 사용하는 것이 좋다.

그러나 경우에 따라서는 금속의 첨가로 아름다운 색깔을 그대로 유지할 수 있다. 예를 들면, 가지절임을 할 때 쇠못을 함께 넣으면 아름다운 가지 색깔이 나타나는데 이것은 pH 4.6~4.7 부근에서 가지의 나스닌(nasunin)색소와 철이온이 반응하여 청자색의 복합체를 형성하기 때문이다. 또 검정콩을 조리할 때 중조($NaHCO_3$)와 쇠못을 함께 넣으면 검정색을 그대로 유지하는데 이것은 검정콩의 크리산테민이 알칼리성에서 철이온과 복합체를 형성하기 때문이다.

5. 베타레인(Betalains)

사탕무류(beets)는 적색 색소 추출의 좋은 급원이며 자연 색소로서 그 용도가 크게 증가되고 있다. 그러나 그 화학적 구조나 성질에 대한 연구가 시작된 것은 비교적 최근의 일이다.

사탕무에서 추출되는 적색 및 황색의 색소는 베타레인으로 알려져 있으며 적색의 베타시아닌(betacyanins)과 황색의 베타잔틴(betaxanthins)으로 분류된다.

6. 탄닌(Tannins)

탄닌은 식물의 줄기, 잎, 뿌리, 차 등에 널리 분포되어 있으며, 특히 미숙한 과일과 식물의 종자 등에도 상당량 함유되어 있다.

탄닌은 그 자체로서도 식품의 수렴성 떫은맛과 쓴맛을 형성하는 원인 물질이 되고 있으며 또한 그의 산화 생성물들은 짙은 갈색, 흑색, 또는 홍색을 가지고 있어서 탄닌을 함유한 식품의 품질에 중요한 영향을 미친다.

(1) 탄닌의 산화

탄닌은 공기 중에서 폴리페놀 산화효소(polyphenoloxidase)에 의하여 쉽게 산화되어 갈색으로 변하게 되고 곡류, 과일류, 채소류의 탄닌은 이들 식품이 익어감에 따라 급속하게 소실된다. 성숙과정에서 탄닌의 소실 경로는 명확히 밝혀지지 않았으나, 탄닌이 산화 중합되어 흑갈색의 불용성 물질로 전환되기 때문에 떫은맛이나 쓴맛이 없어지는 것으로 추정된다.

또한 탄닌은 각종 철(Fe) 등의 금속 이온과 반응하여 복합체를 형성하며 그 색깔은 보통 갈색, 흑청색, 청녹색, 회색 등을 띤다. 예를 들면, 차나 커피를 경수(hard water)로 탔을 때 액체의 표면에 갈색이나 적갈색의 침전이 형성되는 것은 이 때문이다.

표 8-6 식물성 수용성 색소의 특성 및 안정성

색소명	급원식품	산에서의 반응	알칼리에서의 반응	기타
안토잔틴 (Anthoxanthin, flavonoid, 화황소)	밀가루, 양배추, 양파, 감자	-	황변 (중조를 넣어 만든 빵은 누렇게 변함)	-
안토시아닌 (Anthocyanin, 화청소)	가지, 포도 등 과일과 채소의 적색, 자색, 청자색	적색 (생강 및 적양배추에 식초를 넣으면 붉어짐)	청색 (적양배추에 중조를 넣으면 푸르게 됨)	중성에서 보라색
탄닌 (Tannin)	곡류, 커피, 코코아, 사과, 감, 연근, 우엉	-	-	철에 의하여 흑변 (감을 쇠칼로 깎으면 검게 변함)

03 동물성 식품에 존재하는 색소는 어떤 특성이 있을까요?

동물성 색소에는 근육 색소인 마이오글로빈(myoglobin)과 혈액 색소인 헤모글로빈(hemoglo-bin) 및 동물성 카로티노이드가 있다. 마이오글로빈과 헤모글로빈은 동물성 식품의 근육조직 및 혈액에 분포되어 있으며 식품 가공 및 저장 시에 주요한 색변화를 일으키는 색소성분이다. 동물성 카로티노이드 색소는 주로 우유, 유제품, 난황, 연어, 새우, 게 등 일부 식품에 함유되어 있다.

1. 마이오글로빈과 헤모글로빈

마이오글로빈과 헤모글로빈은 헴(철을 함유하고 있는 포피린 유도체)과 단백질이 결합된 색소단백질이다. 혈액 중에 있는 헤모글로빈은 폐로부터 산소를 조직으로 운반하며, 조직의 세포 중에 들어있는 마이오글로빈은 헤모글로빈에 의하여 운반되어 온 산소를 동물의 대사 작용을 위하여 공급하면서 잠정적인 산소의 저장체 구실을 한다.

1) 구조

마이오글로빈은 복합 단백질로서 글로빈(globin)으로 알려진 단백질 1분자와 헴으로 알려진 비단백질 1분자로 이루어져 있다[그림 8-10]. 마이오글로빈을 형성하고 있는 글로빈의 분자량은 17,000 정도이다.

헤모글로빈 한 분자는 4분자의 헴과 1분자의 글로빈이 결합된 것으로 마이오글로빈 분자와 거의 같은 크기와 구조를 가진 소단위(sub-unit) 4개가 모여서 두 개씩 쌍을 형성하고 이 두 개의 쌍이 서로 결합하여 입체형의 4차 구조(quaternary structure)를 이루고 있다. 따라서 그 분자량은 마이오글로빈의 4배인 68,000달톤(dalton)에 달한다.

M=메틸기(− CH_3)
V=비닐기(− $CH=CH_2$)
P=프로피온산기(−CH_2CH_2COOH)

[그림 8-10] 마이오글로빈과 헤모글로빈의 구조

2) 화학적 성질

(1) 산화에 의한 변화

마이오글로빈(Fe^{2+}-Mb)은 암적색을 띠지만 공기와 접촉하여 분자상의 산소와 결합되면 선명한 적색의 옥시마이오글로빈(oxymyoglobin, Fe^{2+}-MbO_2)이 된다. 이 경우 헴 분자의 중심에 있는 제1철이온(Fe^{2+})은 2가 그대로이므로 산화(oxidation)가 아니고 산소화(oxygenation)라고 한다.

그러나 이 옥시마이오글로빈은 공기 중에서 서서히 자동산화되어 헴 분자의 중심에 있는 제1철이온(Fe^{2+})이 제2철이온(Fe^{3+})으로 되어 갈색의 메트마이오글로빈(metmyoglobin, Fe^{3+}-MetMb)으로 산화된다[그림 8-11].

헤모글로빈은 혈액 내에서 산소의 운반체로 작용하며 산소와 가역적으로 결합하여 옥시헤모글로빈(oxyhemoglobin)을 형성한다.

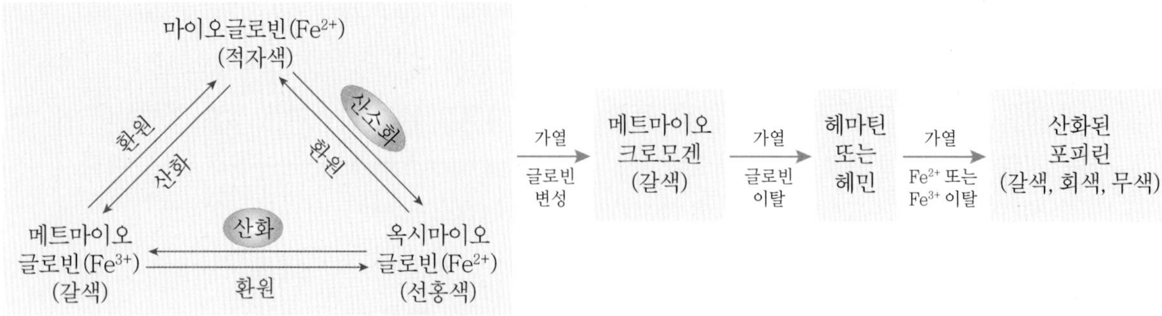

[그림 8-11] 마이오글로빈의 가역적인 산화와 환원

(2) 가열 조리 중의 변화

육류를 가열하면 마이오글로빈과 옥시마이오글로빈 모두 메트마이오글로빈이 된다. 계속 가열하면 메트마이오글로빈에 결합되어 있던 글로빈이 변성되어 갈색의 메트마이오크로모젠(metmyochromogen)이 되며, 이후 글로빈과 헴이 분리되는데 분리된 헴을 헤마틴(hematin, Fe^{3+}-protoporphyrin) 또는 헤민(hemin, Fe^{3+}-protoporphyrin chloride)이라고 한다. 헤민은 헤마틴에 염이 결합된 형태로서 헤마틴과 헤민은 가열이 계속될 때 산화되어 갈색 또는 회색의 산화-포피린 유도체를 형성한다.

육류 중의 헤모글로빈도 마이오글로빈의 경우와 같이 저장 또는 가열 조리 중에 옥시헤모글로빈을 거쳐서 갈색의 메트헤모글로빈(methemoglobin)을 형성한다.

메트헤모글로빈을 가열할 때는 마이오글로빈의 경우와 같이 단백질인 글로빈이 변성되어 분리되고 무색, 갈색, 회색 또는 녹색의 산화-포피린이 형성된다. 또한 염지 육가공품의 변화 등에 있어서도 마이오글로빈의 경우와 대부분 같다.

(3) 저장 중 녹색 변화

육류나 육류 가공품은 저장 중에 가끔 녹색으로 변하는 경우가 있다. 이와 같은 녹변의 원인에 대해서는 아직 확실하지 않으나 저장 중 세균의 작용에 의해서 생성된 콜레글로빈(choleglobin)과 설프마이오글로빈(sulfmyoglobin) 그리고 마이오글로빈의 산화 생성물로 알려진 베르도글로빈(verdoglobin)에 의한 것으로 생각된다.

(4) 가공 과정 중의 변화

햄, 소시지, 베이컨 등의 염지 육가공품(cured meat products)의 경우에는 가열 조리 중에도 육류의 선홍색이 그대로 유지된다. 이와 같이 염지 육가공품에서의 색깔 고정은 염지공정에서 사용한 질산칼륨(KNO_3)이나 질산나트륨($NaNO_3$)이 미생물의 작용을 받아서 아질산염(KNO_2, $NaNO_2$)이 되고 이것이 육류 중의 젖산에 의하여 다시 아질산(HNO_2)을 거쳐 산화질소(NO, nitric oxide)를 형성하는데, 산화질소는 마이오글로빈과 결합하여 선명한 홍색의 니트로소마이오글로빈(NO-Mb, nitroso-myoglobin 또는 nitric oxide myoglobin)을 형성하면서 선홍색을 유지하게 된다.

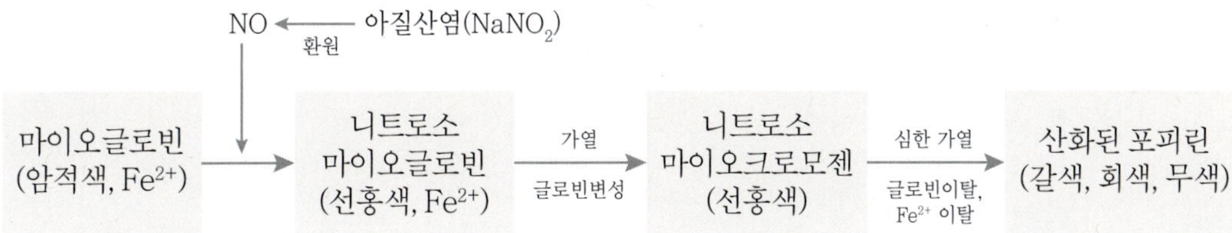

니트로소마이오글로빈은 열에 매우 안정하므로 가열할 경우에도 선명한 홍색이 그대로 유지된다. 그러나 최근, 염지 과정 중에 형성된 아질산과 육류 중에 존재하는 각종 아민류가 반응하여 상당량이 니트로소아민(nitrosoamine)이 생성됨이 밝혀지고, 이에 대한 독성이 보고되면서 색 고정제로서의 질산칼륨 및 질산나트륨의 사용은 저하되고 있으며, 비타민 C로 대체되기도 한다.

2. 동물성 카로티노이드(Carotenoids)

일부 동물성 식품에도 카로티노이드계 색소가 존재하여 황색 또는 등색을 띠게 된다.

난황이 황색을 띠는 것은 카로티노이드계 색소를 함유하고 있기 때문이며 그 함량이나 색깔은 사료 중의 카로티노이드에 의해 영향을 받는다고 한다. 난황에 함유된 카로티노이드의 주성분은 잔토필류에 속하는 루테인이 대부분이며 제아잔틴, 크립토잔틴 등도 소량 함유되어 있다.

우유지방에도 소량의 카로틴류가 함유되어 있기 때문에 우유지방으로 버터나 치즈를 제조할 경우 황색을 띠게 된다.

도미 표피, 연어, 송어에도 아스타잔틴 및 칸타잔틴 등의 잔토필류가 함유되어 있으며, 피조개 근육 일부에는 카로틴, 루테인 등이 함유되어 있으므로 이들 식품에서 적색이 나타나게 된다.

새우, 게 등의 갑각류에는 잔토필류에는 속하는 아스타잔틴(astaxanthin)이 함유되어 있는데, 동물 조직 내에서 단백질과 결합하여 복합체 형태로 존재하므로 청녹색을 띠게 된다. 그러나 새우나 게를 가열하면 단백질-아스타잔틴 결합이 풀리며 아스타잔틴이 유리되고, 이는 다시 아스타신(astacin)으로 변하게 되면서 적색을 띠게 된다. 청녹색이던 새우나 게를 가열하면 적색으로 변하는 것은 이 때문이다[그림 8-12].

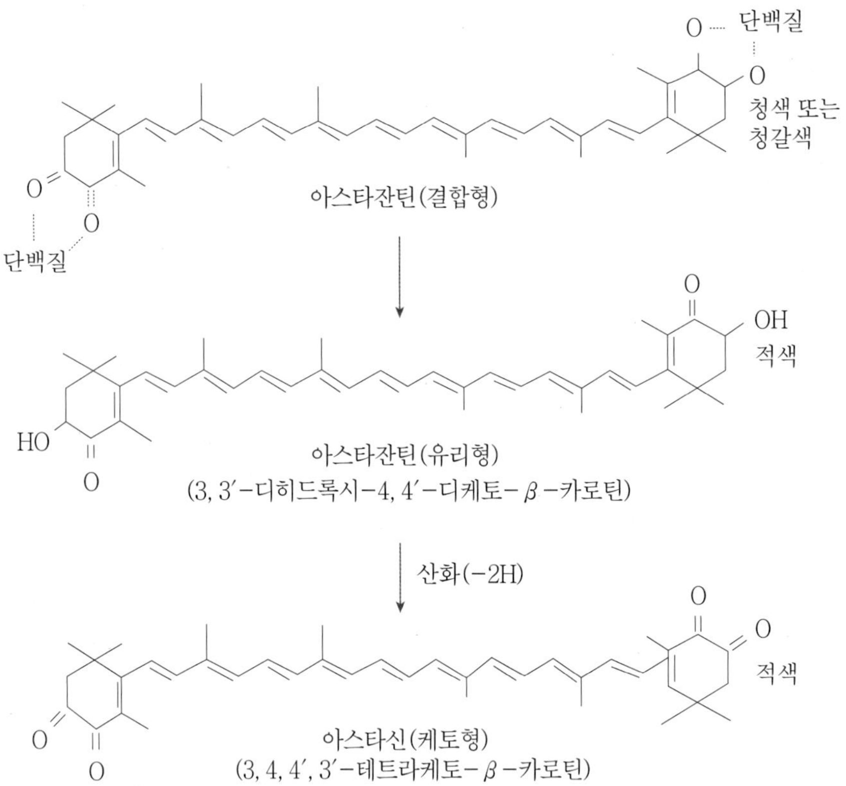

[그림 8-12] 아스타잔틴의 가열산화에 의한 아스타신의 형성

3. 기타 물질

우유의 미황색, 난백의 미황녹색, 물고기 눈의 미황색 형광은 리보플라빈(비타민 B_2)에 의한 것이며, 생선의 표면이 아름다운 빛깔을 내는 것은 피하에 침착되어 있는 구아닌(guanine, $C_5H_5N_5O$)에 의한 것이다. 또한 생선 겉표면의 검은 색이나 오징어, 문어 등의 먹물은 멜라닌(melanin) 색소에 기인한다.

CHAPTER

09 식품의 갈변 반응 (Browning reactions)

01 효소적 갈변 반응이란 무엇일까요?

02 효소적 갈변 반응을 억제하는 방법은 어떤것이 있을까요?

03 비효소적 갈변 반응이란 무엇일까요?

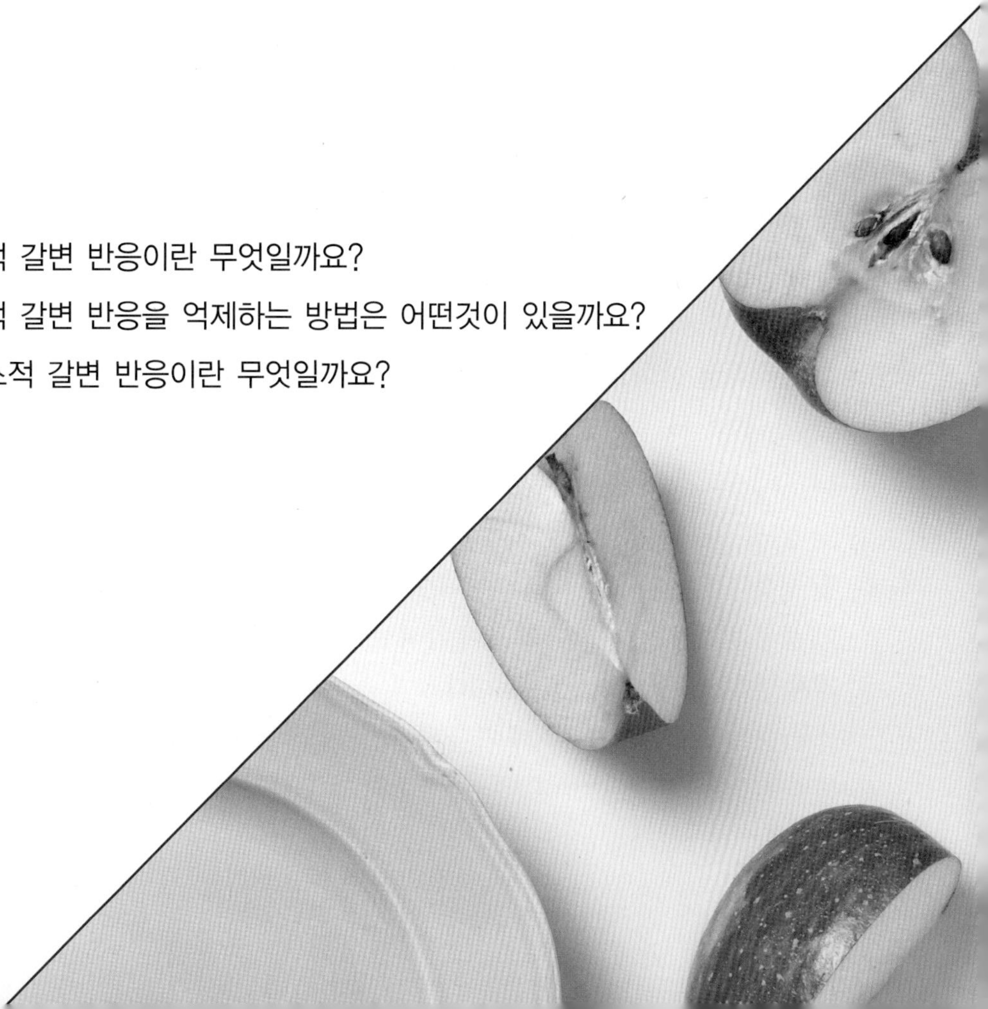

과일이나 채소 껍질을 깎아 방치하면 갈색이 되거나, 노란콩으로 된장이나 간장을 제조하면 흑갈색으로 변하는 현상이 나타난다. 이와 같이 식품을 저장하거나 가공할 때 갈색으로 변하는 현상은 갈변 반응(browning reaction)에 의한 것이다.

식품의 저장 또는 가공 중에 갈변반응이 일어나면 식품의 색이 갈색으로 변함과 동시에 맛, 냄새, 영양가에도 영향을 준다. 커피콩을 볶으면 녹색의 커피콩이 갈색이 되면서 구수한 커피향을 형성하여 특유의 풍미를 부여하기도 하고, 양념 육류를 가열하면 양념육이 갈색으로 변하면서 필수 아미노산인 라이신, 아르지닌, 히스티딘이 손실되기도 한다.

갈변 반응은 효소가 직접 관여하는 효소적 갈변 반응(enzymatic browning reaction)과 효소가 관여하지 않는 비효소적 갈변 반응(nonenzymatic browning reaction)이 있다.

01 효소적 갈변 반응이란 무엇일까요?

효소가 관여하는 갈변 반응은 페놀물질이 산화효소의 촉매작용으로 산소와 결합하여 갈색을 형성하는 반응이다. 효소적 갈변을 일으키는 페놀류로는 카테콜(catechol), 갈릭산(gallic acid), 카페인산(caffeic acid), 클로로겐산(chlorogenic acid), 타이로신(tyrosine) 등이 있으며 사과, 살구, 바나나, 가지, 감자, 고구마 등에 함유되어 있다. 페놀 산화효소는 폴리페놀 산화효소(polyphenol oxidase)와 타이로시네이스(tyrosinase)가 대표적이다. 페놀류를 기질로 하여 페놀 산화효소와 산소가 존재하면 갈색의 멜라닌이 형성되지만 이 중 하나만 없어도 효소적 갈변 반응은 일어나지 않는다.

1. 폴리페놀 산화효소에 의한 갈변 반응

폴리페놀 산화효소(polyphenol oxidase)는 카테콜(catechol), 카테킨(catechin), 클로로겐산(chlorogenic acid), 피로갈롤(pyrogallol)등에 작용하여 공기 중 산소와의 결합을 촉진시킴으로 퀴논(quinone)의 형성을 유도한다. 이후 퀴논은 산화와 중합을 반복하며 흑갈색의 멜라닌을 생성하고, 식품 본래의 색은 갈색으로 변화된다. 사과, 배, 복숭아 등의 과일을 깎아서 공기 중에 방치해 둘 때 과육의 색이 갈색으로 변화하는 것은 바로 카테콜 유도체들이 퀴논을 거쳐 멜라닌을 형성하였기 때문이다.

폴리페놀 산화효소는 기질에 따라 카테콜레이스(catecholase), 폴리페놀레이스(polyphenolase), 다이페놀 산화효소(diphenoloxidase) 등으로 불리기도 하며, 분자 내부에 구리(Cu)를 함유하고 있기 때문에 외부에서 구리이온(Cu^{2+})을 접촉시킬 때 더욱 활성화 되고 염소이온(Cl^-)이 있으면 억제된다. 따라서 갈변 현상을 조절하기 위해서는 이러한 이온을 적절히 사용하는 방법이 추천된다.

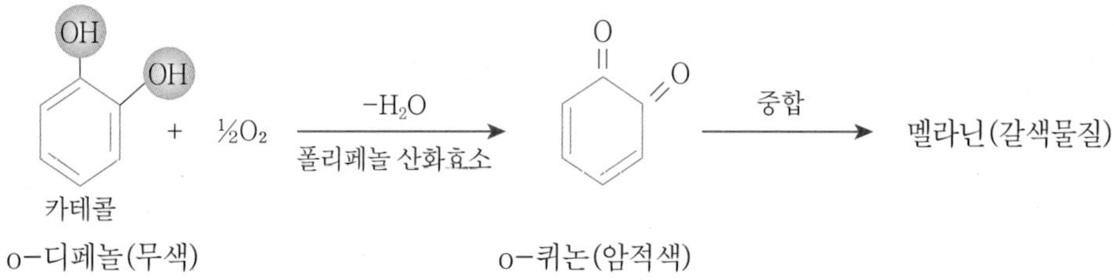

[그림 9-1] **카테콜에서 멜라닌 생성 과정**

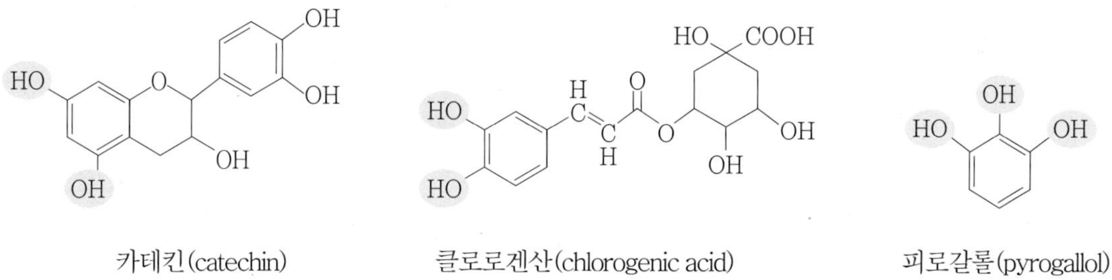

[그림 9-2] **주요 폴리페놀 산화효소 기질**

또한 녹색의 찻잎(fresh tea leaves)에는 카테킨 또는 갈로카테킨(gallocatechin)과 같은 폴리페놀 화합물이 많이 함유되어 있다. 녹색 찻잎을 수증기로 쪄서 말리면 폴리페놀 산화효소가 불활성화 되기 때문에 녹색을 그대로 유지한 차를 제조할 수 있고 이렇게 제조된 것이 녹차이다. 그러나 녹색 찻잎을 찌는 대신 발효 과정을 거쳐서 말리게 되면 폴리페놀 산화효소에 의한 카테킨의 산화가 활발히 일어나 녹색의 찻잎은 갈색의 테아플라빈(theaflavin)류를 형성한다. 이러한 방법으로 제조된 갈색의 대표적인 차로는 홍차가 있다.

2. 타이로시네이스에 의한 갈변 반응

채소류 특히, 감자 등에 함유된 타이로시네이스는 페놀계 아미노산인 타이로신을 산화시켜 도파(DOPA)의 형성을 촉진한다. 생성된 도파는 적색의 도파 퀴논으로 전환된 후 중합체인 멜라닌을 형성하기 때문에 식품의 색은 흑갈색으로 변화한다[그림 9-3]. 타이로시네이스도 폴리페놀 산화효소와 마찬가지로 분자 내에 구리(Cu)를 갖고 있기 때문에 구리이온(Cu^{2+})의 존재 하에 갈변이 촉진되며 염소 이온(Cl^-)이 존재하면 억제된다.

예를 들면, 감자 껍질을 무쇠칼을 이용하여 깎거나 구리 용기에 담아 저장하면 갈변이 잘 일어나고, 소금물(NaCl 수용액)에 담가두면 갈변이 방지된다. 또한 온도와 pH를 변화 시켜 불활성화 시킬 수 있고, 산소를 제거함으로 산화 촉매를 방지할 수 있기 때문에 이러한 조건은 타이로시네이스에 의한 갈변반응을 방지하기 위해 많이 이용되고 있다.

한편, 인체 내에서도 타이로시네이스에 의한 갈변 반응이 일어나 멜라닌이 합성되며 피부에 침착될 수 있다.

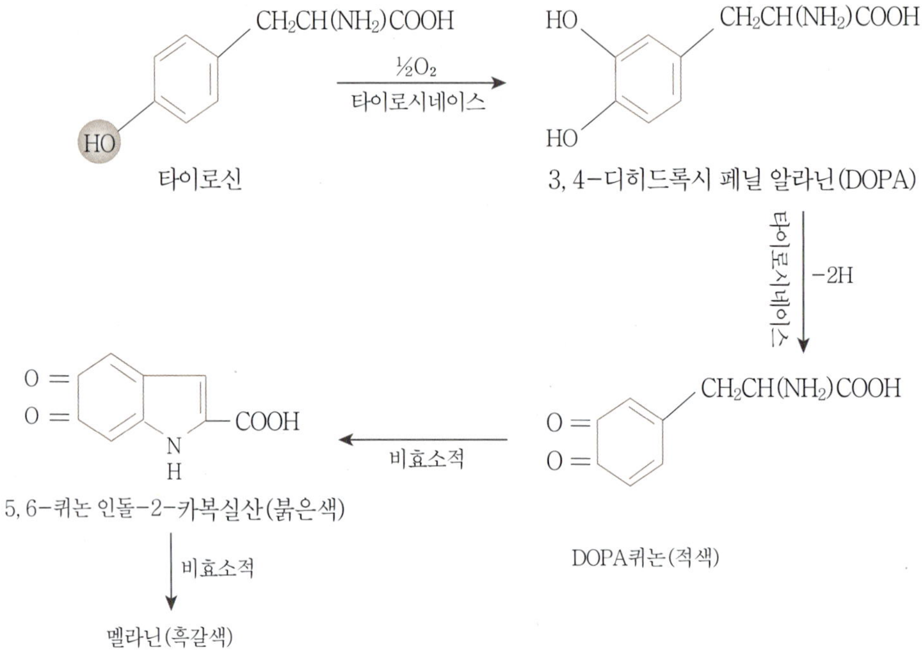

[그림 9-3] 타이로신에서 멜라닌 형성 과정

02 효소적 갈변 반응을 억제하는 방법은 어떤 것이 있을까요?

페놀계 기질, 페놀 산화효소, 산소가 모두 존재할 때 일어나는 효소적 갈변반응은 식품의 외관과 품질을 저하시키는 원인이 될 수 있기 때문에 이를 방지하여 식품의 색을 유지하는 방법이 고안되었다.

효소적 갈변 반응을 방지하기 위해서는 열을 가하여 페놀 산화효소(타이로시네이스)를 불활성화시키거나 효소 활성의 최적 pH인 5.8~6.8 보다 낮은 pH가 되도록 산을 첨가하거나, 진공 또는 물에 담그는 방법으로 산소를 차단하거나, 환원제로 작용하는 아스코르브산, 아황산(SO_2), 시스테인, 글루타치온 등의 티올(Thiol, -SH) 화합물 등을 이용하는 방법 등이 있다[표 9-1, 그림 9-4].

표 9-1 식품에 이용되는 효소적 갈변 방지법

구분	특성	방법	이용 예
페놀 산화효소	- 최적 활성 온도는 40±10℃ - 가열에 의해 불활성화 됨	가열(데치기, blanching)에 의해 효소를 불활성화 함	복숭아 통조림 등
	최적 pH는 5.8~6.8	구연산, 사과산, 식초, 인산 등을 첨가하여 pH를 산성(pH3 이하)으로 조정	사과 주스 등
	분자 내부에 구리 이온 함유. 염소에 의해 억제 됨	1~2% 소금물(NaCl수용액)에 담금	
산소	페놀류 기질과 결합하여 멜라닌 생성	물에 담금, 진공 포장, 질소충진으로 산소 차단	껍질 벗긴 감자, 밤, 연근, 우엉 등
환원제	갈변 중간물질인 퀴논과 환원제가 반응하여 퀴논을 환원시키거나 부가화합물을 생성하여 멜라닌 생성 억제	- 아스코르브산 첨가 : 갈변 중간물질인 퀴논을 환원시켜 다이페놀로 전환시킴으로 멜라닌 생성 억제	비타민C 미백화장품
		- 아황산(SO_2) 첨가 : 갈변 중간물질인 퀴논과 반응하여 무색의 부가 화합물 형성	도라지, 무말랭이 등의 아황산 용액 침지
		- 시스테인, 글루타치온 등의 티올(Thiol, -SH) 화합물 첨가 : 갈변 중간물질인 퀴논과 반응하여 부가 화합물 형성	SH 함유된 파인애플을 이용

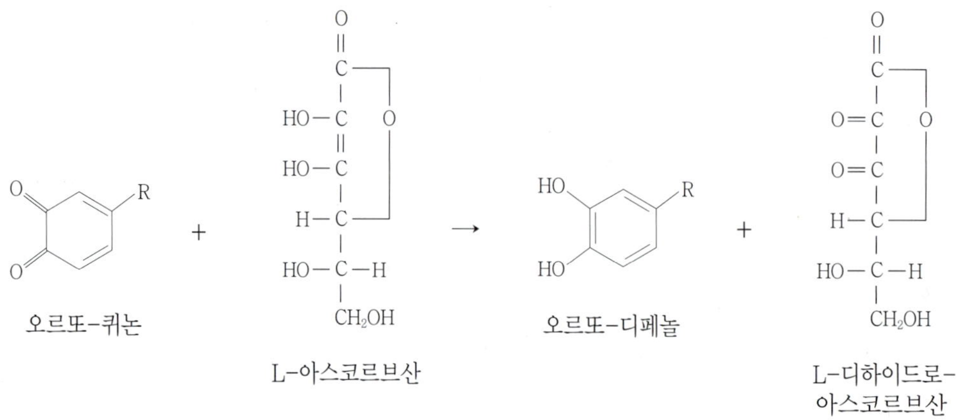

[그림 9-4] 아스코르브산의 갈변 억제 반응

03 비효소적 갈변 반응이란 무엇일까요?

비효소적 갈변 반응은 효소가 존재하지 않아도 식품 중의 화학작용에 의하여 식품의 색이 갈색으로 변화하는 반응으로 그 반응 메커니즘에 따라 마이야르 반응(Maillard reaction), 캐러멜화 반응(caramelization), 아스코르브산 산화반응(ascorbic acid oxidation)으로 나뉜다.

1. 마이야르 반응에 의한 갈변(Melanoidin, amino-carbonyl 반응)

마이야르 반응은 아미노산과 당류를 함유하고 있는 모든 식품에서 일어날 수 있는 반응이다. 식품 중에 함유된 아미노산 또는 펩타이드 결합을 하고 있는 질소화합물은 당류에 결합된 알데히드(CHO), 케톤(CO)과 같은 카보닐기(=CO)와 반응하면 여러 복잡한 과정을 거쳐 아미노기와 카보닐기가 결합한 형태의 갈색 멜라노이딘(melanoidin)을 생성한다. 이 반응은 반응 메커니즘을 반영하여 아미노-카보닐(amino-carbonyl) 반응 또는 반응 최종 산물의 이름을 따서 멜라노이딘(melanoidine)반응이라고 불리기도 하고, 이 반응을 처음 발견한 프랑스 화학자(Louis-Camille Maillard)의 이름을 따서 마이야르 반응이라고도 불린다.

염기성 아미노산인 라이신, 아르지닌, 히스티딘이 환원당과 함께 존재할 때 가장 잘 일어나며, 반응 이후에 이러한 아미노산이 손실되는 영양적 손실을 야기할 수 있다. 그러나 커피, 홍차, 간장, 된장, 빵의 색 또는 향을 부여하는 효과도 있고 최근에는 마이야르 반응의 중간 생성물이 항균, 항산화 효과가 있다는 보고도 다수 있어 활발한 연구가 진행되는 분야이다.

1) 마이야르 반응 메커니즘

마이야르 반응의 메커니즘은 매우 복잡한 과정으로 전개되지만 크게 초기 단계(primary step), 중간 단계(intermediate step), 최종 단계(final step)로 구분할 수 있다.

(1) 초기 단계

① 당류와 아미노 화합물의 축합 반응(Condensation reaction) : 마이야르 반응에서 최초로 일어나는 반응은 아미노화합물이 환원당에 결합하여 쉬프염기(Schiff base)를 형성하고 이후 질소배당체인 글리코실아민(glycosylamine)을 형성하는 과정이다. 이때 반응하는 당류가 포도당이면 글루코실아민(glucosylamine)이 생성되고 물이 제거되는 축합반응으로 일어난다[그림 9-5].

② 아마도리 전위(Amadori rearrangement) : 당류에 아미노 화합물이 축합결합하여 생성된 글리코실아민은 자리바꿈을 통하여 케토스아민(ketosamine)을 생성한다. 이 과정은 분자 내부에서 위치를 바꾸었다고 하여 아마도리 전위 또는 아마도리 재배열이라고 불린다. 이 과정은 마이야르 반응에서 가장 중요한 반응 중 하나이며, 아직까지 색깔의 변화는 나타나지 않는다[그림 9-5].

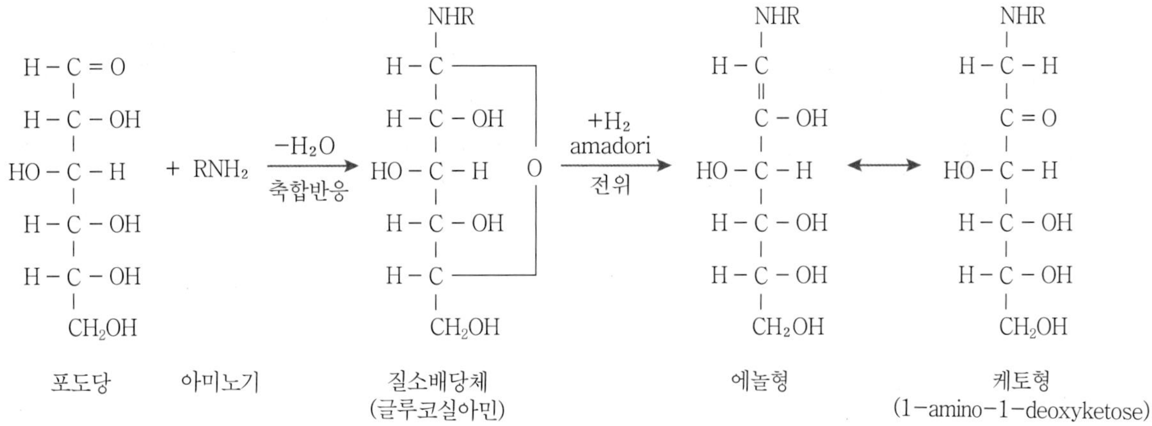

[그림 9-5] 질소배당체 생성 및 아마도리 전위(초기단계)

(2) 중간 단계

① 3-데옥시오존(3-deoxyosone)의 형성 : 마이야르 반응 초기 단계에서 형성된 글리코실아민은 아마도리 전위에 의하여 케토스아민을 생성한 후 탈수되어 데옥시오존(deoxyosone)을 형성한다. 이후 아미노기가 가수분해되어 데옥시오존의 1,2번 탄소에 카

보닐기(C=O)를 갖는 3-데옥시오존이 형성된다[그림 9-6].

② **불포화 3,4-디데옥시오존(3,4-dideoxyosone)의 형성** : 3-데옥시오존은 탈수되어 갈색 중간물인 불포화 3,4-디데옥시오존을 형성하게 되어 이 단계부터 갈색이 서서히 나타나기 시작한다[그림 9-7]. 이때 에놀형의 불포화 3,4-디데옥시오존은 그 자체가 반응성이 매우 큰 리덕톤(reductone)류에 속하므로 지속적인 산화 반응이 진행된다.

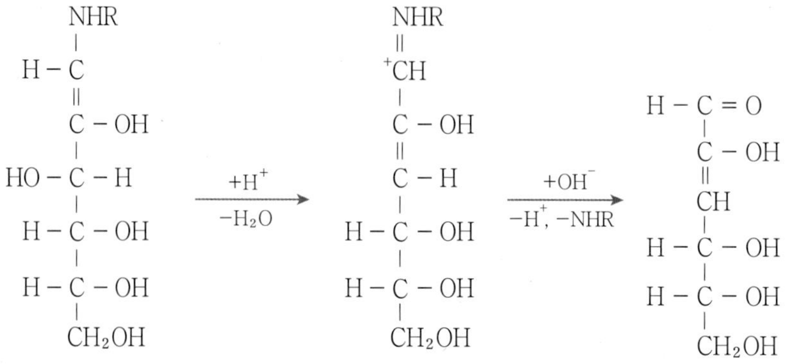

케스토아민　　　　　　　　　　3-데옥시글루코존

[그림 9-6] 3-데옥시오존의 형성과정

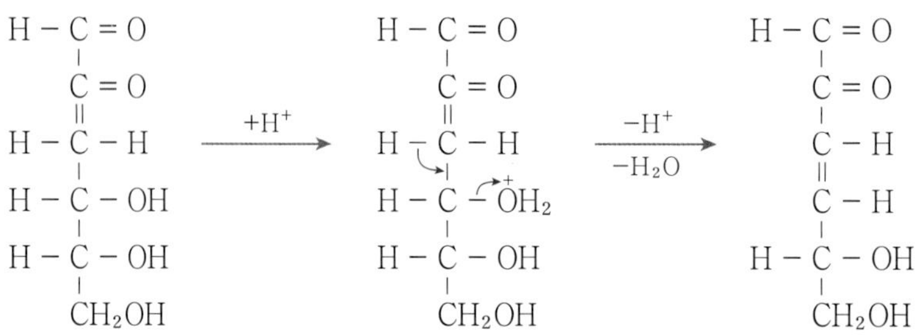

3-데옥시글루코존(케토형)　　　　　　　　　　불포화 3, 4-디데옥시글루코존

[그림 9-7] 불포화 3,4-디데옥시오존의 형성과정

③ **리덕톤의 형성** : 리덕톤은 일반적으로 엔-디올(ene-diol) 또는 티올-에놀(thiol-enol), 엔-아미놀(ene-aminol), 엔-디아민(ene-diamine) 등의 구조를 분자 내에 가지고 있으며 인도페놀(indophenol) 화합물을 환원할 수 있는 성질을 갖는다. 식품 중에 함유되어 있는 가장 잘 알려진 리덕톤으로서는 L-아스코르브산이 있으며 이들 리덕톤류는 그 환원성과 함께 반응성이 매우 큰 것이 특징이다.

④ 히드록시메틸 푸르푸랄(Hydroxymethyl furfural, HMF)류 형성 : 불포화 3,4-디데옥시오존과 기타의 리덕톤류는 반응성이 강하여 5-히드록시메틸 푸르푸랄로 대표되는 각종의 고리 화합물(cyclic compounds, 환상 화합물)을 형성한다[그림 9-8].

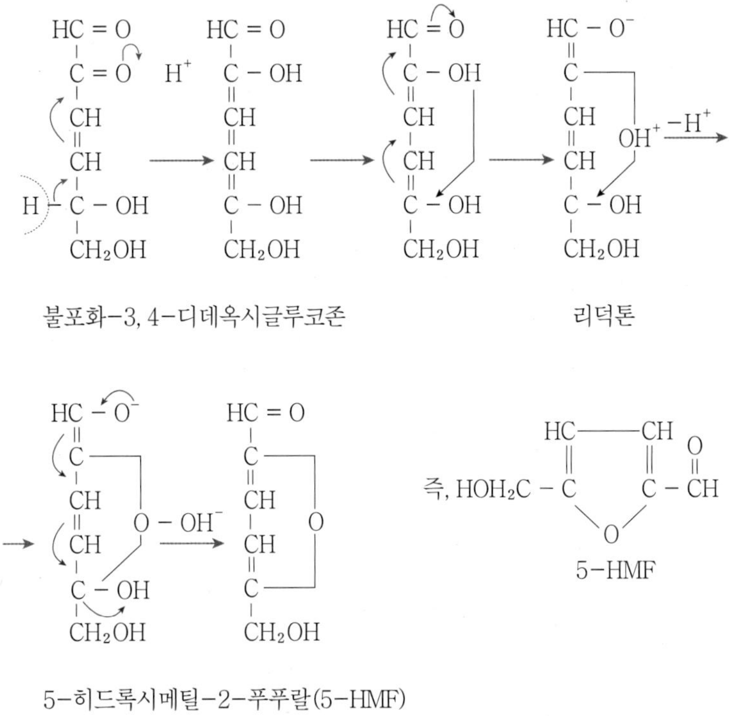

[그림 9-8] 마이야르 반응의 중간단계에서 HMF의 형성과정

⑤ 산화 생성물의 분해 : 마이야르 반응 중간 단계에서 형성된 산화 생성물들 특히 각종 리덕톤류와 일부 고리 화합물들은 계속 산화에 의해서 탄소 사슬이 분열되어 탄소수가 2개나 3개 또는 4개의 극히 휘발성이 강한 산화 분해 생성물들을 형성한다.

(3) 최종 단계

최종 단계에 이르러서는 중간 단계에서 형성된 각종 리덕톤류, 푸르푸랄 유도체들, 분해 생성물 등이 서로 축합 또는 중합 반응을 일으켜 갈색으로 착색된 멜라노이딘을 형성한다.

최종 단계에서 일어나는 중요한 반응은 알돌형 축합 반응과 스트레커(Strecker)형 반응이다.

① 알돌형 축합 반응(Aldol type condensation) : 중간 단계에서 리덕톤류의 분해에 의하여 형성된 각종 활성이 강한 카보닐 화합물 중에 α-탄소에 수소가 결합된 화합물들은 알돌형 축합 반응을 지속적으로 일으켜 분자량이 큰 불포화 화합물을 형성한다[그림 9-9].

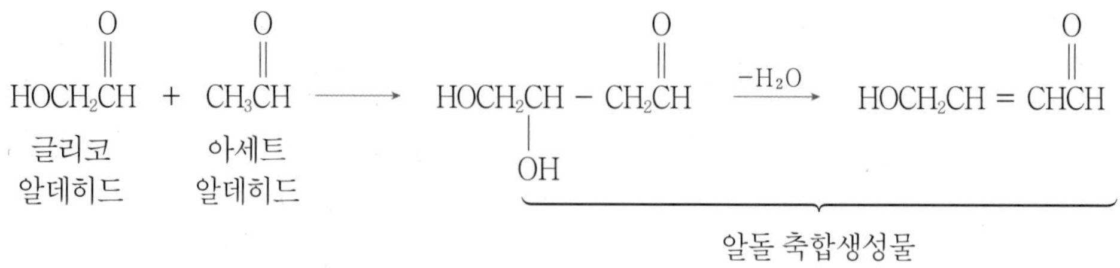

[그림 9-9] **알돌 축합반응의 과정**

② **스트레커형 반응(Strecker reaction)** : 마이야르 반응의 최종 단계에서 상당량의 탄산가스(CO_2)와 알데히드류가 생성된다. 이것의 대부분은 당류의 산화 생성물과 아미노산과의 상호작용, 즉 스트레커형 반응에 의하여 생성된다.

스트레커 반응은 α-디카보닐 화합물과 α-아미노산과의 산화적 분해 반응이다. 이때 아미노산은 탈탄산(decarboxylation) 및 탈아미노(deamination) 반응이 일어나 본래의 아미노산보다 탄소수가 하나 적은 알데히드와 탄산가스가 생성된다.

여기서 생성된 에나미놀(enaminol)은 그 자체가 일종의 리덕톤류로 계속하여 여러 가지 반응에 참여한다.

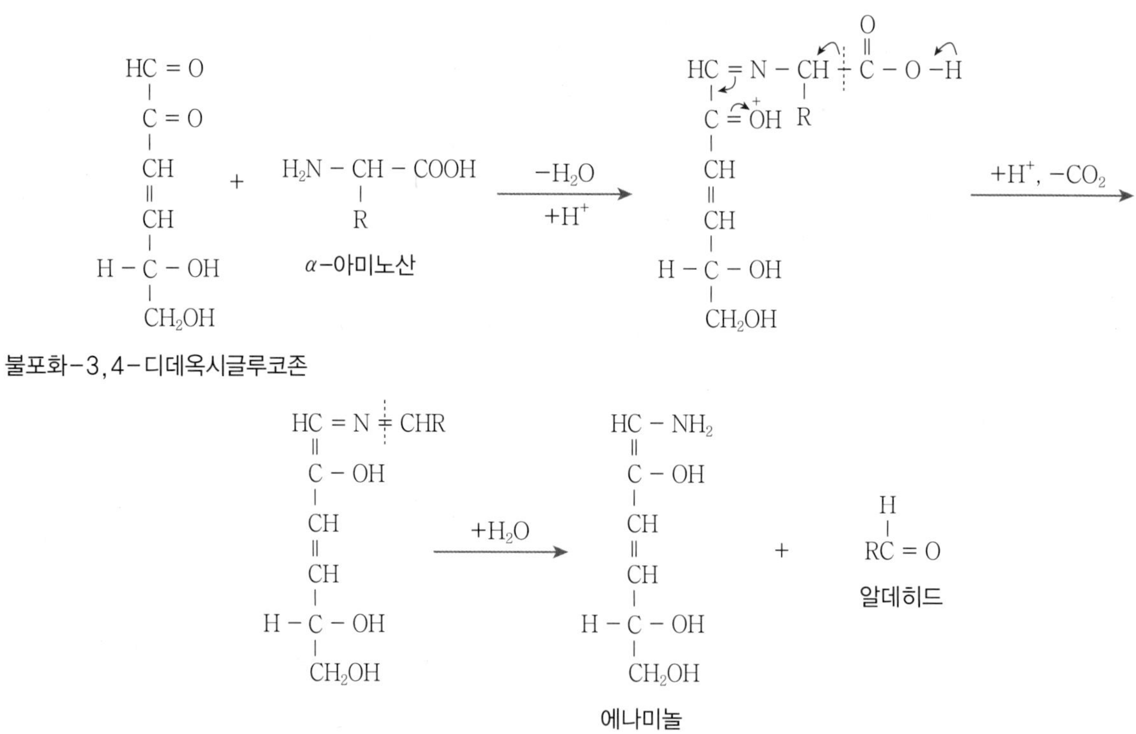

[그림 9-10] **스트레커 반응**

스트레커 반응에 의하여 생성된 알데히드류는 그 식품의 향기에 중요한 영향을 미친다. 식품을 고온으로 처리하였을 경우 발생하는 향기나 간장의 향기는 주로 이 반응에 의하여 생성된 알데히드류에 의한 것으로 생각되고 있다[그림 9-10].

③ **멜라노이딘(melanoidine) 색소의 형성** : 마이야르 반응의 중간 단계에서 형성된 각종 리덕톤류, 5-HMF 등의 푸르푸랄 유도체, 알돌형 축합 생성물, 스트레커형 반응 생성물 등은 모두 활성이 큰 물질들이므로 쉽게 상호 반응을 일으켜 중합체를 형성하게 된다. 이 중합체는 그 분자 내에 질소를 함유하고 있고, 불포화도가 크며 형광성을 띤 갈색으로 멜라노이딘 색소로 총칭한다. 그러나 아직 그 자세한 생성 메카니즘과 화학 구조는 알려져 있지 않다.

2) 마이야르 반응에 영향을 미치는 요인

(1) 온도

마이야르 반응은 다른 여러 화학 반응에 비하여 온도의 영향을 크게 받는다. 즉, 온도가 높아질수록 반응 속도는 급속도로 증가한다.

(2) pH

일반적으로 pH 6 이하에서는 잘 일어나지 않고 pH가 높아질수록 갈변이 두드러지게 나타난다. 그러나 산성~중성 부근에서의 갈변과 알칼리성 쪽에서의 갈변은 그 반응 메커니즘이 다르다. 예를 들면, D-자일로스와 파라-아미노벤조산(PABA)은 알칼리성하에서도 반응하여 착색하지만 산성~중성 쪽의 경우와는 달리 질소배당체의 생성을 거치지 않고 갈변한다.

(3) 수분활성도

마이야르 반응은 수분활성도 0.6~0.7에서 최대의 반응을 나타내고, 0.8~1에서는 반응속도가 현저히 떨어진다.

(4) 산소

산소는 경우에 따라 마이야르 반응을 촉진하기도 하고, 억제하기도 하기 때문에 산소에 대한 영향은 분명하지 않다.

(5) 광선

광선은 일반적으로 마이야르 반응을 촉진하지만 산소의 존재하에서 갈색색소에 광선을 조사하면 퇴색하기도 한다. 가시광선보다는 자외선의 영향이 더 큰 것으로 여겨지고 있으며, 감마선(γ-선)과 같은 방사선은 갈변 반응을 촉진한다.

(6) 당의 종류

마이야르 반응성은 당의 종류에 따라 다르며, 오탄당, 육탄당, 환원성 2당류의 순으로 반응성이 감소한다. 즉, D-리보스>D-자일로스>D-아라비노스>육탄당>2당류 순이며, 알도헥소스류의 경우는 마노스>갈락토스>포도당>과당 순이다.

(7) 아미노산의 종류

라이신이나 아르지닌 등의 염기성 아미노산이 중성이나 산성 아미노산보다 반응성이 크다. 그 이유는 아미노산의 아미노기가 카복실기와 멀리 떨어져 있을수록 당류와 반응하기 쉽기 때문이다. 특히 라이신은 엡실론-아미노기(ε-amino acid)이므로 당류와 반응하기 쉽다.

(8) 금속이온

구리나 철은 반응을 촉진하지만 다른 금속은 영향이 거의 없다. 그러므로 금속 흡착(chelate)에 의해 조절이 가능하다. 특히, 염화칼슘($CaCl_2$)은 갈변의 저해물질로 알려져 있다. 칼슘이 아미노산과 결합하기 때문에 질소배당체 형성이 억제되기 때문이라 생각된다.

(9) 반응 물질의 농도

마이야르 반응에 의하여 형성되는 갈색 색소의 양은 온도가 일정할 때 환원당의 농도, 유리 아미노기를 가진 질소화합물의 농도, 경과시간에 비례한다.

2. 캐러멜화 반응에 의한 갈변

캐러멜화 반응(Caramelization)에 의한 갈변은 마이야르 반응과는 달리 아미노 화합물이 존재하지 않는 경우, 주로 당류의 가열(170~200℃)에 의한 산화 및 분해산물이 중합, 축합에 의하여 흑갈색의 캐러멜을 형성하는 반응이다. 이 반응은 자연발생적으로 일어나지 않으며, 가열과 같은 외부로부터의 에너지 공급이 있어야 일어난다. 캐러멜 반응은 당의 함량이 많은 장류, 소스, 위스키, 기호음료 중에서 흔히 일어나며 특히 캔디류 등의 과자에서는 이 반응에 의한 갈변이 매우 중요하다. 캐러멜화 반응에서 생성되는 각종의 가열 분해물들은 식품의 향기와 맛에 큰 영향을 미친다.

1) 캐러멜화 반응의 메커니즘

(1) 초기단계 : 로브리 드 브륀-알버다 반 에켄슈타인 전위

포도당과 같은 환원당 또는 가열에 의해서 가수분해되어 환원당을 형성하는 당류는 계속 가열되는 동안 알도스형의 환원당으로부터 대응하는 케토스형의 당으로 전위되어 활성화된다. 이 전위를 로브리 드 브륀-알버다 반 에켄슈타인(Lobry de Bruyn-Alberda van Eckenstein) 전위 또는 재배열이라고 하며 마이야르 반응에 있어서의 아마도리 전위에 해당하는 반응이다.

예를 들면, 포도당이 대응하는 과당으로 전위되면 케토스인 과당은 케토형과 에놀형을 가질 수 있으며 에놀형은 반응성이 매우 강하기 때문에 계속 반응이 진행된다.

(2) 중간 단계 : 산화생성물, 푸르푸랄, 리덕톤, 푸란, 락톤류 형성

로브리 드 브륀-알버다 반 에켄슈타인(Lobry de Bruyn-Alberda van Eckenstein) 전위에 의해 형성된 케토스의 에놀형은 계속 산화되어 3-데옥시오존을 거쳐 더 반응성이 강한 불포화 3,4-디데옥시오존을 형성한다. 이 불포화 3,4-디데옥시오존은 마이야르 반응의 경우와 같이 5-히드록시메틸 푸르푸랄 또는 이와 유사한 푸르푸랄 유도체를 형성한다. 다만 이상과 같은 여러 반응은 마이야르 반응과 달리 고온에서 지속적인 가열에 의해서만 가능하다.

이와 같이 형성된 푸르푸랄 유도체들은 케토스의 산화 생성물들과 함께 더욱 산화되어 리덕톤류, 레불린산(levulinic acid), 락톤류 등을 형성하고, 탄소수가 적은 휘발성 카보닐 화합물을 형성하여 식품의 풍미에 큰 영향을 미친다.

(3) 최종 단계 : 산화생성물질의 축합, 중합 및 휴민물질 생성

이상에서 형성된 리덕톤류, 푸르푸랄 유도체, 락톤류, 카보닐 화합물 등은 매우 반응성이 큰 물질들이며, 쉽게 축합 또는 중합에 의해서 휴민(humin) 물질로 알려진 흑갈색의 고분자 캐러멜 색소를 형성한다. 그러나 아직 그 메커니즘은 확실하게 규명되어 있지 않다.

2) 캐러멜화 반응의 특성

캐러멜화 반응은 pH 6.8~8.2의 약알칼리성에서 잘 일어나며 pH 2.3~3.0일 때 가장 일어나기가 어렵다. 당류 중 과당에서 가장 잘 일어나고 포도당은 갈변이 어려우므로, 과당을 함유한 설탕이 캐러멜 제조에 이용된다. 유기산 또는 유기산의 염이 존재할 때 더욱 갈변이 일어나기 쉽다.

3. 아스코르브산의 산화 반응에 의한 갈변

아스코르브산은 리덕톤(reductone)의 일종으로 그 자체의 강한 환원력 때문에 산화방지제(antioxidant), 갈변방지제(antibrowning agent)로 널리 이용되고 있다.

아스코르브산의 산화 반응에 의한 갈변은 아스코르브산 함량이 많은 감귤류의 가공품, 즉 오렌지 주스나 분말 오렌지 등에서 매우 중요한 비효소적 갈변 반응이다.

아스코르브산의 산화에 의한 갈변은 pH 2 전후의 산성에서도 잘 일어나며 환원당에 의한 갈변보다 빨리 일어난다.

아스코르브산은 산소 존재하에 자동 산화되어 데히드로아스코르브산(DHA)이 되며 이 반응은 가역적이다. 이 DHA는 그 락톤 고리가 열려서 2,3-디케토글루콘산(DKG)이 형성되고 이것은 다시 쉽게 탈탄산되어 L-자일로존(xylosone)이 형성된다. 이 L-자일로존은 2,3,4-트리히드로시펜트-2-에논산(2,3,4-trihydroxypent-2-enoic acid)을 거쳐 푸란 유도체인 5-메틸-3,4-디히드록시테트론(5-methyl-3,4-dihydroxytetron)을 형성한다.

한편, 아스코르브산은 산소가 존재하지 않는 조건하에서도 DHA를 거치지 않고 분해되어 푸르푸랄을 생성한 후 중합되어 갈색색소를 형성한다. 그러나 아직까지 아스코르브산 산화에 의한 갈변 메커니즘은 명백하게 규명되고 있지 않다.

CHAPTER

10

식품의 냄새
(Flavor of foods)

01 냄새는 어떻게 분류될까요?

02 식물성 식품에 있는 냄새 성분은 어떤 것이 있을까요?

03 동물성 식품에 있는 냄새 성분은 어떤 것이 있을까요?

04 조리·가공 중 냄새 성분은 어떻게 변화할까요?

식품에 있어서 냄새는 맛이나 색깔과 함께 그 식품의 관능적 품질을 결정하는 중요한 요인의 하나이다.

일반적으로 우리에게 쾌감을 주는 냄새를 향기(perfume 또는 aroma)라고 하고 불쾌감을 주는 냄새를 취기(stink)라고 한다. 모든 식품은 각각 고유의 향기 또는 냄새를 가지고 있으며, 그 향기 또는 냄새는 가열 조리, 가공 및 저장, 부패 과정 등에서 현저히 변화한다.

아무어(Amoore)는 냄새를 장뇌 냄새(camphoraceous), 사향(musky), 꽃향(floral), 박하향(pepperminty), 에테르 냄새(etheral), 매운 냄새(pungent), 썩은 냄새(putrid) 등 7가지 기본 냄새로 나누었다.

아무어는 냄새와 냄새 물질의 화학 구조 간에는 많은 유사성이 있다고 하였다. 일반적으로 알코올기(-OH), 카보닐기(>C=O), 알데히드기(-CHO), 에스터기(-COOR), 카복실기(-COOH), 락톤기($-CH_2\cdots CO$), 벤질기($-C_6H_5$), 니트로기($-NO_2$), 아미노기($-NH_2$), -N=C=S 등의 원자단이 향기를 내는 발향단으로 알려져 있다.

01 냄새는 어떻게 분류될까요?

1. 감각적 분류

지금까지 시도된 냄새의 분류 방법 중 대표적인 것으로 헤닝(Henning)을 비롯한 몇 사람의 분류 기준을 표시하면 [표 10-1]과 같다.

표 10-1 냄새의 분류

Linnaeus (1752)	Haller (1763)	Zwaardemaker (1895)	Henning (1916)	Crocker and Henderson(1927)
1. 나프탈린과 같은 향기(aromatic)	-	나프탈린과 같은 향기(aromatic)	매운 냄새(spicy)	-
2. 꽃향기(fragrant)	-	꽃향기(fragrant)	꽃향기(fragrant)	꽃향기(fragrant)
3. 감미로운 냄새 (ambrosiac)	달콤한 또는 감미로운 냄새(sweet or ambrosiac)	감미로운 냄새 (ambrosiac)	수지 냄새(resinous)	-

4. 마늘과 같은 냄새 (alliaceous)	-	마늘과 같은 냄새 (alliaceous)	-	-
5. 염소같은 냄새 (hircine)	-	염소 같은 냄새 (hircine)	-	산 냄새(acid)
6. 썩은 냄새(foul)	고약한 냄새 (stencher)	썩은 냄새(foul)	썩은 냄새(putrid)	썩은 냄새(caprylic)
7. 메스꺼운 냄새 (nauseous)	-	메스꺼운 냄새 (nauseous)	-	-
8. -	중간냄새 (intermediate)	에테르 냄새(etheral)	에테르 냄새(etheral)	-
9. -	-	탄 냄새 (empyreumatic)	탄 냄새(burnt)	탄 냄새(burnt)

냄새를 느끼는 감각을 후각이라 하며, 후각은 냄새가 나는 물질의 분자가 비강 상부(鼻腔上部)에 있는 후수용기를 자극함으로써 생기는 화학감각을 말한다. 후각은 시각에 대한 빛이나 청각에 대한 소리와 같이 냄새를 내는 물질로부터 상당한 거리에 떨어져 있어도 이것을 감지할 수 있다.

후각역치(threshold value)는 후각자극을 피검자에게 주었을 때 피검자가 자극횟수의 50%에서 자극을 알아낼 때의 자극농도로 측정하며 냄새를 느낄 수 있는 최저농도의 냄새를 의미한다[표 10-2].

표 10-2 냄새성분의 역치

성분	수용액(ppm)	공기 중($\times 10^{-5}$/g)
아세톤(aceton)	550	4
노르말-부탄올(n-butanol)	-	1
노르말-부타날(n-butanal)	76	-
초산(acetic acid)	25	-
메틸 살리실레이트(methyl salicylate)	0.1	0.5
디메틸 설피드(dimethyl sulfide)	0.012	0.002
메틸 메르캅탄(methyl mercaptane)	0.002	0.00004

일반적으로 동물이 인간보다 그리고 여자가 남자보다 후각이 예민하다. 또한 같은 냄새를 오랫동안 계속 맡고 있으면 그 냄새를 못 느끼게 되는 것을 후각 신경의 피로 또는 소멸이라고 한다.

또한 홍차와 레몬, 고기와 후추, 우유와 레몬 등의 냄새는 서로 조화를 이룬다.

2. 화학적 분류

일반적으로 냄새는 ① 원자단의 종류 ② 원자단에 붙은 탄화수소 부위의 모양 ③ 분자의 입체적 모양(감각 접수체에 꼭 맞는 모양과 크기를 갖고 있는가) ④ 분자량(휘발성이며 분자량이 작을수록 발향단의 영향을 받기가 쉽다) 등의 분자 전체의 구조와 관계가 있다고 생각된다.

1) 탄화수소류

향기는 특징이 없고 약하지만 테르펜(terpene)계 탄화수소는 정유*류에 들어 있는 여러 가지 향기의 주성분이다.

테르펜류는 아이소프렌($CH_2=C(CH_3)-CH=CH_2$)의 중합체이다. 향기와 관계가 있는 것은 주로 아이소프렌 2분자로 이루어진 모노테르펜(monoterpene, $C_{10}H_{16}$)과 아이소프렌 3분자로 이루어진 세스퀴테르펜(sesquiterpene, $C_{15}H_{24}$)이다.

식품 속에 함유된 각종 테르펜류의 향기성분은 [표 10-3]과 같다.

표 10-3 식품 중의 각종 테르펜류의 향기성분

명칭	구조식	소재	명칭	구조식	소재
모노테르펜					
미르센 (myrcene)	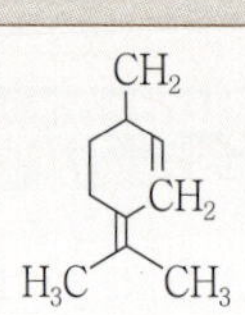	미나리	멘톨 (menthol)	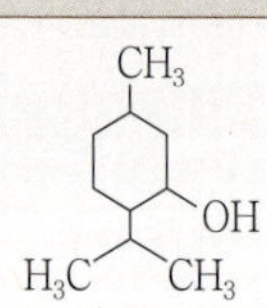	박하
리모넨 (limonene)	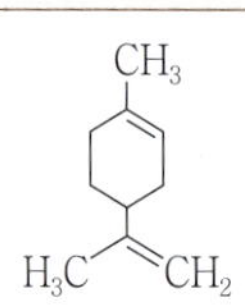	자몽, 레몬	1, 8-시네올 (1, 8-cineole)	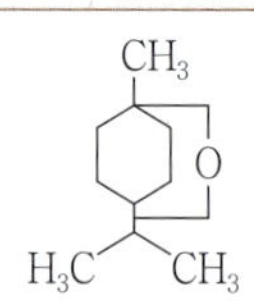	카다몬
알파-펠란드렌 (α-phellandrene)	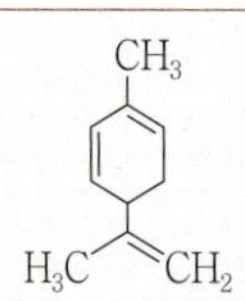	후추	베타-시트랄 (β-citral)	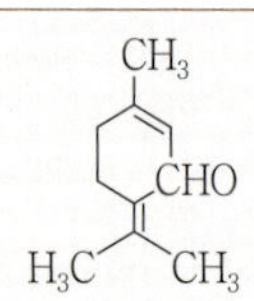	레몬

* 정유(essential oil, 식물체를 수증기 증류할 때 얻어지는 방향성의 유상 물질)

캄펜(camphene)	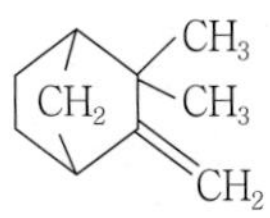	레몬	카르본 (carvone)	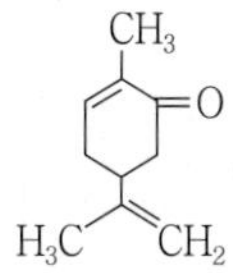	카라웨이유
리나로올(linalool)	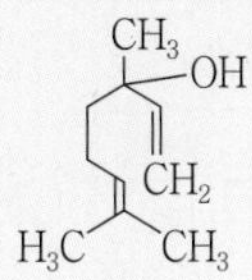	등화유	멘톤 (menthone)	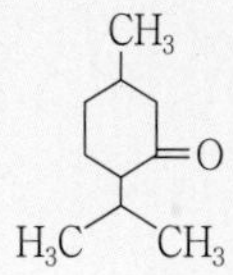	박하
제라니올 (geraniol)	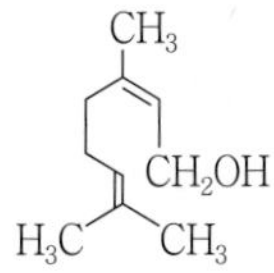	오렌지, 장미유	튜존 (thujone)	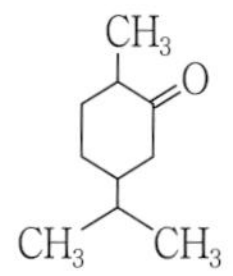	쑥
세스퀴테르펜					
진지베렌 (zingiberene)	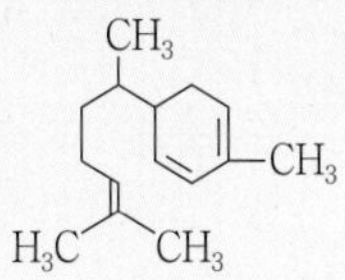	생강	후물렌 (humulene)	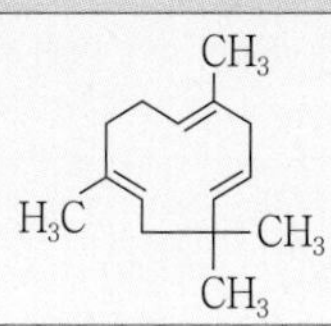	홉
베타-셀리넨 (β-selinene)	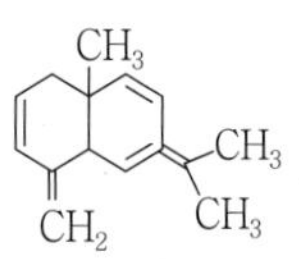	셀러리 종자유	파네솔 (farnesol)	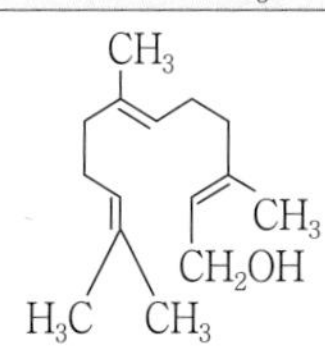	사향초유 보리수꽃유

일반적으로 테르펜류는 향기를 갖는 동시에 약간의 자극적인 맛이 있으므로 식품 중에서는 매운맛 성분으로도 작용한다. 미나리의 미르센, 레몬의 리모넨, β-시트랄, 캄펜, 쑥의 튜존, 홉의 후물렌, 박하의 멘톨이 대표적이다.

2) 알코올류

탄소수 C_5 이하의 쇄상구조의 저급 알코올은 채소, 과일 등 대부분 식품의 향기 성분으로 들어있다. 송이버섯의 1-옥텐-3-올(1-octen-3-ol), 오이의 2,6-노나디에놀(2,6-nonadienol), 계피의 유게놀 등이 있다. 불포화 결합을 가지는 C_6의 시스-3-헥세놀(*cis*-3-hexenol)은 차, 토마토 등을 비롯한 식물체의 어린잎의 풋내의 주성분으로 존재하여 청엽 알코올이라고도 한다[표 10-4].

표 10-4 식품 중의 알코올류의 향기성분

명칭	구조식	소재
에탄올(ethanol)	CH_3CH_2OH	주류
프로파놀(propanol)	$CH_3CH_2CH_2OH$	양파
펜타놀(pentanol)	$CH_3CH_2CH_2CH_2CH_2OH$	감자
헥세놀(hexenol)	$CH_3CH_2CH{=}CHCH_2CH_2OH$	찻잎, 푸른잎
리나로울(linalool)	$(CH_3)_2C{=}CH(CH)_2CCH_3OHCH{=}CH_2$	찻잎, 복숭아
1-옥텐-3-올(1-octen-3-ol)	$CH_3(CH_2)_4CHOHCH{=}CH_2$	송이버섯
2,6-노나디에놀(2,6-nonadienol)	$CH_3CHCH{=}CH(CH_2)_2CH{=}CHCH_2OH$	오이
푸푸릴 알코올(furfuryl alcohol)	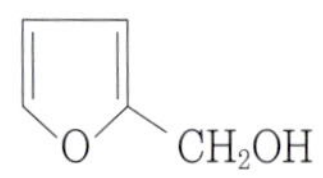	커피
유게놀(eugenol)	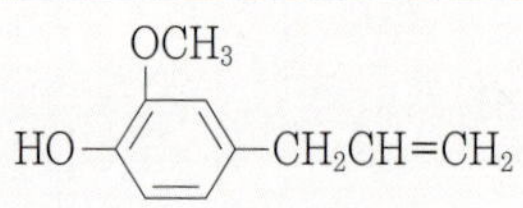	계피

3) 알데히드류

탄소수 C_5 정도까지는 소량씩이나마 동·식물성 식품에 널리 분포되어 있다. 사슬 구조의 저급 알데히드는 대응하는 알코올에 비하여 불쾌한 냄새가 많으며 최소 감량도 0.1~0.01로 감도가 높다. C_6~C_9의 알데히드는 유지의 산화 등에 의하여 생성된다[표 10-5].

표 10-5 식품 중의 알데히드류의 향기성분

명칭	구조식	소재
헥세날(hexenal)	$CH_3CH_2CH_2CH{=}CHCHO$	찻잎
벤즈알데히드(benzaldehyde)	C_6H_5CHO	아몬드 향
시남알데히드(cinnamic aldehyde)	$C_6H_5CH{=}CHCHO$	계피
바닐린(vanillin)	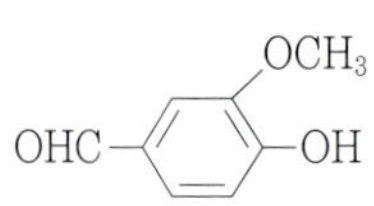	바닐라 향

이 외에도 지방족 알데히드는 유제품과 육제품의 냄새에 관여하고, n-카프로알데히드(n-caproaldehyde)는 묵은쌀의 냄새 성분이며 계피 냄새 성분은 시남알데히드(cinnamic aldehyde)이다.

4) 케톤류

쇄상구조의 저분자 케톤은 가벼운 과일향기를 가진다. 케톤기 2개를 가지는 디아세틸(diacetyl)은 진한 버터 특유의 냄새를 나타내며, 실제로 유제품 특히 발효 제품 향기의 주체를 이룬다[그림 10-1].

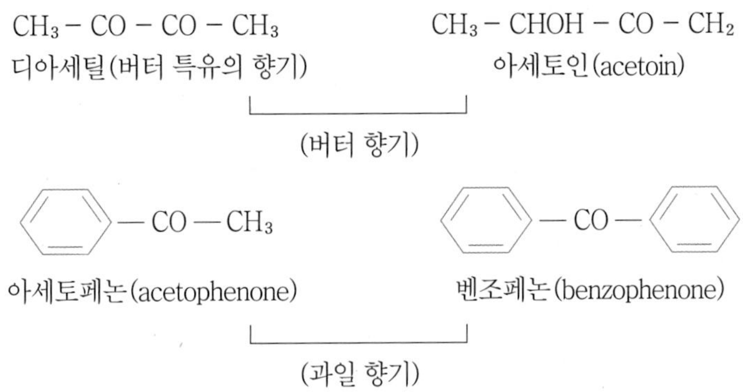

[그림 10-1] **버터 및 과일향기 성분 케톤류의 구조**

5) 산류

쇄상 구조의 저분자 휘발성 산 중에서 C_2의 초산은 자극적인 산냄새를 가진다. 저급 지방산인 프로피온산, 부티르산, 카프로산 등은 우유, 버터, 치즈 등의 냄새의 주체를 이룬다. 특히 부티르산은 김치 산패의 불쾌취이기도 하다. 탄소수의 증가에 따라 땀냄새(C_4~C_6)에서 양고기 냄새와 같은 지방 냄새(C_7~C_{12})를 나타낸다.

6) 에스터류

에스터류는 카복실산과 알코올의 결합으로 생성되기 때문에 그 종류가 대단히 많으며 과일 향기의 주성분을 이룬다[표 10-6].

아이소아밀 아이소발러레이트(isoamyl isovalerate)는 바나나의 냄새 성분이고 아피올(apiol)은 파슬리의 냄새 성분이다.

표 10-6 식품 중의 에스터류의 향기 성분

명칭	구조식	소재
아밀 포르메이트(amyl formate)	$HCOOCH_2(CH_2)_3CH_3$	사과, 복숭아
아이소아밀 포르메이트(isomyl formate)	CH_3 $HCOOCH_2CH_2CH$ CH_3	배
에틸 아세테이트(ethyl acetate)	$CH_3COOCH_2CH_3$	파인애플
아이소아밀 아세테이트(isoamyl acetate)	CH_3 $CH_3COOCH_2CH_2CH$ CH_3	배, 사과
메틸 부티레이트(methyl butyrate)	$CH_3CH_2CH_2COOCH_3$	사과
메틸 발러레이트(methyl valerate)	$CH_3CH_2CH_2CH_2COOCH_3$	청주
아이소아밀 아이소발러레이트 (isoamyl isovalerate)	CH_3 CH_3 $CHCH_2COOCH_2CH_2CH$ CH_3 CH_3	바나나
메틸 시나메이트(methyl cinnamate)	$-CH=CHCOOCH_3$	송이버섯
세다놀리드(sedanolide)	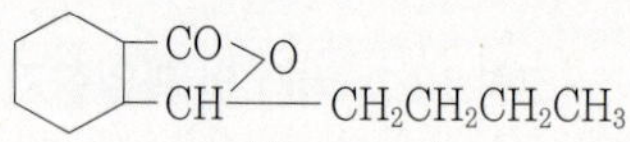	셀러리
아피올(apiol)	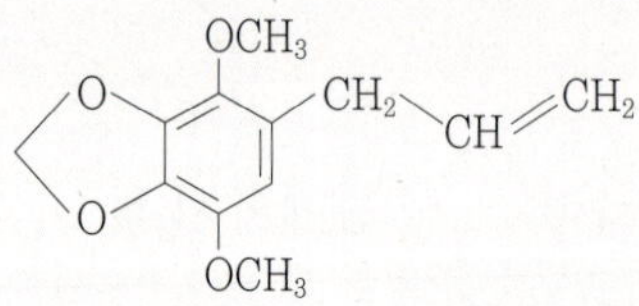	파슬리

7) 유황 화합물

휘발성의 유황 화합물은 일반적으로 악취를 내지만 극히 미량으로 존재할 때에는 식품의 향기를 강하게 하여 주는 것이 많다.

(1) 황화수소(H_2S)

가장 저분자이고 휘발성인 황화수소(H_2S)는 유독하며 자극성의 악취를 내지만 농도가 극히 낮을 때에는 식품의 향기를 좋게 한다. 예를 들면, 미량의 황화수소는 축육이나 삶은 달걀 등에서 느낄 수 있으나 극미량의 황화수소는 더운밥의 구수한 냄새를 이루는 한 요인이 된다.

(2) 티오 알코올(Thio alcohol, R-SH, mercaptane)

티오 알코올기 역시 악취가 있지만 미량으로서 식품의 향기를 산뜻하게 하여 주는 역할을 한다.

메틸 메르캅탄(CH_3SH)과 같은 유리형은 무 같은 채소의 자극성의 냄새를 내며, 메틸 메르캅토 프로필 알코올, β-메틸 메르캅토 프로필 알코올(β-methylmercapto propyl alcohol) 등의 결합형은 단백질 발효 식품, 즉 된장, 간장, 치즈 등의 특유한 냄새의 원인이 된다[표 10-7].

(3) 알킬 설피드(Alkyl sulfide, R-S-R[sulfide, thioether], R-S-S-R[disulfide])

메틸 프로필 디설피드(Methyl propyl disulfide), 알릴 프로필 디설피드(allyl propyl disulfide) 등의 알킬 설피드는 양파에서와 같이 온화한 매운 향기와 약한 매운맛을 가지고 있다. 또한 디메틸 설피드(dimethyl sulfide, CH_3SCH_3)는 황화물 특유의 강한 냄새를 가지고 있으나 극히 미량으로 희석하였을 때는 김의 향기가 된다.

(4) 알킬 아이소티오시아네이트(Alkyl isothiocyanate, R-N=C=S)

겨자과 식물에 들어있는 알킬 아이소티오시아네이트($CH_2=CH-CH_2-N=C=S$), 파라-옥시 벤질 아이소티오시아네이트(*p*-oxy benzyl isothiocyanate) 등의 알킬 아이소티오시아네이트는 강한 매운맛과 매운 향기를 가지고 있다.

식품의 향기 성분으로 알려진 유황 화합물을 보면 [표 10-7]과 같다.

표 10-7 식품 중의 유황화합물들의 향기성분

명칭	구조식	소재
메틸 메르캅탄 (methyl mercaptan)	CH_3SH	무
프로필 메르캅탄 (propyl mercaptan)	$CH_3CH_2CH_2SH$	양파
디메틸 메르캅탄 (dimethyl mercaptan)	$CH_3CH(SCH_3)(SCH_3)$	단무지
S-메틸 시스테인 설폭시드 (S-methyl cysteine sulfoxide)	$CH_3S(=O)CH_2CH(NH_2)COOH$	양배추, 순무
베타-메틸 메르캅토 프로피오네이트 (β-methyl mercapto propionate)	$CH_3SCH_2CH_2COOCH_3$	파인애플

명칭	구조식	소재
베타-메틸 메르캅토 프로필 알코올 (β-methyl mercapto propyl alcohol)	$CH_3SCH_2CH_2CH_2OH$	간장
푸푸릴 메르캅탄 (furfuryl mercaptan)	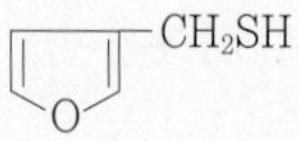	커피
알킬 아이소티오시아네이트 (alkyl isothiocyanate)	R−N=C=S	겨자, 무, 고추냉이, 파, 마늘, 양파, 무
알킬 설피드 (alkyl sulfide)	R−S−R′	고추냉이, 아스파라거스

8) 질소 화합물

일반적으로 어류, 육류 등의 동물성 식품에 많다.

(1) 암모니아(NH_3)

육류나 어류의 선도가 어느 정도 저하하였을 때 발생하는 자극성 냄새의 원인 성분으로서, 단백질, 아미노산, 요소(urea) 등이 세균의 작용으로 분해됨으로서 생기며 가열에 의해서도 생성된다.

(2) 아민

해수어 조직에 함유된 트리메틸아민 옥시드(trimethylamine oxide; TMAO)는 생선조직에 함유된 세균에 의해 환원되어 트리메틸아민(trimethylamine; TMA)이 된다[그림 10-2]. 트리메틸아민은 암모니아의 수소가 알킬기로 치환된 형으로, 선도가 저하된 어류나 육류에서 나는 비린내의 본체이다.

트리메틸아민 옥시드 트리메틸아민

[그림 10-2] **트리메틸아민 옥시드와 트리메틸아민**

02 식물성 식품에 있는 냄새 성분은 어떤 것이 있을까요?

1. 과일의 향기 성분

과일의 향기는 그 과일의 특성이나 선도를 알아내는데 매우 중요하다. 과일의 향기 성분에 대해서는 비교적 많이 연구되어 있으며 테르펜류와 지방산의 에스터류가 주체로 알려져 있다.

1) 사과의 향기 성분

사과는 탄소수 C_2~C_6의 알코올류, 탄소수 C_2~C_6의 알데히드류, 그리고 알코올류와 초산, 프로피온산, 부티르산들과의 에스터류가 주요 향기 성분으로 생각된다.

2) 감귤류의 향기 성분

감귤류의 향기 성분은 주로 과피에 함유되어 있으며, 일반적으로 에틸 부티레이트 등의 에스터류와 리모넨, 시트랄 등의 테르페노이드(terpenoid) 화합물이 중요 향기 성분으로서 분리 동정되어 있다.

3) 바나나의 향기 성분

바나나의 향기 성분에 대해서는 많은 연구가 되어 있으며 아이소아밀 아이소발러레이트 등의 에스터류가 주체인 것으로 알려져 있다.

4) 파인애플의 향기 성분

파인애플의 특징적인 향기 성분으로서 에틸 아세테이트 등이 알려져 있다.

2. 채소의 향기 성분

채소의 향기 성분도 과일의 경우와 마찬가지로 휘발성의 에스터류, 알데히드류, 케톤류, 산류, 테르페노이드 화합물 등이나 그 이외에 채소에 함유되어 있는 휘발성 유황 화합물(volatile sulfur compouds) 또는 유황 화합물들의 분해 생성물들이 채소 특유의 향기 성분에 기여하는 것으로 생각되고 있다.

1) 양배추의 향기 성분

양배추, 배추, 무 등의 채소들은 신선한 생채소 상태에서는 냄새가 비교적 약하지만 끓이거나 기타의 가열 조리를 실시할 때는 특징 있는 강한 냄새를 갖게 된다.

신선한 양배추의 특유한 향기 성분을 이루고 있는 것은 휘발성 유황 화합물들이며, 이들 중 대표적인 것은 아이소티오시아네이트(isothiocyanate)류 이다.

양배추를 가열 조리하였을 때 냄새가 더 강해지는 것은 카보닐 설피드(O=C=S), 황화수소(H_2S), 이황화탄소(CS_2) 등에 기인하는 것으로 생각된다.

2) 셀러리의 향기 성분

셀러리는 프탈레이드(phthalide)류 중 세다놀리드(sedanolide, 3-butylidene-5,6,7,7 α-tetrahydrophthalide) 및 β-셀리넨(β-selinene, 셀러리 종자유)이 주요성분으로 알려져 있다.

3) 오이의 향기 성분

오이의 주요 향기 성분은 청엽 알코올과 유사한 향기를 갖는 2,6-노나디에놀(nona-*trans*-2-*cis*-6-dienol)이다.

4) 버섯의 향기 성분

송이버섯의 주요 향기 성분은 메틸 시나메이트(methyl cinnamate)이며, 여기에 1-옥텐-3-올이 가해져서 독특한 향기를 형성한다.

한편, 표고버섯의 향기 성분은 렌티오닌(lenthionine, 1,2,3,5,6-pentathiacycloheptane)이 중요한 특징적인 향기 성분으로 알려져 있다.

5) 양파의 향기 성분

양파의 특유한 휘발성 향기 성분의 주성분을 이루는 것은 휘발성 유황 화합물들이며, 이들은 그 전구물질인 알리인(alliin, S-allyl cysteine-sulfoxide)이 효소 알리네이스(alliinase)에 의하여 분해되어 알리신(allicin, diallyl thiosulfinate)이 형성된다.

양파의 매운 성분인 최류성 성분을 프로페닐 알코올(propenyl alcohol), 프로피온 알데히드(propion aldehyde) 및 그 중합체 또는 티오 프로피온 알데히드(thio propion aldehyde, CH_3-CH_2-CH=S), 3-히드록시-티오 프로피온 알데히드(3-hydroxy-thio propion aldehyde, HO-CH_2-CH_2-CH=S)라고 하는 등의 학설이 있다. 양파의 주성분인 디설피드류는 가열하면 환원되어 프로필 메르캅탄(propyl mercaptan)으로 되어 단맛을 나타낸다.

6) 마늘의 향기 성분

마늘의 향기 성분도 양파와 비슷한 메커니즘에 의해 생성된다. 마늘의 전구물질은 무색무취의 알리인이다. 이는 다지거나 으깨서 조직이 파괴되면 효소 알리네이스에 의해 알리신으로 바뀐다. 알리신은 불안정하여 곧 분해되어 디알릴 설피드(diallyl sulfide), 디알릴 디설피드(diallyl disulfide), 디알릴 트리설피드(diallyl trisulfide), 디비닐 설피드(divinyl sulfide) 등이 된다[그림 10-3].

그러나 양파, 파, 마늘 등의 자극적이고 강한 냄새는 배추나 무의 경우와는 반대로 가열조리 후에는 거의 완전히 사라진다.

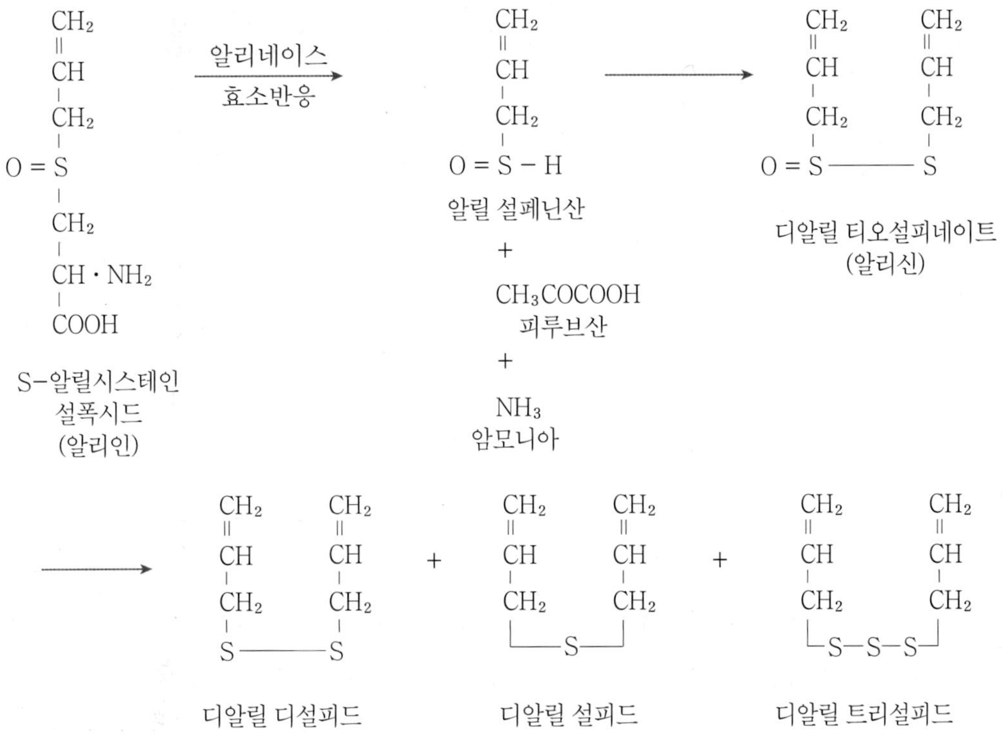

[그림 10-3] 효소작용에 의한 마늘의 최루성분의 형성

7) 겨자의 향기 성분

겨자, 배추, 양배추, 순무 등의 겨자과(crucifer plant family)에 속하는 채소들은 중요한 향기 성분으로서 일반적으로 글루코시놀레이트(glucosinolate) 또는 티오 글루코사이드(thio glucoside)로 알려진 일군의 화합물을 함유하고 있다.

겨자씨에 존재하는 주요 글루코시놀레이트인 시니그린(allyl glucosinolate)은 겨자씨를 마쇄할 때 그 조직 내에 존재하는 미로시네이스(myrosinase)에 의하여 가수분해되어 겨자 특유의 강한 자극성의 향기 성분인 알릴 아이소티오시아네이트(allyl isothiocyanate)와 그 유도체인 알릴 니트릴(allyl nitrile), 알릴 티오시아네이트(allyl thiocyanate) 등을 형성한다.

한편, 백겨자에는 신알빈(sinalbin)이 미로시네이스의 작용으로 파라-히드록시벤질 아이소티오시아네이트(p-hydroxybenzyl isothiocyanate)로 되어 자극성 향기를 나타낸다.

3. 쌀의 냄새 성분

쌀의 향기 성분은 매우 소량이며, 알데히드나 케톤은 산패취를 주며, 묵은쌀은 노르말-카프로알데히드(n-caproaldehyde)에 의해 좋지 않은 냄새가 난다.

4. 김의 향기 성분

홍조류인 김은 디메틸 설피드(dimethyl sulfide)에 의해 독특한 향기가 난다.

03 동물성 식품에 있는 냄새 성분은 어떤 것이 있을까요?

1. 유제품의 향기 성분

우유는 지방산 및 카보닐 화합물이 냄새의 주를 이루며, 버터는 디아세틸이 향기의 주성분이며, 디아세틸(diacetyl)과 아세토인(acetoin)은 평형 상태를 유지하고 있다[그림 10-4].

치즈의 향기 성분은 에틸 베타-메틸 메르캅토 프로피오네이트(ethyl β-methyl mercapto propionate)로 알려져 있다.

$$\underset{\text{아세토인}}{CH_3CHOHCOCH_3} \underset{+H_2}{\overset{-H_2}{\rightleftharpoons}} \underset{\text{디아세틸}}{CH_3COCOCH_3}$$

[그림 10-4] 아세토인과 디아세틸

2. 육류의 냄새 성분

신선한 육류 살코기의 냄새는 주로 혈액에서 오는 냄새이며 아세트 알데히드가 주요 성분이다. 도살 후 장시간 방치한 육류에서는 자기소화와 세균에 의한 부패가 진행되어 불쾌한 냄새가 난다. 이것은 선도 저하의 특징으로서 주로 아미노산이나 단백질이 세균의 작용에 의하여 암모니아, 황화수소, 메르캅탄류 등이 형성되기 때문이다.

3. 어류의 냄새 성분

신선한 해수어의 냄새는 트리메틸아민 옥시드(trimethylamine oxide, TMAO)이며, 선도가 저하된 어류의 특유한 비린 냄새는 트리메틸아민(TMA)으로 어류가 죽은 후 세균의 작용으로 환원되어 생성된 것이다. 민물고기의 냄새는 피페리딘(piperidine), 델타-아미노 발레알데히드(δ-amino valeraldehyde), 델타-아미노발레르산(δ-aminovaleric acid)에 기인한다. 이들 아민류는 라이신 등의 아미노산이 세균의 작용에 의하여 생성된 것이다. 그러므로 TMA의 함량이 많은 해수어가 민물고기보다 빨리 상한 냄새가 난다.

한편, 암모니아는 어류의 선도가 어느 정도 저하되었을 때 발생하는 자극적인 냄새이며 요소(urea)로부터 세균의 작용으로 생성된 것이다.

또한 어류가 부패되었을 때 발생하는 냄새는 주로 아미노산이 분해되어 생성된 황화수소, 인돌, 메틸 메르캅탄, 메틸 설피드, 스케톨(skatole) 등에 의한 것이다.

04 조리·가공 중 냄새 성분은 어떻게 변화할까요?

1. 가열 조리에 의한 냄새 성분의 생성

1) 아미노-카보닐 반응에 의한 향기의 생성

아미노산과 당을 가열하면 아미노-카보닐 반응이 일어나며, 이 반응의 최종 단계인 스트레커 반응에서 디카보닐 화합물과 α-아미노산과의 산화적 분해 반응에 의하여 본래의 아미노산보다 탄소수가 하나 적은 알데히드와 에나미놀, 이산화탄소가 생성된다. 이때 생성되는 알데히드가 식품을 가열하였을 때의 냄새 성분에 주로 관여한다.

한편, 에나미놀은 2분자가 고리화되어 피라진(pyrazine)류가 생성된다. 피라진류는 커피, 땅콩, 참깨 등과 같이 볶거나 가열한 식품의 향기 성분으로 중요하다.

2) 캐러멜화 반응에 의한 향기의 생성

당류 등의 탄수화물은 160℃ 이상의 고온으로 가열하면 푸란, 푸푸란 등 여러 가지 향기가 발생한다.

3) 밥의 향기 성분

쌀로 밥을 지을 때 약간 발생하는 향기에는 암모니아, 아세트알데히드, 아세톤 및 C_3, C_4, C_6의 저급 알데히드가 주성분으로 존재하며 또한 극소량의 황화수소(H_2S)도 확인되고 있다. 황화수소는 그 양이 많으면 불쾌한 냄새가 나나 미량의 경우는 독특한 향기를 나타낸다. 쉰 밥의 냄새는 부티르산에 의한다.

숭늉의 주성분으로는 피라진류와 카보닐 화합물이 알려져 있다.

4) 식빵의 향기 성분

빵의 발효 중에 생성되는 향기 성분은 각종 알코올, 유기산, 에스터들이다. 그러나 이것들은 오븐에서 굽는 동안 대부분이 소실되기 때문에 실제로 빵의 향기성분에 크게 영향을 미치지는 못한다.

식빵의 가열 분해에 의하여 생기는 말톨(maltol)은 식빵 향기의 중요한 요소를 이룬다. 메일라드 반응의 최종 단계에서 스트레커 반응에 의하여 아미노산들로부터 알데히드가 생성되어 빵의 향기에 관여하는 것으로 생각된다.

5) 커피의 향기 성분

탄수화물의 열분해(pyrolytic decomposition)로 인하여 탄소수가 2, 3, 4 및 5개인 많은 화합물이 형성된다. 그 외에도 탄수화물에 기인하여 16종의 푸란 화합물(furanic compounds), 고리상의 디케톤(diketone) 및 말톨이 형성된다.

커피원두의 단백질은 볶을 때 아미노산류, 암모니아, 아민류, 황화수소, 메틸 메르캅탄, 디메틸 설피드 등과 같은 저분자량의 물질로 된다. 피라진류, 푸란류, 피롤류 및 티오펜(thiophen) 유도체들이 커피 향기성분에 특히 많다. 한편, 푸푸릴 메틸 설피드(furfuryl methyl sulfide)와 그 동족체도 커피 향기에 크게 기여한다.

6) 코코아의 향기 성분

코코아(cocoa) 또는 초콜릿의 주된 향기 성분은 코코아 콩을 볶는 과정에서 그 속에 함유되어 있는 아미노산과 당류의 메일라드 반응에 의하여 형성된 휘발성 카보닐 화합물로 생각되고 있다.

7) 가열 조리된 채소의 향기 성분

가열 조리된 양배추에서는 비교적 다량의 디메틸 설피드가 검출된다. 이 화합물은 메싸이오닌 설폭시드(methionine sulfoxide), S-메틸 시스테인 설폭시드(S-methyl cysteine sulfoxide)에서 형성된 것으로서 향기가 매우 강하다.

또한 가열한 무, 양파, 파 등이 달게 느껴지는 것은 이들 채소의 주요 향기 성분인 디메틸 디설피드(dimethyl disulfide), 메틸 프로필 디설피드(methyl propyl disulfide) 등의 유황 화합물이 환원되어 형성된 메틸 메르캅탄, 프로필 메르캅탄 등에 기인한 것이다.

한편, 삶은 완두콩에서는 아세탈, 알데히드, 에스터, 유황 화합물 등이 검출된다.

이와 같이 가열 조리된 채소의 주요 향기 성분으로서는 이들 채소 중에 함유되어 있는 유황 함유 단백질이 분해되어 형성된 황화수소(H_2S), 포름 알데히드, 아세트 알데히드, 디메틸 설피드, 메르캅탄, 에틸 메르캅탄, 프로필 메르캅탄 등이 알려져 있다.

8) 가열된 육류의 향기 성분

신선한 육류는 냄새가 비교적 약하고 휘발성 물질도 적으나 가열 조리하면 많은 휘발성 물질이 생성되고 특유한 향기가 발생된다.

가열된 육류의 향기 성분으로서는 알데히드류, 아세톤, 케톤류, 알코올류, 유기산류, 메르캅탄류, 디메틸 설피드, 황화수소 등의 유황 화합물, 암모니아 등이 검출된다.

9) 가열된 어류의 향기 성분

조미하여 구운 생선의 향기 성분은 생선의 비린 냄새 성분인 트리메틸아민이나 피페리딘, 어유 중의 지방산, 조미료의 성분인 당분, 아미노산 등이 상호 반응하여 생성되는 것으로 생각된다. 또 생선을 지나치게 구울 때 발생하는 자극성의 냄새는 주로 지질의 성분인 글리세롤이 분해하여 생긴 아크롤레인에 기인한다.

한편, 오징어나 문어를 삶거나 구울 때 생기는 향기는 감칠맛 성분인 타우린(taurine)이 다른 질소 화합물과 반응하여 생성된 것으로 알려져 있다.

2. 훈연에 의한 향기 성분의 생성

연기 성분은 유기산류(39.9%), 카보닐 화합물류(24.6%)와 각종 페놀류(15.7%) 등이다. 훈연제품 특유의 향기에 크게 기여하는 것으로서는 나무가 탈 때 그 속의 리그닌 성분이 가열 분해되어 형성된 4-비닐 구아이아콜(4-vinyl guaiacol)을 비롯한 각종 휘발성 페놀 화합물로 생각되고 있다.

3. 발효에 의한 향기 성분의 생성

간장의 냄새 성분은 메티오놀(methionol, 3-methylthio propanol)이 대표적이다.

4. 부패에 의한 냄새 성분의 생성

식품이 미생물에 의하여 부패되면 여러 가지 악취를 내게 된다. 밥이 쉬었을 때 나는 신 냄새는 탄수화물의 분해에 의하여 생긴 부티르산 등의 유기산에 의한 것이고, 오래된 지질 식품이 발생하는 자극성의 냄새는 지방산의 분해에 의하여 생긴 케톤의 냄새이다. 또 신선도가 저하된 단백질 식품의 부패취는 단백질이나 아미노산의 분해로 생긴 황화수소, 메틸 메르캅탄, 인돌, 스케톨, δ-아미노 발레알데히드, 암모니아 등이 혼합된 냄새이다.

CHAPTER

11

식품의 맛(Taste)

01 미각은 어떻게 인지될까요?

1. 미각의 작용 메커니즘

미각은 미뢰(味蕾)에서 주로 느끼며 이외에도 구강, 인두, 후두에서도 느낀다. 미뢰는 꽃봉오리 모양으로 혀 점막의 유두(乳頭) 속에 다수 존재하며, 연구개나 후두의 상피 속에서도 흔히 볼 수 있다. 미뢰 속에는 각각 20~30개의 미세포(味細胞)가 있고, 미뢰의 상단에는 미공(味孔)이 있어 표면이 열려 있다. 미세포는 미공을 통하여 털 모양의 돌기가 혀 표면에 나와 있으며 이 돌기가 미자극 물질에 처음으로 반응한다.

맛을 분류하는 데는 일반적으로 헤닝(Henning)이 제안한 단맛, 쓴맛, 신맛, 짠맛의 네 가지를 기본으로 한 4원미(元味)가 통용되고 있으며, 최근에는 여기에 감칠맛(umami)이 추가된 5원미가 주장되기도 한다. 한편, 동양의 기본맛인 매운맛이 기본맛에 포함되지 않는 것은 매운맛은 미뢰를 통한 감각이 아니라 통각과 온도 감각의 복합작용이기 때문이다.

맛의 역치는 대체로 쓴맛, 짠맛, 단맛의 순서로 증가하는 것으로 보아 쓴맛은 민감도가 높고 단맛은 민감도가 낮으며, 여자가 남자보다 정미 성분에 예민하다.

1) 혀의 부위에 따른 맛의 감수성

맛은 혀의 부위에 따라 다르게 느껴지는데 일반적으로 단맛은 혀의 끝부분에서 쓴맛은 혀의 뿌리 쪽인 뒷부분에서, 짠맛은 혀의 앞 양옆 둘레에서, 신맛은 혀의 가장자리에서 가장 민감하게 느껴지고[그림 11-1], 그 외 매운맛과 떫은맛은 미세포 이외의 세포에서 느껴진다.

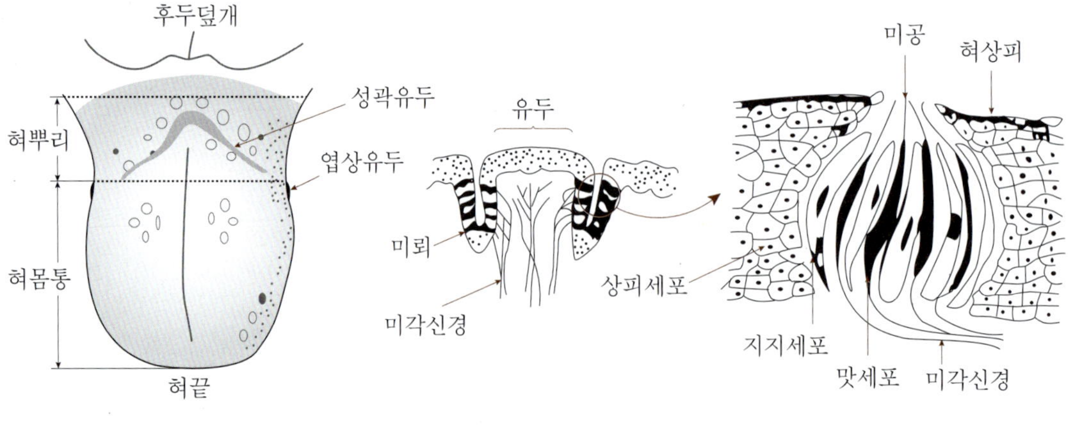

[그림 11-1] 혀와 미각기관의 구조

그러나 최근에는 맛이 혀의 전체에서 느껴진다는 보고도 있다.

혀의 미각은 일반적으로 10~40℃에서 잘 느껴지며, 30℃일 때 가장 잘 느껴진다. 맛을 잘 느끼는 온도로는 단맛은 20~50℃, 쓴맛은 10℃, 신맛은 25~50℃, 짠맛은 30~40℃에서 가장 잘 느끼며, 매운맛은 50~60℃에서 잘 느껴진다. 또한 온도가 상승함에 따라 단맛은 증가하고, 짠맛과 쓴맛은 감소하며 신맛은 온도의 영향을 많이 받지 않는 것으로 나타났다. 그 예로 10℃ 정도에서 쓴맛이 가장 많이 느껴지는데, 한약 등을 식은 후에 마시면 쓴맛이 더해지는 데서 알 수 있다.

2. 맛의 화학적 구조

맛을 내는 물질은 기본적으로 물에 녹는 가용성이어야 한다.

일반적으로 신맛을 나타내는 수소이온(H^+)은 산미기(acidogen), 단맛을 나타내는 알코올기(-OH), α-아미노기($-NH_2$)는 감미기(dulcigen), 쓴맛을 나타내는 술폰산기[$-SO_2(OH)$], 니트로기($-NO_2$) 등은 고미기(amarogen)라고 하며, 이와 같은 원자단을 발미단(sapophore)이라 한다. 수소(-H), 메틸기($-CH_3$), 에틸기($-C_2H_5$), 프로필기($-C_3H_7$), 메틸 알코올기($-CH_2OH$), 프로필 알코올기($-CH_2CH_2OH$) 등은 조미단이라 한다.

3. 미각의 생리

1) 맛의 최소 감미량 및 순응

식품의 맛과 그 강도 등을 연구할 때 맛을 나타내는 물질의 최소감미량(recognition threshold)을 측정하는 경우가 많다. 최소 감미량이란 어떤 물질의 고유한 맛을 느낄 수 있는 최소 농도(minimum detectable concentration) 즉, 맛의 역치라 한다.

2) 맛의 상호 작용

(1) 맛의 대비

서로 다른 맛을 내는 물질이 혼합되었을 경우 주된 물질의 맛이 증가되는 것을 맛의 대비현상(contrast effect) 또는 강화 현상이라고 한다. 일반적으로 단맛이나 감칠맛에 대해서는 짠맛이, 짠맛에 대해서는 신맛이 강화 현상을 나타낸다. 예를 들면, 15%의 설탕용액에 0.01% 소금 또는 0.001% 퀴닌 설페이트(quinine sulfate)를 가하면 단맛이 증가된다. 또 식염에 대하여 구연산, 초산, 젖산, 주석산과 같은 유기산을 가하면 짠맛이 증가한다.

(2) 맛의 억제

서로 다른 맛을 내는 물질이 혼합되었을 경우 주된 물질의 맛이 약화되는 것을 맛의 억제 효과(inhibitory effect)라고 한다. 쓴맛이나 신맛은 단맛에 의하여 억제된다. 예를 들면, 커피에 설탕을 가하면 쓴맛이 억제되고 신맛이 강한 과일에 설탕을 섞어주면 신맛이 억제된다.

(3) 맛의 상승

같은 종류의 맛을 가지는 2종류의 물질을 서로 혼합하였을 경우 각각 가지고 있는 맛보다 훨씬 강하게 느껴지는 것을 맛의 상승 효과(synergistic effect)라고 한다. 예를 들면, 감칠맛을 내는 소디움 글루타메이트(sodium glutamate)에 소디움 이노시네이트(sodium inosinate)를 10% 혼합하였을 때는 5배, 소디움 구아닐레이트(sodium guanilate)를 10% 혼합하였을 때는 17배나 더 강한 감칠맛을 나타낸다.

(4) 맛의 상쇄

서로 다른 맛을 내는 물질을 2종류씩 적당한 농도로 섞어주면 각각의 고유한 맛이 느껴지지 않고 조화된 맛으로 느껴지는 것을 맛의 상쇄 효과(compensation effect)이라고 한다. 예를 들면, 간장이나 된장은 다량의 소금이 있으면서도 감칠맛과 상쇄되어 짠맛이 강하게 느껴지지 않는다. 또 청량음료의 맛은 단맛과 신맛이 상쇄되어 조화된 맛이다.

(5) 맛의 변조

쓴 약을 먹은 후 곧 물을 마시면 단맛이 난다든가, 단 것을 먹은 후 사과를 먹으면 신맛이 나고, 신 귤을 먹은 후 사과를 먹으면 달게 느껴지고 오징어를 먹은 후 바로 귤을 먹으면 쓴맛을 느끼는 등, 한 가지 맛을 느낀 직후에 다른 종류의 맛을 보면 고유의 맛이 아닌 이미(異味)가 느껴지는 것을 맛의 변조(modulation)라고 한다.

(6) 맛의 상실

열대 지방의 식물인 김네마 실베스타(*Gymnema sylvestre*)의 잎을 씹은 뒤에는 맛을 느낄 수 없게 되는데 이를 맛의 상실이라 하며 이는 김넨산(gymnemic acid)이 단맛, 쓴맛을 없애는 것으로 짠맛이나 신맛에는 영향이 없고 1~2시간 후에 제거된다.

(7) 미맹

대부분의 사람들은 페닐 티오카바마이드(phenyl thiocarbamide, PTC)와 페닐 티오우레아(phenyl thiourea, PTU)의 쓴맛을 느끼는데 그 맛을 느끼지 못하고 무미로 느끼는 사람들이 있다. 이를 미맹(taste blind)이라고 하며 백인의 경우 약 30%, 황색인은 15%, 흑인은 2~3% 정도로 알려져 있다.

02 단맛을 내는 성분은 어떤 것이 있을까요?

1. 당류

단맛(sweet taste)을 내는 당류는 같은 당이라도 온도에 따라 단맛이 변하는데, 이것은 당의 알파(α)형과 베타(β)형의 입체구조 차이에 기인한다.

10% 슈크로스 용액의 단맛을 100으로 한 각종 단맛을 내는 물질의 상대적 감미도(relative sweetness)는 [표 11-1]과 같다.

표 11-1 각종 당류 및 감미료의 상대적인 감미도

종류	감미도	종류	감미도
당류		솔비톨(sorbitol)	48
슈크로스(sucrose)	100	에리트리톨(erythritol)	45
과당(fructose)	150	이노시톨(inositol)	45
전화당(invert sugar)	120	마니톨(mannitol)	45
포도당(glucose)	70	둘시톨(dulcitol)	41
람노스(rhamnose)	60		
엿당(maltose)	50	**인공감미료**	
자일로스(xylose)	40	사카린(saccharin)	50,000~70,000
갈락토스(galactose)	30	슈크랄로스(sucralose)	45,000~65,000
젖당(lactose)	27	아스파탐(aspartame)	10,000~20,000
		알리탐(alitame)	200,000
당알코올		네오헤스피리딘 디히드로칼콘 (neohesperidin dihydrochalcone)	100,000~150,000
자일리톨(xylitol)	75	둘신(dulcin)	10,000~30,000
글리세롤(glycerol)	48	글리시리진(glycyrrhizin)	15,000
		스테비오사이드(stevioside)	30,000
		피로둘신(phyllodulcin)	40,000~50,000

1) 포도당(Glucose)

포도당의 단맛은 대체로 설탕의 50~75% 정도이며, 보통 사용하는 포도당은 α형이다. 포도당은 α형이 β형보다 1.5배가 더 달다. 포도당은 자연식품이나 자연 감미료로 주로 사용된다. 포도당은 가열하면 더욱 β형이 증가하여 단맛이 약해지며, 분말 형태나 냉수에 녹여 사용하면 보다 단맛이 강하다.

2) 과당(Fructose)

과당은 과일, 꿀 등에 많이 있으며 천연의 당류 중에서 가장 단맛이 강하고 상쾌한 맛을 준다. 과당은 보통 β형으로 존재하며, 이 β형이 α형보다 3배나 더 달다.

그러나 과당의 β형은 불안정하며, 수용액 상태에서는 일부가 α형으로 변화하여 평형을 이룬다. 이때 고온에서는 α형이, 저온에서는 β형이 많아지므로 과일은 차게 하여 먹는 것이 달다.

3) 설탕(Sucrose)

설탕은 α-포도당과 β-과당이 결합하여 글리코사이드성 OH기가 없어졌기 때문에 α, β의 이성체가 존재하지 않는다. 따라서 수용액 중에서 변선광의 현상을 나타내지 않으며, 같은 농도에서는 항상 일정한 단맛을 가지고 있다. 그러므로 10%의 설탕 용액은 다른 단맛을 가진 물질들의 상대적인 감미도를 측정하는 표준 물질이 되고 있다.

4) 엿당(Maltose)

엿당은 α형이 β형보다 더 달고 단맛은 설탕의 50% 정도이며, 보통 β형으로 존재한다. 엿당 수용액은 방치하거나 가열하면 일부 β형이 α형으로 되어 단맛이 강해진다. 엿당은 자연식품에 많고 물엿이나 식혜의 단맛을 이룬다.

5) 젖당(Lactose)

젖당은 단맛이 설탕의 27% 정도로 비교적 약한 당으로 알려져 있다. 포유동물의 유즙에만 있으며 β형이 α형보다 조금 더 달다.

6) 전화당(Invert sugar)

전화당은 설탕의 가수 분해로 생성된 포도당과 과당의 등량 혼합물로서 벌꿀의 주성분이며 설탕보다 약간 강한 단맛을 갖는다.

7) 당알코올류(Sugar alcohol)

포도당이나 과당의 환원 생성물인 당알코올은 당의 카보닐기(>CO, -CHO)가 환원되어 알코올로 된 것이다. D-솔비톨은 단맛이 설탕의 40~70% 정도로 단맛은 강하지 않으나 상쾌하며, 물에 잘 녹고 화학적으로 안정하다. 솔비톨은 인체 내에서의 흡수가 매우 느리므로 당뇨병 환자를 위한 감미료로서 사용되고 있으며 또한 흡습성이 있고 수분의 보유량이 일정하기 때문에 보습제(humectant)로서도 사용되고 있다. 과자에 사용하면 유연성이 좋고 보향 효과가 있다. 미생물에 의하여 쉽게 발효되지 않으므로 음료에도 첨가된다.

D-마니톨은 마노스 및 과당을 환원하여 만든 당으로 단맛은 설탕의 45% 정도이며, 다른 당알코올류와는 달리 물에 잘 녹지 않는다.

D-자일리톨은 D-자일로스를 환원하여 만든 당알코올로서 솔비톨보다 단맛이 강하며 인체 내에서 흡수가 느리므로 당뇨병 환자의 감미료 및 충치 예방을 위해 사용되고 있다.

2. 아미노산(Amino acid)

아미노산은 각기 특유한 맛을 가지고 있으며, 그 맛은 광학 이성체인 L형, D형에 따라 다르다. 일반적으로 자연 아미노산인 L형보다는 합성 아미노산인 D형이 단맛을 가지는 것이 많다.

아미노산 중에서 단맛을 가지는 것은 글리신, L-알라닌, D-히스티딘, D-루신, D-페닐알라닌, D-트립토판, D-타이로신 등이며, 특히 방향족 아미노산의 D-트립토판은 설탕의 약 35배의 단맛을 가지고 있다. 그러나 L-트립토판은 카페인(caffeine)의 약 1/2 정도의 강한 쓴맛을 가지고 있는 것으로 알려져 있다.

3. 인공 감미료

1) 사카린(Saccharin)

보통 소디움 사카린 형태로서 감미료로 이용되고 있으며, 그 단맛은 설탕의 500~700배 정도나 되며 에너지는 내지 않는다. 사카린의 독성에 대한 논란이 많았으나, 현재 우리나라에서도 사카린 나트륨은 감미료로 사용 가능하다.

사카린의 독성에 관해서는 계속 연구 중이나 체내에서 분해되지 않고 그대로 배설되기 때문에 하루 3g 정도 섭취해서는 해가 없고 다량 섭취하면 소화효소의 작용이 방해되며 신장 장애를 가져온다고 한다.

2) 아스파탐(Aspartame)

아스파탐은 L-아스파르트산과 L-페닐알라닌으로 구성된 디펩타이드의 메틸 에스터로서 Mazur(1969)에 의하여 디펩타이드류의 구조와 단맛 사이의 관계를 연구하는 과정에 우연히 발견된 백색의 결정성 분말이다. 아스파탐의 단맛은 농도에 따라 다르나 설탕의 100~200배 정도이고 그 단맛이 설탕과 매우 유사하며 뒷맛 등이 전혀 없다. 1974년 미국 식품의약국(FDA)에서 식용허가를 받았다. 그러나 페닐알라닌이 있어 페닐케톤뇨증(phenylketoneuria, PKU) 환자에게는 주의를 요하는 감미료이다.

3) 슈크랄로스

물에 잘 녹고 열에 안전하며 넓은 pH에서 사용 가능한 감미료로 뒷맛이 오래가나 불쾌하지는 않다.

4) 둘신(Dulcin)

둘신은 냉수에는 잘 녹지 않으나 알코올에는 잘 녹으며 그 단맛은 설탕의 250배 정도나 되고 열에 의해 단맛이 감소된다고 한다.

둘신은 체내에서 위액에 의하여 분해되어 소화기능을 감퇴시키는 페나세틴(phenacetin)과 파라-아미노페놀(*p*-aminophenol)을 생성한다. 또한 동물 실험에 의하여 간에 종양(liver tumors)을 일으키거나 적혈구의 생산을 억제한다는 사실이 알려져, 전에는 일부 나라에서 사용되었으나 현재는 거의 모든 나라에서 사용이 금지되고 있다.

5) 나린진(Naringin) 및 네오헤스페리딘 디히드로칼콘(neohesperidin dihydrochalcone)의 유도체

Horowitz(1963)에 의하여 나린진, 네오헤스페리딘 등의 플라보노이드 화합물의 디히드로칼콘 유도체가 매우 강한 단맛을 가지고 있다는 사실이 알려진 후 이들에 대한 인공감미료로서의 개발이 시도되어 왔다.

4. 특수 감미료

1) 글리시리진(Glycyrrhizin)

글리시리진은 감초(*Glycyrrhiza glabra*)의 뿌리에 함유되어 있는 단맛 성분으로서 설탕의 약 150배의 단맛을 가지며 열에도 안정하여 간장, 된장에 사용하고 있다.

2) 페릴라틴(Perillartin)

페릴라틴은 자소의 잎에 함유되어 있는 특유한 향기를 가진 단맛 성분으로서, 페릴라틴은 설탕의 약 2,000배의 강한 단맛을 가지며 방부력이 세지만 독성도 매우 강하기 때문에 식품에 사용할 수 없고 비식품 감미료로서 담배 향료 등에 사용되고 있다.

3) 피로둘신(Phyllodulcin)

피로둘신은 감차(Hydrangea thunbergii Sieboldi)의 잎에 함유되어 있는 단맛 성분으로서 플라보노이드계 화합물이다. 피로둘신은 설탕의 약 400~500배의 단맛을 가지며, 그 유도체들인 1,3-벤조디옥산(1,3-benzodioxan)도 강한 단맛을 가지고 있는 것으로 알려져 있다. 감차는 당뇨병 환자의 감미료로써 사용되기도 한다.

4) 스테비오사이드(Stevioside)

스테비오사이드는 남미 파라과이 원산의 스테비아(Stevia rebaudiana Bertoni)의 잎에 함유되어 있는 단맛 성분으로서, 디테르펜 배당체이며 백색의 흡습성 결정이다. 스테비오사이드는 설탕의 약 300배의 단맛을 가지며, 열, 산, 알칼리에도 안정하고, 단맛도 설탕과 유사하다.

03 신맛을 내는 성분은 어떤 것이 있을까요?

신맛(Sour taste)을 내는 물질에는 무기산, 유기산 및 산성염 등이 있으며, 이들의 공통된 특징은 수용액에서 해리되어 수소 이온(H^+)을 낸다는 사실이다.

$$HCl \rightleftharpoons Cl^- + H^+$$
$$RCOOH \rightleftharpoons RCOO^- + H^+$$

일반적으로 수소 이온이 신맛의 주요인으로 작용하고 있으나 신맛과 산 농도(acid concentration)와의 관계는 단순하지가 않다. 산류(acids)는 각기 다른 맛을 가지고 있으며[표 11-2], 입안에서 느끼는 신맛의 강도는 산기(acid group)의 특성, pH, 적정 산도, 완충 효과, 다른 물질 특히 당류의 존재 등에 따라 달라진다.

0.05N 주석산의 신맛을 기준으로 하여 같은 농도에서의 일부 무기산과 유기산의 신맛의 강도를 비교하면 강산이 약산 용액보다 더 신맛을 낸다.

그러나 같은 pH에서는 염산과 같은 무기산에 비하여 유기산이 더 강한 신맛을 가진다. 구연산, 호박산 등의 유기산은 상쾌한 신맛과 특유한 감칠맛을 더해 주며 무기산은 떫은맛, 쓴맛을 함께 나타낸다.

표 11-2 식품 중 유기산의 특성

유기산 (organic acid)	구조	0.05N 용액의 성질		이온화 항수	맛감각	소재
		총산 (gm/ℓ)	pH			
주석산(tartaric acid)	$HOOC-(CHOH)_2-COOH$	3.75	2.45	1.04×10^{-3}	강한맛	포도
사과산 (말산, malic acid)	$HOOC-CH_2-CHOH-COOH$	3.35	2.45	3.9×10^{-4}	풋냄새	포도, 배, 사과, 살구, 버찌
인산 (phosphoric acid)	OH HO−P=O OH	1.65	2.25	7.52×10^{-3}	쏘는맛	오렌지, 자몽
초산(acetic acid)	CH_3-COOH	3.00	2.95	1.75×10^{-5}		식초
젖산(lactic acid)	$CH_3-CHOH-COOH$	4.50	2.60	1.26×10^{-4}	신맛, 떫은맛	김치, 요구르트
구연산(citric acid)	CH_2-COOH HO−C−COOH CH_2-COOH	3.50	2.60	8.4×10^{-4}	청량감	레몬, 감귤류, 파인애플

1. 무기산

무기산의 신맛은 탄산 이외에는 일반적으로 불쾌하다. 특히 탄산은 이산화탄소를 물에 용해시켜 $H_2O + CO_2 \rightleftarrows H_2CO_3$의 평형을 이룬다. 탄산은 약산으로서 $H_2CO_3 \rightleftarrows H^+ + HCO_3^-$ $\rightleftarrows 2H^+ + CO_3^{2-}$와 같이 해리되며 자극성의 약한 신맛이 상쾌한 느낌을 주기 때문에 탄산음료로 널리 이용된다.

2. 유기산

일반적으로 과일류의 신맛은 주로 그 속에 함유된 유기산에 기인한다.

초산(Acetic acid)은 식초(vinegar)의 주성분으로서 3~4% 함유되어 있다. 젖산(Lactic acid)은 요구르트에 0.4~1.5% 함유되어 있고, 김치, 간장, 청주 등에도 들어 있으며 온화한 신맛과 방부성을 가지고 있다. 구연산(Citric acid)은 감귤, 매실, 레몬 등에 함유되어 있는 주요 유기산이며, 토마토, 시금치, 양배추, 상추 등의 채소에도 미량 들어 있다. 사과산(말산, Malic acid)은 사과, 포도 등의 과일에 함유되어 있는 주요 유기산이며 토마토, 시금치, 양배추, 상추 등의 채소에도 미량 들어 있다. 주석산(Tartaric acid)은 포도에 함유되어 있는 대표적인 유기산이며, 파인애플, 죽순 등에도 널리 존재한다. 호박산(숙신산, Succinic acid)은 청주 등의 양조제품, 조개류 등에 들어있으며 감칠맛을 띠는 유기산으로 사과, 딸기 등에도 미량 들어 있다.

3. 산미료

식품의 신맛은 대체로 향기를 동반하는 경우가 많으며, 미각을 자극시키고 식욕을 증진시켜 주는 효과가 있다.

산미료(Acidulent)는 식품에 신맛을 부여할 뿐만 아니라 향미료(flavoring agents), 완충제(buffer), 보존료(preservatives), 상승제(synergist), 점도 조절제(viscosity modifier) 등의 목적과 기능에 의하여 식품에 많이 사용된다.

04 짠맛을 내는 성분은 어떤 것이 있을까요?

짠맛(Saline taste, salty taste)을 내는 대표적인 물질은 소금(NaCl)이다. 소금은 그 자체의 맛은 좋지 않지만 풍미를 강화시켜 조리할 때 가장 기본으로 사용되며, 체액의 삼투압에 관여하는 등 생리적으로도 대단히 중요한 역할을 한다.

짠맛을 내는 물질은 무기 및 유기의 알칼리염으로서 양이온과 음이온의 성질에 따라 그 맛이 달라진다. 짠맛은 주로 음이온에 의존하고 양이온은 오히려 쓴맛을 낸다. 또한 양이온이나 음이온의 분자량이 증가함에 따라 염류는 쓴맛을 나타낸다.

1. 무기염

무기염 중 염화나트륨(NaCl)이 가장 순수한 짠맛을 가지고 있다. 이것은 염소이온(Cl^-)이 가지는 짠맛에 대하여 나트륨이온(Na^+)의 쓴맛이 매우 적기 때문이다. 염화리튬(LiCl), 염화칼륨(KCl), 염화암모늄(NH_4Cl), 염화칼슘($CaCl_2$), 염화마그네슘($MgCl_2$) 등도 짠맛을 가지나 각각이 가지는 양이온에 의하여 떫고 쓴 불쾌한 맛을 나타낸다.

무기염이 해리하여 생긴 음이온의 경우 그 짠맛의 강도는 황산이온(SO_4^{2-}) > 염소이온(Cl^-) > 브롬이온(Br^-) > 요오드이온(I^-) > 탄산이온(HCO_3^-) > 질산이온(NO_3^-)의 순서로 알려져 있다.

2. 유기염

유기염 중에서 디소디움 말레이트(disodium malate), 디암모늄 말로네이트(diammonium malonate), 디암모늄 세바시네이트(diammonium sebacinate) 및 소디움 글루코네이트(sodium gluconate) 등은 소금과 유사한 짠맛을 가지고 있다.

이들은 소금의 섭취가 금지 또는 제한된 신장병, 간장병, 고혈압 등의 환자들을 위해서 소금 대용으로 음식에 사용되거나 무염간장 제조 등에 사용되고 있다.

05 쓴맛을 내는 성분은 어떤 것이 있을까요?

쓴맛(Bitter taste)은 여러 가지 식품의 맛의 구성성분으로서 단맛 또는 신맛과 조합되어 나타나며 매우 예민하게 느껴진다.

식품 중의 쓴맛을 나타내는 물질들은 그 화학 구조에 따라 알칼로이드, 배당체, 케톤류, 무기염류 등으로 구분되며, 이들 물질은 분자 내에 N≡, −N=N, −SH, −S−S, −S−, >CS, $-SO_2$, $-NO_2$ 등의 원자단을 가지고 있다.

1. 알칼로이드

알칼로이드는 식물체에 들어있는 함질소 염기성 유기화합물의 총칭으로서 인체 내에서는 특수한 약리 작용을 가지며 쓴맛을 나타내는 것이 많다. 알칼로이드에는 많은 종류가 알려져 있으나 보통 식품 중에는 별로 들어 있지 않다. 대표적인 알칼로이드로서는 차, 커피 중에 함유된 카페인과 코코아, 초콜릿 중에 함유된 테오브로민(theobromine) 등이 있다[그림 11-2].

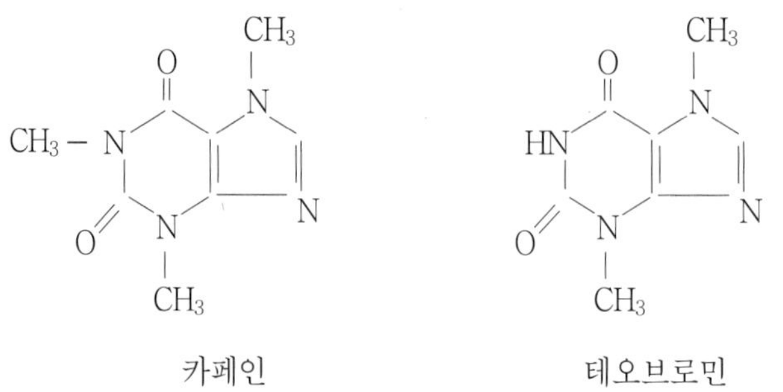

[그림 11-2] 카페인과 테오브로민의 구조

한편, 쓴맛의 표준 물질로 보통 사용되고 있는 것은 퀴닌(quinine)이며, 이 물질의 최소감미량은 0.00004M(0.0016%)이다[그림 11-3].

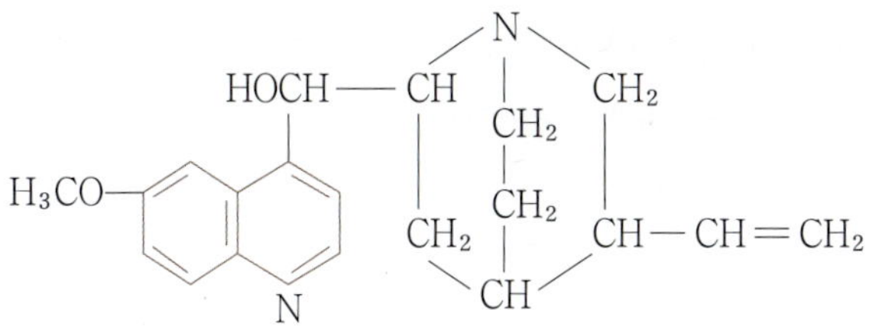

[그림 11-3] 퀴닌의 구조

2. 배당체

배당체는 식물계에 널리 분포되어 있으며 주로 과일이나 채소의 쓴맛 성분을 이루고 있다.

식품 중의 쓴맛을 나타내는 배당체로서 잘 알려진 것으로는 감귤류의 껍질에 있는 나린진, 오이 꼭지 부위에 들어 있는 쿠쿠비타신(cucurbitacin), 양파 껍질의 케르세틴 등이 있다.

나린진은 밀감, 자몽의 통조림이나 주스를 제조할 때 쓴맛의 원인이 된다.

감귤류에는 테르페노이드 화합물로서 지연성 쓴맛 성분(delayed bitterness)으로 알려진 리모닌(limonin)이 있다.

3. 케톤류

케톤류로서는 호프 암꽃 중에 존재하는 α-산으로 알려진 후물론류와 β-산으로 알려진 루프론(lupulone)류 등이 있으며, 이들은 맥주 제조과정 중의 가열, 발효과정에서 아이소-α-산과 아이소-β-산으로 이성화되어 맥주 특유의 쓴맛을 갖게 된다.

후물론류와 루프론류는 모두 항균력이 강하여 맥주 양조 시에 변패 방지의 역할을 하며 체내에 들어가서도 장내 세균을 억제한다.

한편, 고구마를 저장할 때 곰팡이의 기생으로 검은 반점이 형성되어 쓴맛을 가지는 경우가 있다. 이 쓴맛 성분은 이포메아메론(ipomeamerone)이며 독성을 가지고 있다.

4. 무기염류 및 기타

무기염류 중에서 간수에 함유되어 있는 염화칼슘이나 염화마그네슘은 쓴맛을 가진다. 아미노산 중에서 쓴맛을 가지는 것은 L-루신, L-페닐알라닌, L-타이로신, L-트립토판 등이 있으며, 쑥의 쓴맛은 튜존에 의한다.

06 감칠맛을 내는 성분은 어떤 것이 있을까요?

최근 제5의 맛이라고 하는 감칠맛(palatable taste, umami)은 다시마, 쇠고기, 버섯 등에서 느낄 수 있는 맛으로서 단일 물질에 의한 맛이 아니고 단맛, 짠맛, 신맛, 쓴맛 등의 여러 가지 맛이 잘 조화된 상태라고 할 수 있다.

1. 아미노산 및 펩타이드류

겨울철의 조개류, 새우, 게 등에 다량 함유되어 독특한 풍미의 감칠맛을 주는 성분은 글리신이며, 여름철에는 이 글리신이 메틸화한 형태인 베타인(betaine)에 의하여 감칠맛이 나타난다. 또한 글리신의 유도체라고 할 수 있는 크레아틴(creatine)이나 크레아티닌(creatinine)도 어류나 육류의 감칠맛 성분이다.

한편, 산성 아미노산에 속하는 아스파라긴과 글루타민은 각각 아스파르트산과 글루탐산의 아미드로서 어류, 육류 및 채소에 함유되어 있는 감칠맛 성분이다. 차의 성분인 테아닌(theanine)은 글루탐산의 에틸 아민(ethyl amine)으로서 단맛을 가진 감칠맛 성분이다.

글루탐산나트륨(Monosodium glutamate, MSG)은 미역, 다시마의 감칠맛 성분이다[그림 11-4]. 식품산업에서는 당밀을 원료로 하여 브레버박테리움 락토퍼멘텀(*Brevibacterium lactofermentum*) 등의 글루탐산 발효균을 이용한 발효법에 의하여 생산되고 있다.

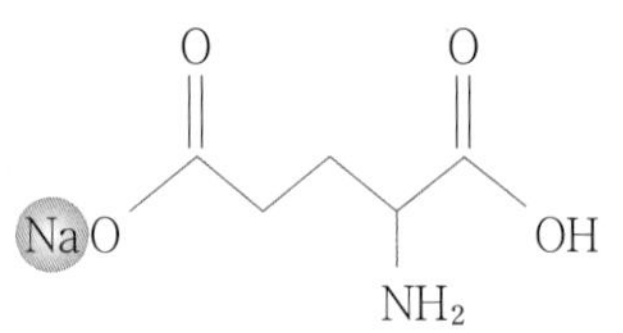

[그림 11-4] 글루탐산나트륨(MSG)

또한 버섯(*Tricholoma muscarium*)에서 감칠맛을 가지는 새로운 아미노산 이보텐산(ibotenic acid)과 트리콜롬산(tricholomic acid)이 분리되었다.

펩타이드류로서는 육류나 어류의 감칠맛 성분으로 알려진 디펩타이드의 카르노신(carnosine)과 메틸 안세린(methyl carnosine)이 있으며, 동·식물성 식품에 널리 분포되어 있는 트리펩타이드의 글루타치온도 감칠맛이 있다고 한다.

2. 콜린(Choline) 및 그 유도체

콜린과 그 유도체라고 할 수 있는 카르니틴(carnitin), 베타인(betaine)도 식품에 널리 존재하여 감칠맛을 주는 성분이다.

3. 퓨린(Purine)염기 및 리보뉴클레오타이드(ribonucleotide)류

퓨린염기인 아데닌(adenine), 구아닌(guanine), 히포잔틴(hypoxanthine), 잔틴(xanthine) 그리고 구아닌의 산화 생성물인 구아니딘, 메틸 구아니딘(methyl guanidine)도 어류나 육류의 감칠맛 성분이다.

5'-GMP는 표고버섯, 송이버섯의 중요한 감칠맛 성분이고 5'-IMP는 쇠고기, 돼지고기, 가다랭이, 생선의 중요한 감칠맛 성분이다. 이들 리보뉴클레오타이드류의 풍미 강화효과의 크기는 5'-GMP>5'-IMP>5'-XMP의 순서로 알려져 있다.

이러한 핵산계 조미료가 풍미강화 효과를 내려면 퓨린 염기의 6위치에 히드록시(OH)기와 리보스의 C_5위치에 1분자의 인산이 결합되어 있어야 한다[그림 11-5].

4. 핵산 조미료

핵산 조미료가 맛을 나타내려면 리보스의 5′위치에 인산화가 되어 있어야 하며, 2′이나 3′이 인산화된 것은 감칠맛이 없다. 그러므로 아데닌과 구아닌의 용해성을 높여 5′-이노신산 나트륨(IMP)과 5′-구아닐산 나트륨(GMP)을 만들어 감칠맛이 나는 핵산조미료를 제조할 수 있다. 핵산계 조미료는 글루탐산나트륨과 함께 사용할 때 서로의 풍미 강화 효과를 크게 상승시켜 주는 작용을 한다. 예를 들면, 1.2%의 소금물에 대한 MSG 0.005%와 5'-GMP 0.005%의 혼합물은 MSG 0.3%와 동등한 풍미 강화 효과를 나타낸다고 한다.

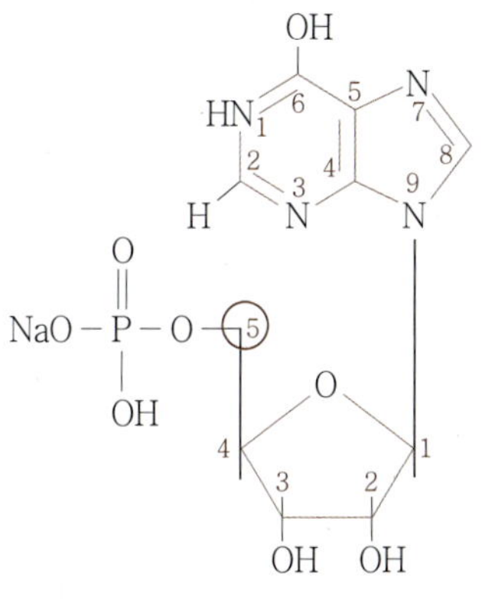

5′ – 이노신산(IMP)

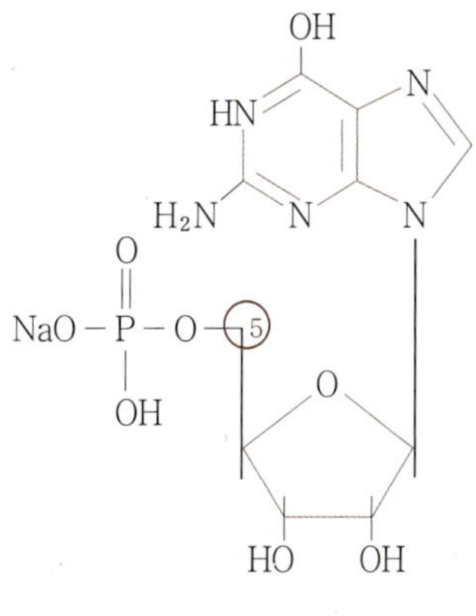

5′ – 구아닐산(GMP)

[그림 11-5] IMP와 GMP 구조

07 매운맛 성분은 어떤 것이 있을까요?

매운맛(Hot taste)은 미각 신경을 강하게 자극함으로써 느껴지는 일종의 통각(pain feeling)이라 할 수 있으며, 식품 중의 매운맛을 나타내는 물질들은 그 화학 구조에 따라 방향족 알데히드 및 케톤류, 산 아미드류, 유황 화합물, 아민류 등으로 구분된다.

1. 방향족 알데히드 및 케톤류

생강의 매운맛 성분으로는 진저론(zingerone), 쇼가올(shogaol), 진저롤(gingerol) 등의 바닐 케톤(vanillyl ketone)류 등이 알려져 있다. 한편, 이 매운맛 성분들은 구아이아콜의 유도체로도 볼 수 있으며, 진저롤은 진저론과 쇼가올의 전구 물질로 보고 있다.

울금(curry powder, 커리 가루)의 매운맛 성분은 커큐민(curcumin)으로 알려진 황색 결정이다. 또한 바닐라 콩에 함유되어 있는 바닐린과 계피에 함유되어 있는 시남알데히드는 매운맛을 가진 향기 성분으로 알려져 있다.

2. 산 아미드류

고추 매운맛의 주성분은 캡사이신(capsaicin), 후추(black pepper)의 매운맛 성분은 채비신(chavicine)이며 산초(Chinese pepper)의 매운맛 성분은 산쇼올(sanshool)이다.

3. 유황 화합물

겨자유(Mustard oil)에 속하는 매운맛 성분은 식물체 내에 존재하는 배당체에서 유래한다. 검은 겨자나 고추냉이에 물을 넣고 마쇄하면 세포가 파괴되어 배당체인 시니그린에 효소 미로시네이스가 작용하여 매운맛 성분인 알릴 아이소티오시아네이트를 생성한다[그림 11-6]. 겨자를 사용할 때 다른 향신료와 달리 더운 물을 넣고 잘 개는 것은 이 때문이다.

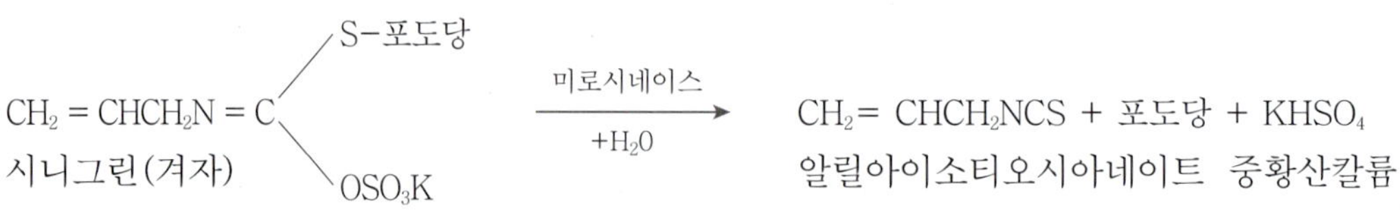

[그림 11-6] 겨자의 매운맛 성분 변화

한편, 흰겨자에는 배당체인 신알빈(sinalbin)이 미로시네이스에 의하여 분해되어 매운맛 성분인 파라-히드록시벤질 아이소티오시아네이트(p-hydroxybenzyl isothiocyanate)를 생성한다.

마늘, 양파, 파, 부추 등의 파류의 매운맛 성분은 알릴설피드류이다. 파래, 고사리, 아스파라거스, 파슬리, 양배추 등에도 온건한 매운맛 성분으로 디메틸 설피드가 함유되어 있다.

또한 마늘에 함유되어 있는 알리인(alliin)이 효소 알리네이스에 의하여 매운맛 성분인 알리신을 생성한다. 이 알리신은 티아민과 결합하여 알리티아민이 되어 티아민의 효과를 높이기도 한다.

4. 아민류

부패한 생선이나 변패한 간장에는 그 중에 함유되어 있는 히스티딘 및 타이로신 등의 아미노산이 세균에 의하여 탈탄산되어 독특한 매운맛 성분인 히스타민과 티라민을 생성한다.

08 떫은맛을 내는 성분은 어떤 것이 있을까요?

떫은맛(Astringent taste)은 수렴성(astringency)의 감각으로서, 일시적으로 변성 응고시킴으로써 일어나는 미각 신경의 마비 또는 수축 작용에 의하여 느껴진다. 식품 성분으로 가장 중요한 것은 감 및 차에 있는 탄닌류이다.

1. 탄닌류

탄닌은 식물계에 널리 분포되어 있는 폴리페놀성의 화합물로서 단백질이나 기타 고분자 화합물과 결합하여 응고를 일으킨다. 식품에서 주로 떫은맛의 원인이 되고 있는 탄닌성분은 카테킨, 갈릭산 및 그 유도체들이며, 이들 탄닌이 산화 또는 중합되어 물에 불용성이 되면 단백질 응고 능력이 없어지고 떫은맛도 나지 않는다.

찻잎의 떫은맛은 주로 카테킨과 갈릭산에 의한 것이며, 이들 탄닌은 녹차의 경우는 대부분이 그대로 잔존하지만 홍차의 경우는 발효 과정 중에 산화되어 테아플라빈을 형성하여 떫은맛이 감소한다. 또한 차에는 에피카테킨 갈레이트(epicatechin gallate), 에피갈로카테킨 갈레이트(epigallocatechin gallate)와 같은 갈릭산의 에스터형 탄닌과 그 모체가 되는 에피갈로카테킨(epigallocatechin), 에피카테킨(epicatechin), 갈로카테킨과 같은 플라바놀(flavanol)류의 탄닌들이 함유되어 있다.

한편, 각종 차에는 페놀의 일종인 테오갈린(theogallin)이 함유되어 있어 차의 고유한 맛을 낸다. 특히 녹차에는 그 고유한 맛을 내는 아미노산의 일종인 테아닌을 함유하고 있다.

감의 떫은맛은 갈릭산(몰식자산, gallic acid)과 프로로글루시놀(phloroglucinol)의 축합물인 시부올(shibuol)에 의한 것이다[그림 11-7]. 덜 익은 감은 떫은맛이 강하나 익어감에 따라 약해지는 것은 감이 성숙함에 따라 과일 내부에 생성된 알코올이나 알데히드가 수용성 시부올과 중합하여 불용성의 물질을 형성하기 때문이다.

밤 속껍질의 떫은맛은 2분자의 갈릭산이 축합한 엘라직산(ellagic acid)에 의한 것이며, 커피의 떫은맛은 카페인산과 퀸산(quinic acid)이 축합한 클로로겐산에 의한 것이다.

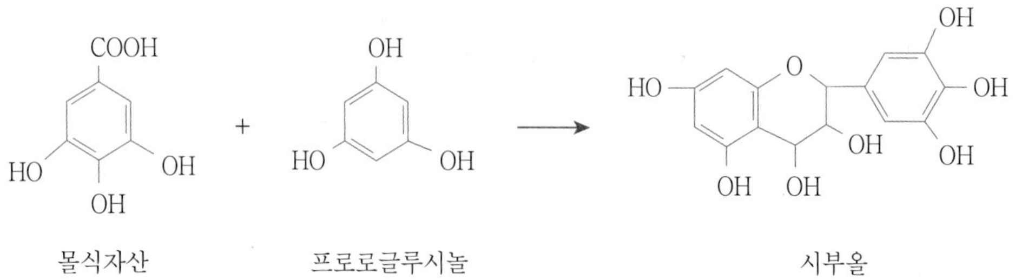

[그림 11-7] 감의 떫은맛 성분인 탄닌류의 구조

2. 지방산, 알데히드류

수산 건제품이나 훈제품 등 지질이 많은 식품을 장기간 저장하였을 때 떫은맛이 나타나는 경우가 있다. 이것은 지방의 산패에 의하여 형성된 일부의 유리 지방산이나 알데히드가 혀의 점막에 점착하여 떫은맛이 나는 것이다. 떫은맛을 가지는 유리 지방산으로서는 아라키돈산, 클루파노돈산(clupanodonic acid) 등이 있다.

09 기타의 맛 성분에는 어떤 것이 있을까요?

1. 아린맛(Acrid taste)

아린맛은 쓴맛과 떫은맛이 혼합된 듯한 불쾌한 맛이다. 특히 죽순, 토란의 아린맛 성분은 페닐알라닌이나 타이로신에서 생성된 호모젠티스산(homogentisic acid)이라고 한다[그림 11-8].

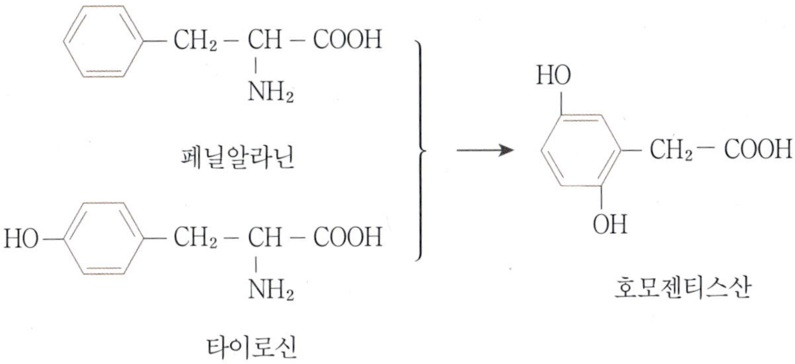

[그림 11-8] 죽순, 토란, 우엉의 아린맛 성분인 호모젠티스산의 형성

2. 알칼리맛(Alkaline taste)과 금속맛(metallic taste)

알칼리맛은 초목의 재나 중조($NaHCO_3$) 등에서 느낄 수 있는 맛으로 수산 이온(OH^-)에 의한 것이다.

금속맛은 수저나 식기 등에서 느낄 수 있는 맛으로 철(Fe), 은(Ag), 주석(Sn) 등의 금속 이온이 띠는 약한 맛이다.

3. 교질맛(Colloidal taste)

교질맛은 교질성의 감각으로서 식품이 혀의 표면과 입 속의 점막에 물리적으로 접촉될 때 느껴진다. 이 감각은 주로 식품 중의 고분자 화합물인 다당류나 단백질의 교질 상태에 좌우된다.

예를 들면, 곡류 등의 전분질 식품은 가열에 의해 α-전분이 생겨 친수성이 될 때 촉감이 좋고, 찹쌀밥은 친수성이 강한 아밀로펙틴이 많아 끈기가 세다. 또한 과일잼의 펙틴질, 곤약의 글루코마난, 한천의 갈락탄, 해조의 알긴산 등의 다당류나 밀가루의 글루텐, 고깃국의 젤라틴 등의 단백질이 각각의 식품의 교질맛에 기여한다.

10 조리·가공 중 맛 성분은 어떻게 변화할까요?

1. 가열 조리에 의한 맛의 변화

무나 양파를 삶을 때 각각의 매운맛 성분인 디알릴 설피드나 디알릴 디설피드가 단맛이 있는 메틸 메르캅탄이나 프로필 메르캅탄으로 변화되어 단맛이 증가한다.

2. 발효에 의한 맛의 변화

식품은 발효 또는 숙성 과정에 독특한 맛을 가지게 된다. 간장, 된장의 맛은 원료 중의 탄수화물, 단백질이 미생물에 의하여 분해되어 생성된 당분, 아미노산, 염기류 등이 혼합된 맛이다. 김치류의 맛은 탄수화물의 분해로 생성된 초산, 젖산 등에 의한다.

또한 젓갈류의 맛은 숙성 과정 중 자가 효소나 미생물의 효소작용에 의하여 어육단백질이 서서히 분해되어 형성된 유리 아미노산 때문이다.

3. 부패에 의한 맛의 변화

식품이 미생물에 의하여 변패되면 불쾌한 맛을 나타내게 된다. 쉰밥은 초산에 의한 신맛을 띠고 오래된 청국장은 단백질의 분해로 생성된 펩톤에 의하여 쓴맛을 띤다.

또 오래된 생선은 지방의 분해로 생성된 일부 유리 지방산, 알데히드 등에 의한 떫은맛이나 아미노산의 분해로 생성된 히스타민, 티라민 등에 의한 매운맛을 나타낸다.

CHAPTER

12

식품 중의 독성 물질
(Toxic compounds in foods)

01 자연 식품 중의 독성 물질은 무엇이 있을까요?

02 가공 식품 중의 독성 물질은 무엇이 있을까요?

03 오염 식품 중의 독성 물질은 어떤 것이 있을까요?

01 자연 식품 중의 독성 물질은 무엇이 있을까요?

1. 식물성 독성 물질

1) 두과 식물의 독성물질

식물, 특히 두과 식물(legumes)의 종자에는 그대로 섭취하면 독성을 나타내지만 가열 조리 후에는 독성을 잃어버리는 것이 많다. 콩에는 5~6종의 트립신 저해물질이 존재하며 그 중 가장 잘 알려진 것이 쿠니츠 저해 물질(Kunitz inhibitor)이다. 쿠니츠 저해물질은 아미노산 200개 정도가 중합되어 형성된 폴리펩타이드의 구조를 가지고 있다.

두과 식물에는 단백질의 소화를 방해하여 콩단백질의 이용률을 저하시킨다고 알려진 트립신 저해물질 외에 유해한 단백질로서 적혈구를 응집시키는 작용을 가진 헤마글루티닌(hemaglutinin)이 있으나, 이는 가열조리 후에는 독성이 상실된다.

한편, 콩에는 배당체인 사포닌(saponin)과 그 아글리콘인 사포제닌(sapogenin)이 함유되어 있어 그 유해작용이 오래 전부터 알려져 왔다. 최근에는 사포닌의 과산화지질 분해 등 기능성이 보고되고 있다.

2) 피마자씨의 독성물질

피마자씨(Castor bean)로부터 추출한 기름, 즉 피마자유(castor oil)나 그 박(meal) 중에는 독성은 매우 강하나 열에 의해서 쉽게 파괴될 수 있는 리신(ricin)과 리시닌(ricinin)이 있다.

3) 감자의 독성물질

감자의 싹이나 녹색 껍질 중에는 미량(0.005~1.0%)의 솔라닌(solanin)이라는 독성 물질을 함유하고 있으며, 이 정도의 양으로는 무해하나 새로 발아된 부위에는 0.1% 이상의 솔라닌을 함유하고 있어 독성을 나타내는 경우가 있다.

솔라닌은 솔라니딘(solanidine)이라는 스테로이드계 알칼로이드에 포도당, 갈락토스, 람노스가 결합한 배당체로서 용혈 작용 및 운동 중추의 마비 작용을 가진다. 이것은 생체 내에 존재하는 콜린 에스터레이스의 작용을 억제함으로써 독성 작용을 가져오는 것으로 알려지고 있다. 이것의 중독 증상은 섭취 후 수 시간 내에 나타나며 복통, 위장 장해, 허탈, 현기증, 의식 장애 등을 일으킨다.

4) 살구씨 및 기타 식물의 시안 배당체

신살구, 복숭아, 아몬드 등의 씨에는 시안 배당체인 아미그달린(amygdalin)이라는 시안배당체가 함유되어 있으며, 곡류 중의 수수류(*Sorghum genera*)도 시안 배당체인 듀린(dhurrin)이 함유되어 있다.

또한 강낭콩 등의 여러 고등 식물에 리나마린(linamarin) 및 로타스타린(lotaustralin)의 시안 배당체가 널리 분포되어 있다.

5) 면실 및 기타 식물 중의 페놀류

면실(Cotton seed) 중에는 고시폴로 알려진 독성 물질이 존재한다.

고시폴은 유지의 산패를 억제하는 항산화 작용을 가지고 있으나 그 독성 작용으로 인하여 정제과정에서 제거되므로 면실유는 문제가 없다.

6) 독버섯 및 기타 식물의 아미노산, 아민류

독버섯의 독성 물질 중에서 가장 중요한 것은 독성 펩타이드류이다. 이 독성 펩타이드류는 그 구조에 따라 아마톡신(amatoxin)류와 팔로톡신(phallotoxin)류로 구분하며, 이외에 독성 알칼로이드인 무스카린(muscarine), 뉴린(neurine)도 독성을 나타낸다.

7) 기타 식물성 독성 물질

식용하는 미나리와 비슷한 독미나리에는 시쿠톡신(cicutoxin, $C_{19}H_{26}O_3$)이라는 독성분이 지하경에 들어 있다. 이것을 섭취하면 수분 내지 2시간 이내에 위통, 구토, 현기증, 경련 등을 일으키고, 경우에 따라서는 10~20시간 후에 사망한다.

쌀, 기타의 곡류에 함유되어 있는 리소레시틴은 용혈성 독성분으로 혈액 내에 주사하면 동물은 곧 죽지만, 경구적으로 섭취할 때, 특히 쌀을 먹을 때와 같이 다른 성분과 함께 조금씩 섭취하면 유해 작용은 거의 없다고 한다. 십자화과 식물에서 아이소티오시아네이트(isothio-cyanate)의 구조가 변화되어 갑상선 비대작용이 있는 고이트린(goitrin)이 생성되기도 한다.

또한 리코린(lycorin)은 가을 꽃무릇의 구근 속에 있는 유독한 아이소퀴놀린 알카로이드(iso-quinoline alkaloid)로서 밀가루에 혼입되어 중독을 일으키는 일이 있다.

2. 동물성 독성 물질

1) 복어의 독성 물질

복어(Puffer fish, swell fish)의 독성 물질은 테트로도톡신(tetrodotoxin)으로 복어의 알 뿐만 아니라 난소, 간, 피부, 경우에 따라서는 근육 등에 분포되고 있으며 매우 강한 독성을 나타낸다.

2) 모시조개 및 기타 조개류의 독성 물질

모시조개(Venerupis senidecussta)의 독성 물질은 베네루핀(venerupin)이며 섭조개류(California mussels)나 대합조개류(Alaska butter clams)의 독성물질은 삭시톡신(saxitoxin)이다. 이들 독성물질은 급속한 신경마비, 특히 호흡 신경의 급속한 마비를 가져오는 매우 강력한 독성을 나타낸다. 이들은 주로 조개류의 내장에 존재하며 또 열에 비교적 안정하기 때문에 조개류를 어느 정도 씻거나 가열, 조리하여도 잘 파괴되지 않는다.

02 가공 식품 중의 독성 물질은 무엇이 있을까요?

1. 가공 중 화학적 반응에 의해 형성된 독성 물질

1) 지질의 산패 생성물

산패된 식용 유지나 지질 식품에는 유지 성분의 자동 산화에 의하여 형성된 다량의 과산화물과 이 과산화물이 분해되어 형성된 각종 산화 생성물들을 함유하고 있다.

2) 아질산과의 반응 생성물

질산염($NaNO_3$ 또는 KNO_3) 및 아질산염은 여러 가지 식품 특히 육제품의 가공과 저장에 널리 사용되어 왔다. 이들은 미생물의 작용에 의해서 그 일부가 아질산(HNO_2)으로 되며, 발색제로서 뿐만 아니라 클로스트리듐 보툴리늄(*Clostridium botulinum*) 등의 식중독균 억제 효과도 있다.

3) 아미노-카보닐 반응 생성물

아미노-카보닐 반응은 식품의 착색과 가열, 향기의 생성 등 식품의 가공상 중요한 반응이지만 최근에는 식품의 안정성 면에서 문제가 되고 있다. 포도당과 각종 아미노산과의 반응 생성물에 있어서 에임스 시험(Ames test)에 의한 변이원 활성이 검출되며, 그 활성 생성물의 하나인 히드록시 메틸 푸푸랄(HMF)이 동정되고 있다.

한편, 커피, 홍차, 된장 및 간장 등의 실제 식품 중에서도 변이원으로서 메틸 글리옥살(methyl glyoxal)과 글리옥살(glyoxal)의 존재가 확인되고 있으며, 이들은 포도당 등의 당과 아미노산의 반응으로 생성된 것이 알려지고 있다.

불고기와 햄버거의 가열 분해물로서 동정된 IQ와 MeIQ도 아미노-카보닐 반응에 의하여 생성된 것이 최근 밝혀져 주목되고 있다. 예를 들면, 글리신과 알라닌 등의 아미노산과 포도당의 반응 생성물에 크레아틴이 반응하여 MeIQ가 생성되며, IQ는 크레아틴과 프롤린의 반응 생성물로 검출되고 있다.

4) 벤조피렌(Benzopyrene) 및 기타 다환방향족 탄화수소

생식품에서는 거의 검출되지 않았으나 말린 김, 말린 가다랭이, 훈연 육제품 및 숯불고기 등과 같이 가열이나 훈연에 의한 가공 제품에서 벤조피렌이라는 발암물질이 검출되었다.

2-벤조안트라센(2-benzoanthracene), 피렌, 플루오렌(fluorene), 페난트렌(phenanthrene), 아세나플텐(acenaphthene) 등의 각종 다환방향족 탄화수소(polycyclic aromatic hydrocarbon)들은 원래 담배 연기, 공장 지대 매연, 배기가스, 오염된 공기 등에서 검출되어 왔으나 최근에는 가열이나 훈연에 의해서도 검출되어 문제시되고 있다.

5) 리시노알라닌(Lysinoalanine)

식물성 단백질의 알칼리 추출 과정 또는 육류의 가열 조리, 분유의 제조, 달걀의 가열 등 동물성 단백질의 가열·가공 과정에서 한 단백질의 구성 아미노산으로 존재하는 L-리신과 다른 단백질의 구성성분으로 존재하는 알라닌 사이의 상호 작용에 의해서 디펩타이드인 리시노알라닌이 형성되는 사실이 알려져 있다.

이와 같이 형성된 리시노알라닌은 인체에 전혀 소화, 흡수되지 않거나 최소한 L-리신과 알라닌의 인체 내에서의 이용을 억제하여 주는 것으로 알려져 있다.

6) 아크릴 아미드(Acryl amide)

아크릴 아미드는 감자 등 전분질 원료에 있는 아스파라긴이라는 아미노산이 포도당과 결합해서 120℃ 이상으로 가공할 때 생성되는 것으로 알려져 있으며 일부 동물실험에서 악성 위종양을 일으키는 것으로 보고되기도 하였다.

03 오염 식품 중의 독성 물질은 어떤 것이 있을까요?

1. 미생물 오염에 의해 생성된 독성 물질

1) 맥각 알칼로이드

곰팡이 클라비셉스 푸푸레아(*Claviceps purpurea*)는 맥류에 잘 번식하며, 특히 보리나 라이보리에 잘 번식한다. 이 곰팡이에 오염된 보리는 흑청색으로 변색이 되고 그 조직은 부스러지기 쉬워진다. 이와 같이 오염된 보리 속에는 이 곰팡이의 균핵(sclerotium)이 존재하며, 이것을 맥각(ergot)이라고 하고 그 독소를 에르고톡신(ergotoxin)이라 한다. 맥각은 양이 많은 경우에는 독성 물질로 작용하며, 맥각에 의한 중독을 맥각병(ergotism)이라고 한다.

2) 곰팡이 독성 대사 물질

곰팡이류가 식품을 기질로 하여 생산하는 독성 신진대사 물질을 곰팡이독(mycotoxin)이라고 하며, 이것은 사람이나 동물에게 급성 또는 만성 장해를 일으킨다. 곰팡이독에 의하여 일어나는 질병군을 총칭하여 곰팡이독증이라고 한다.

(1) 아플라톡신(Aflatoxin)류

아플라톡신은 브라질에서 수입한 땅콩박에서 기생하여 칠면조에 급성 간 장애를 일으킨 곰팡이 독이다.

아플라톡신을 생산하는 곰팡이는 아스페르길루스 플라브스(*Aspergillus flavus*) 또는 아스페르길루스 파라지티쿠스(*Aspergillus parasiticus*)에 속하는 것으로 매우 강력한 간장독을 가지고 있으며 또한 쥐 등의 실험 동물에 실험한 결과 매우 강력한 발암성 물질(carcinogen)로 알려져 있다.

(2) 황변미의 독성 물질

장마가 지난 후에 쌀이 황색으로 변한 것을 황변미(yellow rice)라고 하며 그곳에서 페니실륨(*Penicillium*)속의 곰팡이인 페니실륨 톡시카리움(*Penicillium toxicarium*), 페니실륨 시트리늄(*Penicillium citrinum*), 페니실륨 아이스란디쿰(*Penicillium islandicum*) 등이 생산하는 대사 물질은 강한 독성을 가진다는 사실이 알려져 있다.

(3) 오크라톡신(Ochratoxin)류

일부 옥수수 중에서 아스페르킬루스 오크라세우스(Aspergillus ochraceus)의 독성 대사 물질로 오크라톡신이 알려져 있다.

(4) 푸사리움(Fusarium) 독성 대사 물질

곰팡이가 번식한 밀, 보리, 옥수수 등에서 푸사리움(Fusarium)에 속하는 곰팡이들의 독성 대사 물질에 의한 사람 및 가축에 대한 중독 사고는 소련, 독일, 미국, 일본 등에서 오래 전부터 알려져 왔다.

3) 식중독 세균 독성 물질

(1) 포도상구균 식중독

사람이나 동물의 화농성 질환의 대표적인 원인균으로 포도상구균(*Staphylococcus*)에 의한 식중독이 있으며 이 균이 생성하는 독소는 장내독소(enterotoxin)로서 위장독이다.

포도상구균 식중독은 원인 식품의 대부분이 살균된 우유이며, 이들 독소는 120℃에서 20분간의 가열에도 완전히 파괴되지 않으며, 유지에 218~248℃에서 30분간 가열로서 비로소 활성을 잃는 내열성이 강한 독소이다.

주요 중독 증상은 급성 위장염이며, 초기 증상으로 두부 압박감, 구토, 설사, 체온 하강, 혈압 하강 등이 일어나지만 1~3일 정도면 회복되고 사망하는 경우는 거의 없다.

(2) 보툴리누스(Botulinus) 중독

보툴리누스(*Botulinus*)균은 햄, 소시지, 통조림 등에 서식할 수 있는 혐기성 균이자 신경성 마비 증상을 일으키는 신경독소(neurotoxin)이다.

보툴리누스균은 혐기성 균으로 가열하면 죽지만 그 아포는 110℃에서 40분간 가열하여야만 비로소 사멸하기 때문에 통조림 업계에서는 공포의 대상이 되고 있다. 그러나 대부분의 독소는 80℃에서 수분간의 가열로 파괴되므로 가열 후에 섭취하여야 한다.

중독 증상은 위장 증상은 별로 없고 중추 신경과 말초 신경의 마비가 특징이다. 시력장애, 동공 확대, 언어 장애, 체온 하강 등이 나타나며, 심한 경우에는 호흡 곤란, 사지 운동마비로 사망한다. 치사율은 대단히 높아 30% 이상이나 된다.

4) 프토마인(Ptomaine)

단백질 식품, 동물의 사체 등이 부패 세균의 작용으로 분해될 때 생기는 염기성 함질소 화합물을 프토마인이라고 하며, 동물성 알칼로이드, 부패 알칼로이드라고도 부른다.

이들은 아미노산의 탈탄산으로 생성되는 독성이 강한 아민류로서 카다베린(cadaverine), 푸트레신(putrescine), 히스타민, 티라민 등이 있다.

2. 환경 오염물의 혼입에 의한 독성 물질

1) 잔류 농약

잔류 농약(pesticides)에 의한 식품의 오염은 주로 농작물 재배 시에 사용된 것이며 때로는 공장 폐수나 가정에서 사용된 것이 오염된 것이다. 가장 오염되기 쉬운 것은 살충제로서 크게 유기염소제(chlorinated hydrocarbon)와 유기인제(organophosphorus)로 분류된다.

유기염소제는 다시 산소화 화합물(oxygenated compounds), 비산소화 벤제노이드 화합물(benzenoid nonoxygenated compounds) 및 1-산소화 비 벤제노이드 화합물(1-monoxygenated nonbenzenoid compounds) 등으로 세분된다. 농약 이외에 그들의 대사물도 오염되며 같은 독성을 나타낼 수 있다. 이들의 두 가지 중요한 성질은 환경에 오래 보유되는 안정성과 지방조직에 축적되는 지용성이다. 유기염소제는 비교적 안정하지만 각종 분해 반응이 일어나며 그 분해 산물은 포유 동물에 원래의 화합물과 독성이 같거나 그보다 더 큰 독성을 나타낸다.

유기인제는 콜린에스터레이스(cholinesterase)의 저해제들이며 그들의 수용성과 휘발성 때문에 식품 오염물질로서 염소제보다 문제가 적다. 여러 가지 유기인제는 동·식물체 내에서 그 자체 또는 산화 전환(oxidative conversion)된 후에 이용된다.

2) 중금속

환경 오염을 통하여 미량의 중금속이 식품에 혼입된다. 예로는 수은과 납이 있으며, 이들은 가공 설비나 용기 특히 주석 통조림관으로부터 식품에 혼입된다.

(1) 수은(Hg)

일부 산업체에서 대량의 수은이 환경을 오염시키며 식품 중에도 일부 함유되어 있다. 수은 중독에 의해 발생하는 질병은 미나마타(minamata)병이다.

(2) 납(Pb)과 주석(Sn)

식품 중의 납은 환경 오염이나 금속 땜질한 가공 설비, 주석 통조림관으로부터 오염된 납과 주석이 섭취된다.

(3) 카드뮴(Cd)

카드뮴은 독성이 강한 비필수의 미량 금속으로 이따이 이따이(itai itai)병을 일으킨다.

3) 방사능 낙진(Radioactive fallout)

식품 연쇄(Food chain) 경로에서 섭취될 수 있는 방사성 동위원소 중 내부 방사성 장애를 가져오는 것으로 가장 중요한 것은 바륨(^{140}Ba), 세늄(^{137}Cs), 요오드 131(^{131}I), 요오드 133(^{133}I), 스트론튬 89(^{89}Sr) 및 스트론튬 90(^{90}Sr) 등이다. 요오드 131(^{131}I)은 화학적으로 보통의 I와 같으므로 갑상선에 축적된다. 반감기는 8일이고 β- 및 γ-선을 방출한다.

4) 기타 공해 물질

피시비(PCB, poly chlorinated biphenyls)는 환경 공해 물질로 널리 분포하며 식품 중에 잔류물로서 검출되며 제조 중 일본에서는 1968년 미강유 제조 중 기름을 가열 탈취하는(미증유) 과정에서 장치의 결함으로 피시비가 혼입되어 미강유 중독이 발생하였다.

CHAPTER

13

식품의 물리성
(Physical properties of foods)

01 식품의 리올로지 특성이란 무엇일까요?

02 식품의 텍스처 특성은 어떤 것이 있을까요?

03 식품의 교질 특성은 어떤 것일까요?

식품의 기호성과 관련된 품질 요소 중에는 색깔, 냄새, 맛 이외에 입 안에서의 촉감과 관계되는 텍스처(texture) 등 식품의 물리적 성질이 있다. 식품의 물리적 성질은 식품의 가공 적성이라는 관점에서뿐만 아니라 식품 섭취시의 기호성에 관여하는 중요한 요인이다.

01 식품의 리올로지 특성이란 무엇일까요?

유체 식품(Fluid foods), 반고체 식품(semi-solid foods), 고체 식품(solid foods) 등 각 형태의 식품을 먹을 때 입 안에서 느끼는 감촉은 각각 그 식품의 풍미에 큰 영향을 미친다. 이것은 각 식품의 적당한 점성, 점조성, 탄성, 견고성 등의 물리적 성질이 식품의 기호성에 크게 작용하기 때문이다. 이와 같은 식품의 물리적 성질은 리올로지(rheology)라고 하는 학문 분야에서 다루고 있다. 리올로지는 물질의 변형(deformation)과 유동(flow)에 관한 과학으로서 외부의 힘에 대한 물질의 변형 및 흐름의 특징을 규명하고 그 정도를 정량적으로 표현하는 학문이다.

1. 리올로지 특성의 개념

1) 점성(Viscosity) 및 점조성(consistency)

점성과 점조성은 물질의 흐름에 대한 저항을 나타내는 물리적 성질이며, 물질의 흐르는 성질, 즉 유동성(fluidity)에 반대되는 말이다. 예를 들면, 흐름에 대한 저항성이 적은 물 등은 점성이 낮고 저항성이 큰 물엿 등은 점성이 높다.

액체에 있어서는 일반적으로 온도를 올리면 점성이 감소하고 압력을 가하면 증가한다. 용액의 점성은 용매의 점성 외에 용질의 종류, 농도 등에 의하여 변화한다.

2) 탄성(Elasticity)

탄성은 외부의 힘에 의하여 변형이 되어 있는 물체가 그 힘이 제거될 때 본래의 상태로 되돌아가려는 성질을 말한다. 고무줄을 손으로 당겼다가 놓으면 원상태로 돌아가는 것이 탄성의 대표적인 예이다.

3) 소성(Plasticity)

소성은 외부의 힘에 의하여 변형이 된 물체가 그 힘을 제거하여도 원상태로 되돌아가지 않는 성질을 말한다. 버터, 마가린, 생크림은 소성을 나타낸다. 어떤 물체를 수저로 떠서 접시에 올려놓을 수 있는 것이 소성체의 특징이다. 즉, 버터나 생크림은 부드러우면서도 접시에 올려놓았을 때 흐르지 않는다. 이에 반하여 물엿과 같은 고점성체는 수저로 쉽게 떠낼 수가 없으나 접시에 놓으면 점차로 흘러 퍼져나가는 성질이 있다. 이와 같이 생크림과 물엿의 역학적 성질이 다른 것은 리올로지의 특성으로 구별이 된다.

4) 점탄성(Viscoelasticity)

점탄성은 외부의 힘에 의하여 물체가 점성 유동과 탄성 변형을 동시에 나타내는 복잡한 성질을 말한다. 예를 들면, 추잉검이나 부드러운 떡, 밀가루의 반죽 등과 같이 손가락으로 누르면 변형되고 손가락을 떼면 서서히 변형이 없어지는 것을 말한다. 또한 점탄성체는 다음과 같은 여러 가지 복잡한 성질을 가지고 있다.

(1) 예사성(Spinability)

달걀 흰자위나 바실러스 나토(Bacillus natto)로 만든 청국장 등에 젓가락을 넣었다가 당겨 올리면 실을 빼는 것과 같이 늘어나는데, 이 성질을 예사성(spinability)이라고 한다.

(2) 와이젠버그(Weissenberg)의 효과

가당연유(Sweetened condensed milk) 속에 젓가락을 세워서 회전시키면 연유가 젓가락을 따라 올라가는데, 이와 같은 현상을 와이젠버그 효과라고 한다. 이것은 액체에 회전운동을 부여하였을 때 흐름과 직각방향으로 현저한 압력이 생겨서 나타나는 현상이며, 액체의 탄성에 기인하는 것으로 생각된다.

(3) 경점성(Consistency)

점탄성을 나타내는 식품의 견고성을 경점성이라고 한다. 반죽 또는 떡의 경점성은 파리노그래프(farinograph) 등을 사용하여 측정한다. 각종 밀가루의 파리노그램(farinogram)을 보면 [그림 13-1]과 같다.

(4) 신전성(Extensibility)

국수 반죽과 같이 대체로 고체를 이루고 있으며 막대상 또는 긴 끈 모양으로 늘어나는 성질을 신전성이라고 한다. 신전성은 인장시험으로 알 수 있으나 실제로는 익스텐소그래프(extensograph) 등을 사용하여 측정한다. 각종 밀가루의 익스텐소그램(extensogram)을 보면 [그림 13-2]와 같다.

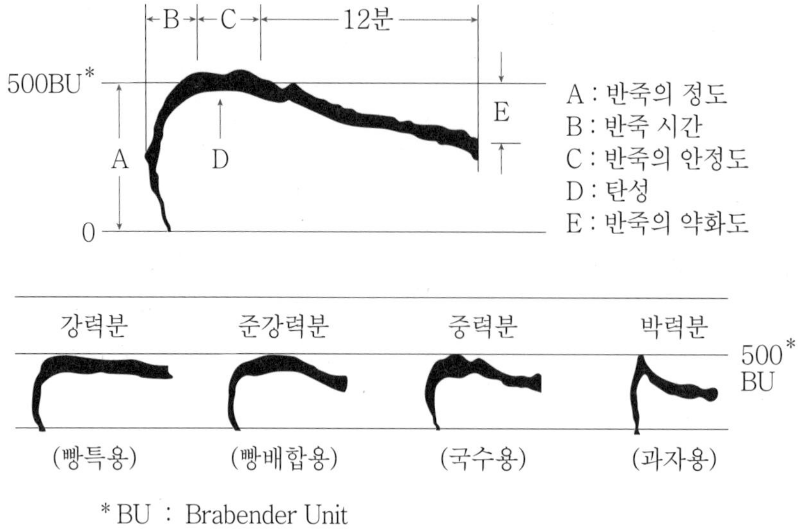

[그림 13-1] 각종 밀가루의 파리노그램

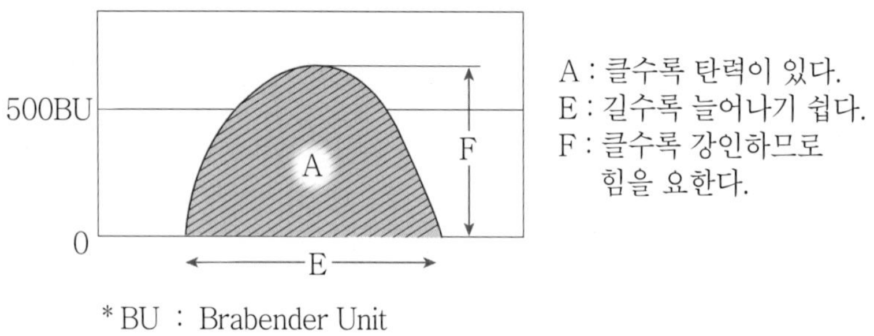

강력분	박력분	아주 연한 반죽	아주 단단한 반죽
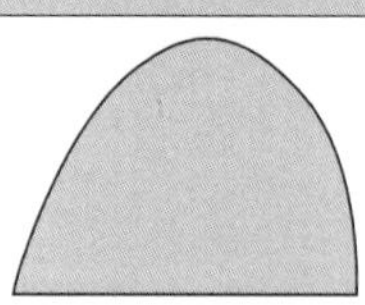	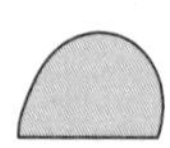		
A : 대 E : 대 F : 대	A : 소 E : 소 F : 소	A : 소 E : 대 F : 소	A : 중 E : 소 F : 대

[그림 13-2] 각종 밀가루의 익스텐소그램

2. 유체 및 반고체 식품의 리올로지

1) 뉴톤 유체

유체가 흐르는 현상을 분자 구조 수준으로 확대하여 보면 마치 쌓여 있는 분자 또는 입자들이 층층이 밀려 나가는 듯한 움직임을 볼 수 있다. 이것은 작용하는 힘이 쌓여 있는 분자층들을 표면과 평행한 방향으로 비스듬히 밀고 나가는 현상 때문이며, 이때 작용하는 힘을 전단응력(shear stress)이라고 한다. 전단응력의 작용 중심부에 있는 층이 가장 속도가 크고 중심부에서 벗어날수록 각 층의 진행 속도는 감소하게 되며 최종적으로 고체 표면과 접촉한 부위는 속도 0인 상태가 된다. 유체의 중심부에서 거리가 멀어짐에 따라 속도가 감소하는 정도를 속도 구배(velocity gradient) 또는 전단 속도(shear rate)라고 한다.

뉴톤 유체의 구조적 특징을 보면 화학적으로 순수하고 물리적으로 균일한 물질들이며, 식품 중에는 물, 청량음료, 식용유 등 묽은 용액들이 뉴톤 유체의 성질을 갖는다.

2) 비뉴톤 유체

단백질, 전분, 펙틴 등의 각종 콜로이드 용액, 유탁액, 버터 등의 반고체 식품들은 뉴톤 유체의 특성을 갖고 있지 않는 비뉴톤 유체로, 전단 응력과 전단 속도 사이의 관계를 나타내는 유동 곡선이 직선이 아니라 곡선으로 표시된다.

3. 고체 식품의 리올로지

유체 식품의 경우 그 유동의 중심적 성질은 점성이다. 한편, 고체 식품의 경우에는 탄성과 소성의 성질로 대표되는 변형(deformation)이 가장 중요하다. 고체 식품의 변형은 물체의 크기 치수가 변화하는 것을 말하며, 그 식품에 작용하는 힘에 따라 대체로 압축(compression), 전단(shearing) 및 인장(tension) 등으로 구분된다.

1) 탄성체

어떤 고체에 외부에서 가해지는 응력 σ와 힘에 의해 변형되는 비율 스트레인(strain, ε) 사이에 직선 관계가 성립될 때 후크 탄성체(Hookean elastic body)라고 한다.

2) 가소성체

가소성 물체(plastic material)는 어떤 항복력(yield stress)을 초과할 때까지는 영구 변형이 일어나지 않는 것을 말한다. 즉, 가소탄성(plasto-elastic) 또는 가소점탄성(plasto-visco-elastic)체로 삶아서 으깬 감자, 버터, 마가린, 쇼트닝 등의 많은 식품에서 그 예를 볼 수 있다.

3) 점탄성체

어떤 물체는 점성과 같은 유체의 특성과 탄성과 같은 고체의 특성이 복합된 성질을 나타낸다. 탄성 요소는 부분적으로 억제된 탄성을 나타낸다. 이와 같은 성질을 점탄성(viscoelasticity)이라고 하며 밀가루 반죽, 신선한 야채류, 과일류, 육류 등에서 그 예를 볼 수 있다.

4. 심리리올로지(Psychorheology)

저온의 물은 눈이나 수은 같이 느끼고, 고온의 물은 기름과 같은 감촉을 준다는 것이다. 그러나 리올로지의 전문가는 보통 사람들의 점성의 감각과는 달리 비교적 정확히 판단할 수 있다. 이와 같이 사람의 역학적감각을 실험 심리학의 입장에서 연구하는 리올로지의 영역을 심리리올로지라 한다.

02 식품의 텍스처 특성은 어떤 것이 있을까요?

텍스처는 식품을 입에 넣었을 때, 씹었을 때 그리고 삼켰을 때의 느낌이 종합된 감각으로 사각사각하다, 단단하다, 물렁물렁하다, 연하다, 질기다, 묽다, 되다, 미끈거리다 등의 용어로 표현되는 성질을 말한다. 따라서 텍스처는 식품의 품질면에서 대단히 중요하며 때로는 색이나 풍미보다도 더 중요하게 작용한다.

1. 텍스처 특성의 분류

1) Szczesniak에 의한 분류

Szczesniak의 텍스처 특성 분류 방법은 [표 13-1]과 같이 식품의 텍스처를 기계적 특성, 기하학적 특성 및 기타 특성으로 분류하고 또 각 특성을 구성하는 요소들로 다시 세분한다.

(1) 기계적 특성

이 특성은 물리적인 것으로서 일차적 요소로 견고성(hardness), 응집성(cohesiveness), 점성(viscosity), 탄성(springiness 또는 elasticity) 및 부착성(adhesiveness)의 다섯 가지 기본 특성이 있다.

견고성은 물질을 변형시키는 데 필요한 힘의 크기이며, 무르다, 굳다, 단단하다 등으로 표현되는 성질이다.

응집성은 어떤 물체를 형성하는 내부 결합력의 크기이며, 관능적으로 직접 감지되기 어렵고 파쇄성(brittleness), 저작성(chewiness), 점착성(gumminess)의 세 가지 이차적인 특성으로 나타낸다.

파쇄성은 물질을 파쇄하는 데 필요한 힘으로서 견고성과 응집성에 영향을 받는 특성으로 일반적으로 부스러진다, 깨어진다 등으로 표현되는 성질이다.

표 13-1 텍스처 특성의 분류와 우리말 표현

기계적 특성에 속하는 텍스처 요소		
일차적 요소	이차적 요소	일반적 표현
견고성(hardness)		무르다→굳다→단단하다
응집성(cohesiveness)		
	파쇄성(brittleness)	부스러진다→깨어진다
	저작성(chewiness)	연하다→졸깃졸깃하다
	점착성(gumminess)	푸석푸석하다
점성(viscosity)		묽다→진하다→되다
탄성(springiness)		탄력이 없다→말랑말랑하다
부착성(adhesiveness)		미끈미끈하다→끈적끈적하다
기하학적 특성에 속하는 텍스처 요소		
요소		일반적 표현
입자의 크기와 형태		꺼칠하다, 부드럽다
입자의 형태와 방향		거칠다, 뻣뻣하다
기타 특성에 속하는 텍스처 요소		
일차적 요소	이차적 요소	일반적 표현
수분 함량		목이 마르다, 되다, 묽다, 걸쭉하다
지방 함량	기름기(oilness)	기름기가 있다
	그리스 촉감(greasiness)	미끈미끈하다

저작성은 고체 식품을 삼킬 수 있는 상태까지 씹는 데 필요한 일의 양이며, 견고성, 응집성 및 탄성에 영향을 받고 보통 연하다, 질깃질깃하다 등으로 표현되는 성질이다.

점착성은 반고체 식품을 부서뜨리는 데 필요한 일의 크기이며 견고성과 응집성에 영향을 받고 일반적으로 푸석푸석하다로 표현되는 성질이다.

점성은 유체가 단위의 힘에 의해서 유동되는 정도이며 보통 묽다에서 되다로 표현되는 성질이다.

탄성은 물체가 외부의 힘에 의하여 변형되었다가 그 힘이 제거될 때 다시 복귀되는 정도이며, 탄력이 없다, 말랑말랑하다 등의 표현과 관계가 깊다.

부착성은 식품의 표면이 입안의 혀, 이, 피부 등의 타물체의 표면과 부착되어 있는 인력을 분리시키는 데 필요한 일의 양이며 보통 미끈미끈하다, 끈적끈적하다 등으로 표현되는 성질이다.

(2) 기하학적 특성

이 특성은 명확하게 분류하기가 곤란하지만 입자의 크기와 형태에 의하여 결정되는 성질과 입자의 형태와 배열 방향에 의하여 나타나는 성질로 구분된다.

(3) 기타 특성

식품의 텍스처에는 기타 수분과 지방 함량에 따라서 느껴지는 특성이 있다. 수분 함량의 다소에 따라 마른 상태와 젖은 상태는 목이 마르다, 되다, 묽다, 걸쭉하다 등으로 표현되는 성질이며, 지방 함량의 다소에 따라 기름기가 있다, 미끈거리다 등으로 표현되는 성질이다. 특히 식품의 수분 함량은 이상의 모든 텍스처 특성의 크기를 결정하는 중요한 요소이다.

2. 텍스처의 측정

텍스처의 측정 방법에는 주관적 방법인 관능 검사법과 객관적 방법인 물리적 방법 또는 기계적 측정법이 있다. 텍스처는 관능적인 성질이므로 그 측정도 관능 검사법에 의하는 것이 이상적이라고 할 수 있으나 이 방법은 측정자인 패널(panel) 요원의 주관에 의존한다는 것과 측정에 패널 요원의 동원과 시간이 걸린다는 결점이 있다.

G.F. 텍스트로미터(Texturometer)로 텍스처를 측정할 수 있으며, 그 결과는 첫 번째 씹는 동작에서 얻는 곡선의 높이를 그 식품의 경도(hardness)로 표시하며, 눌렀다 뗄 때 얻어지는 아래 곡선의 넓이(A_3)를 부착성(adhesiveness), 첫 번째 곡선의 넓이(A_1)와 두 번째 씹는 동작에서 얻어진 곡선의 넓이(A_2)의 비를 응집성(cohesiveness), 그리고 첫 번째 곡선의 시작에서 두 번째 곡선의 시작에까지 이르는 데 필요한 시간이 표준시료인 점토보다 적어진 양을 탄성(elasticity)으로 표시한다[그림 13-3].

기계적 특성의 이차적 요소로서 파쇄성은 첫 번째 곡선의 굴곡의 높이에 해당하며, 저작성은 견고성×응집성×탄성으로, 점착성은 견고성×응집성으로 각각 표현된다.

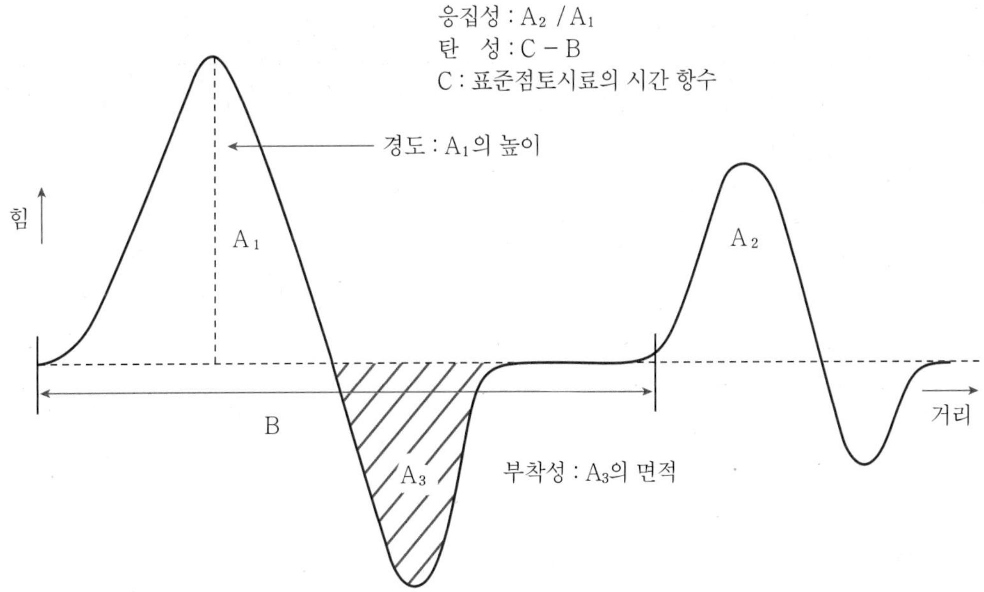

[그림 13-3] **텍스트로미터 곡선**

03 식품의 교질(Colloid) 특성은 어떤 것일까요?

곱게 가루를 내어도 모래 같이 녹지 않는 물질을 물과 함께 흔들면 보기에 흐린 혼합물이 얻어진다. 그러나 방치해 두면 모래 알맹이는 용기 바닥에 가라앉으므로 혼합물은 얼마 안 가서 맑아진다. 이러한 혼합물을 현탁액(suspension)이라 부른다.

한편, 설탕이나 소금을 물에 넣고 저어주면 고체 입자는 완전히 없어져서 현미경으로도 찾아볼 수 없다. 이와 같은 균일 혼합물은 진용액(true solution)이다.

그러나 전분이나 젤라틴을 끓는 물로 처리하여 얻은 혼합물은 균일하지는 않지만 거의 흐려 투명하지 않다. 녹지 않는 고체 입자는 가라앉지 않고 한없이 떠 있다. 이와 같이 보통의 현탁액과 진정 용액의 중간의 성질을 갖는 시스템을 콜로이드 분산이라 부르며, 이때 고르게 분산되어 있는 물질을 분산상(dispersed phase), 이를 분산시키고 있는 용매를 분산매(dispersion medium)라고 한다. 식품에서의 콜로이드 분산 시스템은 [표 13-2]에서와 같이 여러 가지 종류가 있다.

표 13-2 식품에서의 콜로이드 상태

분산상	분산매	콜로이드 상태	식품 예
기체	액체	거품	맥주의 거품, 발효 중의 거품
액체	액체	유화액	우유, 크림, 마요네즈
고체/액체	액체	졸	전분액, 풀, 젤리
액체	고체	고체 졸	버터, 초콜릿, 마가린
고체	고체	고체 졸	사탕과자

1. 콜로이드의 상태

1) 졸(Sol)

분산매가 액체이고 분산상이 고체 또는 액체의 콜로이드 입자가 분산되어 있어 전체가 액체상태를 띠고 있는 것을 졸이라 한다. 전분 등의 다당류와 단백질 등의 고분자 화합물을 물에 녹여 가열한 액상 식품이 여기에 해당되며, 된장국, 수프, 우유 등이 있다.

2) 겔(Gel)

한천이나 젤라틴 등을 뜨거운 물에 풀었다가 다시 냉각시키면 굳어져서 일정한 모양을 지니게 된다. 이와 같은 상태를 겔이라 한다. 겔은 다량의 분자상 입자들 사이에 비교적 소량의 분산매가 있어 분산상 입자가 서로 접촉하여 유동성을 잃는 것이다. 겔의 예로서는 한천젤리, 젤라틴젤리, 묵, 생선묵, 두부, 양갱, 삶은 달걀 등을 들 수 있다. 젤리는 한천 및 젤라틴과 같이 다량의 물을 함유한 채 분산상이 서로 접촉되어 망상구조를 만들어 생성된 것이며, 이것은 가열하면 녹아 졸이 되고 냉각하면 다시 굳어서 형성되는 것이다.

젤리를 장시간 방치하면 젤리의 망상구조의 눈이 점차 수축되어 분산매를 분리하는 수가 있다. 이 현상을 이장현상(synersis)이라 한다.

2. 콜로이드의 성질

1) 반투성

일반적으로 이온이나 작은 분자는 통과할 수 있으나 콜로이드 입자와 같이 큰 분자는 통과하지 못하는 막을 반투막(semipermeable membrane)이라 한다. 단백질과 같은 콜로이드 입자가 반투막을 통과하지 못하는 성질을 반투성이라 부르는데, 이것은 조리 가공상 대단히 중요하다. 즉, 생식품의 세포원형질은 반투성을 가지고 있으나 가열 조리하면 원형질 막이 터져서 반투성이 없어지고 내용물이 녹아 나온다.

2) 브라운(Brown) 운동

기체 또는 액체 중에 부유하는 미립자의 불규칙한 운동으로 열운동을 하는 기체 또는 액체 분자가 미립자에 불규칙하게 충돌하여 일어난다.

즉, 졸의 상태에서 분산매인 물분자가 항상 운동하고 있는데 이 물분자가 분산상인 콜로이드 입자에 충돌하여 입자는 불균일한 힘의 작용을 받아 끊임없이 운동을 계속하게 된다. 브라운이 1827년 물속에서 꽃가루 입자를 현미경으로 관찰하던 중 꽃가루가 물 위에서 움직이다 다른 꽃가루와 부딪치지도 않았는데 갑자기 운동방향을 바꾸는 것을 보고 발견하여 브라운 운동(Brownian movement)이라 한다.

3) 응결

소수성 졸에 소량의 전해질을 넣으면 콜로이드 입자가 침전되는데 이 현상을 응결(coagula-tion)이라고 한다. 소수성 졸에는 주로 입자의 하전에 의하여 분산되어 있으므로 소량의 전해질을 넣어 전하를 증가시키면 불안정하던 입자는 서로 집합하여 크게 되어 쉽게 응집된다. 그러나 친수성 졸에서는 전해질을 넣어도 잘 침전되지 않는데 이 경우에는 전하의 중화 외에 입자와 결합하고 있는 물분자를 유리시켜야 한다. 따라서 다량의 전해질을 가하면 친수성 졸을 침전시킬 수가 있는데 이것을 염석(salting out)이라고 한다.

4) 흡착

콜로이드 입자는 표면적이 크기 때문에 다른 물질을 흡착(adsorption)하는 성질이 있다.

3. 유화현상

1) 유화

분산상과 분산매가 다 같이 액체인 콜로이드 분산 시스템을 유화액(emulsion)이라 하고 유화액을 이루는 작용을 유화(emulsification)라고 한다. 물과 기름의 혼합물은 비교적 불안정하나 여기에 비누나 단백질과 같은 소위 유화제(emulsifier)를 넣고 교반하면 쉽게 유화되어 안정한 유화액을 형성하게 된다. 유화제는 한 분자 내에 수산기(–OH), 알데히드기(–CHO),

산기(-COOH), 아미노기(-NH_2) 등의 구조를 가진 친수기와 알킬기와 같은 소수기를 가지고 있는데, 친수기는 물분자와 결합하고 소수기는 기름과 결합하여 [그림 13-4]와 같이 물과 기름의 계면에 유화제 분자의 피막이 형성되어 계면장력을 저하시켜 유화액을 안정하게 한다.

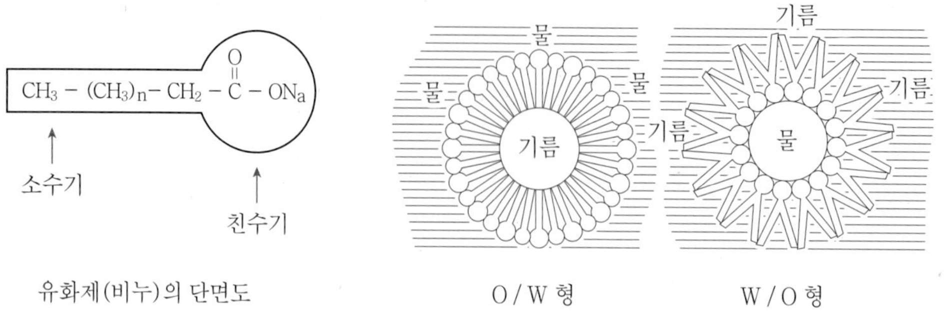

[그림 13-4] 유화제에 의한 안정한 유화액의 형성

2) 유화액의 형태

유화액에는 물속에 기름이 분산된 수중유적형(oil in water : O/W)과 이와 반대로 기름 중에 물이 분산된 유중수적형(water in oil, W/O)의 두 가지 형태가 있다. 예를 들면, 우유, 마요네즈, 아이스크림 등은 수중유적형(O/W)이고 버터, 마가린 등은 유중수적형(W/O)이다[표 13-3].

이와 같은 유화액의 형태는 유화제의 성질, 전해질의 유무와 종류 및 농도, 물과 기름의 비율, 기름의 성질, 물과 기름의 첨가 순서 등의 여러 가지 조건에 따라 달라진다. 예를 들면, 올리브유에 대해서 레시틴, 알부민, 아라비아 검 등은 O/W형이 되나 세팔린, 콜레스테롤, 카세인 등은 W/O형을 이룬다.

일반적으로 친수기가 소수기보다 강한, 즉 친수성의 유화제는 O/W형이 되고, 이와 반대로 친유성의 유화제는 W/O형이 된다.

표 13-3 유화식품의 상태

식품명	형	분산상	분산매	유화제
우유	O/W	지질	물, 젖당	카세인
마요네즈	O/W	샐러드 기름	초, 물, 소금	난황
아이스크림	O/W	얼음 · 크림	물	알긴산나트륨
버터	W/O	물, 소금, 젖산	지질	소디움알지네이트

4. 거품현상

분산상이 기체이고 분산매가 액체인 콜로이드 분산 시스템을 거품(foam)이라 한다. 일반적으로 순수한 물은 거품을 이루기가 어렵고, 물속에 수용성 단백질, 사포닌 등과 같이 어떤 물질이 들어 있어야 거품이 잘 일어난다. 즉, 거품도 유화액에서의 유화제와 같이 제3의 물질이 들어감으로써 안정한 거품을 이루게 된다. 이 물질도 유화제의 경우와 같이 기체와 액체의 계면에 흡착되어 안정화시킨다. 예를 들면, 과자 제조용으로 난백 또는 젤라틴을 넣어 거품을 일으키든가 또는 호프의 수지 성분 및 단백질이 맥주의 거품을 이루는 데 안정제로서 작용하는 것이다.

식품에서는 맥주와 같이 거품이 나는 것이 유리할 때도 있으나 반대로 거품이 나는 것이 불리할 때도 있다. 예를 들면, 두부 제조 시 두유를 끓일 때나 물엿, 발효제품 등을 만들 때 거품 형성이 문제가 된다.

일반적으로 거품을 없애기 위해서는 거품의 일부를 표면장력을 감소시키도록 변화를 주면 된다. 즉, 찬 공기를 보내 끓는 액에 닿게 하든지 또는 지방산, 알코올 등의 적당한 소포제(antifoaming agent)를 가하여 거품의 형성을 막는다.

5. 팽윤현상

일반적으로 한천과 같은 건조 식품을 물에 담그면 물을 흡수하여 팽창한다. 이와 같은 현상을 팽윤(swelling)이라 부른다.

팽윤할 때 생기는 압력을 팽윤압(swelling pressure)이라고 하며, 이 압력이 생기는 메커니즘에 대해서는 아직 잘 알려져 있지 않으나 흡수된 물이 식품의 분자 내 또는 분자 사이에 끼어 들어가서 콜로이드를 형성하기 때문에 일어나는 것으로 생각되고 있다. 팽윤압은 식품의 종류에 따라 다르나 일반적으로 대단히 높아 미역의 경우 약 40기압이나 된다.

전분, 단백질, 지질 등의 성분은 식품, 즉 생물체 내에서 다량의 물과 결합하여 콜로이드 상태를 이루어 겔 조직을 형성하며, 일정한 팽윤체를 이루고 있다. 식품이 일정한 형태를 유지하는 것도 이와 같은 겔 조직의 팽윤에 의하는 바가 크다. 또한 건조식품을 물에 담그면 흡수 연화되거나 전분에 물을 가하여 가열하면 호화되는 것도 팽윤 현상의 하나이다.

참고문헌

- 채수규 외, 표준식품화학, 도서출판 효일(2001)
- 송태희, 식품화학, 도서출판 효일(2003)
- 강일준 외, 식품화학 길라잡이, ㈜라이프사이언스(2015)
- 조신호 외, 식품화학, ㈜교문사(2014)
- 이숙영 외, 식품화학, 파워북(2009)
- 송태희 외, 식품학, ㈜교문사(2019)
- 김철재 외, 식품과학, ㈜교문사(2015)
- 김건희, 재미있는 식품화학, 수학사(2018)
- 김상순 외, 식품학, 수학사(2005)
- 김동훈, 식품화학, 탐구당(2010)
- 이서래, 최신 식품화학, 신광출판사(2004)
- 이규한, 식품화학, 형설출판사(1999)
- 김재욱 외, 식품화학, 문운당(2001)
- 안승요, 식품화학, 교문사(2005)
- 안명수, 식품화학, 신광출판사(2004)
- 조재선, 식품재료학, 문운당(2011)
- 최혜미 외, 개정판 21세기 영양학원리, (주)교문사(2016)
- 사단법인 한국식품과학회, 식품과학용어사전, (주)교문사(2015)
- 농촌진흥청 국립농업과학원, 국가표준식품성분 DB 9.2(2020)
- 식품의약품안전처, 식품공전(2020)
- 보건복지부, 한국영양학회. 한국인영양소 섭취기준(2015)

- H.-D Belitz, W.Grosch, P.Schieberle, Food Chemistry 3rd revised edition, Springer(1999)
- Srinivasan Demodaran, Kirk L. Parkin, Owen R. Fennema, Fennema's Food Chemistry 4th edition, CRC Press(2008)
- T. P. Coiltate, Food The chemistry of its components, RSC publishing(2001)
- Amy Brown, Understanding Food Principles and Preparation 3rd edition, Thomson Wadsworth(2008)
- Vickie A.Vaclavik Elizabeth W. Christian, Essentials of Food Science 3rd edition, Springer(2008)
- Richard owusu-apenten, Introduction to Food Chemistry, CRC Press(2005)
- John M. deMan, Principles of Food Chemistry 3rd edition, Sprinder(1999)
- David L. Nelson and Michael M. Cox, Leninger Princlples of Biochemistry 3rd edition, Worth Publisher(2000)
- John Mcmurry, Fundamentals of Organic Chemistry 4th edition, Brooks/Cole Publishing Company(1998)
- Zobel, H. F., and Kulp, K. Staling mechanism. In: Baked goods freshness. Edited by Ronald, E., Hebeda, H. F., Marcel Dekker, NY.(1996)
- 高野克已, 度部陵弘, パソコシ 學ぶ, 食品化學, 三共出版
- www.chemie.uni-muenchen.de/ac/klapoetke/content/klapoetke/publications/maple1.pdf

참고사이트

- www.chem.gmul.ac.uk
- www.cfs.purdue.edu
- www.eduinformatics.com
- www.roche-applied-science.com

저자소개

송태희

배화여자대학교 식품영양과 교수

서희재

선문대학교 식품과학과 교수

최희숙

신안산대학교 바이오생명과학과 교수

이해하기 쉬운 식품화학 -개정판-

발 행 일	2009년 8월 10일 초판 발행 2020년 8월 30일 개정판 발행
지 은 이	송태희 · 서희재 · 최희숙
발 행 인	김홍용
펴 낸 곳	도서출판 효일
디 자 인	에스디엠
주 소	서울시 중구 다산로46길 17
전 화	02-928-6643
팩 스	02-927-7703
홈페이지	www.hyoilbooks.com
Email	hyoilbooks@hyoilbooks.com
등 록	2001년 10월 8일 제2019-000146호
정 가	21,000원
ISBN	978-89-8489-482-2

이 도서의 국립중앙도서관 출판예정도서목록(CIP)은 서지정보유통지원시스템 홈페이지 (http://seoji.nl.go.kr)와 국가자료종합목록 구축시스템(http://kolis-net.nl.go.kr)에서 이용하실 수 있습니다. (CIP제어번호 : CIP2020034087)